普通高等教育化学类专业教材

无机及分析化学实验

何自强　武　云　王香兰　主编

化学工业出版社

·北京·

内 容 简 介

本书将无机化学实验和分析化学实验有机结合，主要介绍无机及分析化学实验的基础知识、基本技术和操作技能。以注重基本操作和基础实验、加强综合实验和设计实验、注重学生创新思维和能力的培养为原则，向学生传输"微型化、小量化、减量化"的绿色化学理念。全书共 10 章，第 1 章，绪论；第 2 章，化学实验基础知识与基本操作；第 3 章，常用仪器；第 4 章，定性分析实验；第 5 章，定量分析实验；第 6 章，无机物的提纯和制备实验；第 7 章，化学原理与物理常数的测定实验；第 8 章，综合性实验；第 9 章，绿色化学和微型化学实验；第 10 章，设计性实验。全书共 59 个实验。

本书可供高等院校生物、环境、食品、制药、园林等专业的学生用作教材，也可供相关专业的研究人员参考。

图书在版编目（CIP）数据

无机及分析化学实验/何自强，武云，王香兰主编
. —北京：化学工业出版社，2022.8 （2024.8重印）
ISBN 978-7-122-41406-9

Ⅰ.①无… Ⅱ.①何…②武…③王… Ⅲ.①无机化学-化学实验②分析化学-化学实验 Ⅳ.① O61-33 ②O652.1

中国版本图书馆 CIP 数据核字（2022）第 080483 号

责任编辑：杨 菁 甘九林 徐一丹　　　　　　文字编辑：杨凤轩 师明远
责任校对：王 静　　　　　　　　　　　　　　装帧设计：张 辉

出版发行：化学工业出版社（北京市东城区青年湖南街 13 号 邮政编码 100011）
印　　装：河北延风印务有限公司
787mm×1092mm 1/16 印张 15 字数 368 千字 2024 年 8 月北京第 1 版第 4 次印刷

购书咨询：010-64518888　　　　　　　　　售后服务：010-64518899
网　　址：http://www.cip.com.cn

凡购买本书，如有缺损质量问题，本社销售中心负责调换。

定　　价：48.00 元

编写人员名单

主　　编　何自强　武　云　王香兰

副 主 编　董梦洁　隆　琪

编写人员　何自强　武　云　王香兰　隆　琪　李耀仓
　　　　　　马红霞　徐国丽　陶　鑫　董梦洁　周成芳

前 言

　　《无机及分析化学实验》是生物、食品、制药、环境、园林等本专科专业的专业基础课，是基础化学实验的重要组成部分。本书由无机化学实验和分析化学实验有机结合而成，共 59 个实验。本书将实验内容分为四大模块：基础性实验、综合性实验、绿色化学实验和设计性实验，形成"验证—综合—创新"逐步上升式的实验教学体系。基础性实验以验证为主，目的在于巩固学生所学的化学实验基础知识、基础理论和基本操作；综合性实验旨在培养学生综合运用所学化学实验基础知识和基本操作技能进行化学实验的能力；绿色化学实验是将绿色化学的原理、原则应用到化学实验中，推行微型化、小量化和减量化实验，培养学生的绿色环保意识；设计性实验能促使学生主动学习，既可以培养学生查阅文献资料、独立思考和实践的能力，又可以提高学生分析问题和解决问题的综合能力。

　　为提高学生对所学专业课的兴趣，本书注重将实验内容与各专业相结合。如分光光度法测定食品中 NO_2^- 的含量、分光光度法同时测定食品中的维生素 C 和维生素 E 以及苹果抗氧化性的测定适用于食品专业；磷钼蓝分光光度法测定土壤全磷适用于园林专业；紫外分光光度法测定蛋白质含量适用于生物专业；水中化学耗氧量（COD）的测定、酸碱滴定法测定甲醛含量和紫外分光光度法测定水中苯酚的含量适用于环境专业；胃舒平药片中铝和镁含量的测定适用于制药专业等。

　　全书共 10 章，由武汉生物工程学院的何自强、武云和王香兰主编。其中，第 1 章绪论、第 2 章化学实验基础知识与基本操作、第 3 章常用仪器由武云编写；第 4 章定性分析实验、第 5 章定量分析实验、第 7 章化学原理与物理常数的测定实验、第 8 章综合性实验由何自强编写；第 6 章无机物的提纯和制备实验、第 9 章绿色化学和微型化学实验、第 10 章设计性实验和附录由董梦洁编写。同时武汉生物工程学院的隆琪副院长以及李耀仓、马红霞、徐国丽、陶鑫、王香兰、周成芳等老师承担了本书资料整理及内容编排等工作，在此表示感谢。

　　由于编者水平有限，编写时间仓促，书中出现的不足之处，敬请批评指正，以使本书得以完善。

编者

于武汉生物工程学院

2022 年 1 月

目 录

第3章 常用仪器

第 4 章　定性分析实验

第 5 章　定量分析实验

第6章 无机物的提纯和制备实验

第7章 化学原理与物理常数的测定实验

第8章 综合性实验

第9章　绿色化学和微型化学实验

第10章　设计性实验

附录

参考文献

第 1 章

绪　论

1.1 无机及分析化学实验的目的和任务

化学是一门以实验为基础的学科，做好化学实验有利于帮助学生掌握科学知识，培养学生创新思维能力和科学素养。因此，化学实验在培养未来化学工作者以及与之相关的工程技术人才的教育中占有特别重要的地位，使学生在实验中学习、巩固和提高化学基础知识、基本理论，掌握基本操作技术，加强实践能力和创新能力培养。

化学实验的主要任务如下：

① 使学生通过实验获得感性认识，巩固和加深对无机及分析化学基础理论和基本知识的理解。化学实验不仅使理论知识形象化，还能说明这些理论和规律在应用时的条件、范围和方法，较全面地反映化学现象的复杂性和多样性。

② 训练学生正确掌握化学实验的基本操作技能。学生经过严格的训练，学会正确使用各种基本的化学仪器，掌握简单无机物的制备、分离、提纯方法，以及一些无机物的定性和定量的分析方法。

③ 通过实验，特别是综合设计性实验，使学生获得查找资料、设计方案、动手实验、观察现象、测定数据、分析判断、推断结论等一整套训练，提高学生分析问题、解决问题的独立思考能力。

④ 培养学生实事求是、严谨的科学态度，良好的科学素养以及实验室工作习惯，这些是做好实验的必要条件。

⑤ 使学生掌握实验室工作的有关知识，如实验室试剂与仪器的管理、实验室可能发生的一般事故及其处理措施、实验室废液的处理方法等。

1.2 无机及分析化学实验的学习方法

作为基础化学实验，无机及分析化学实验不仅需要学生有正确的学习态度和习惯，还需要有正确的实验方法。现将学习方法归纳为以下三个方面。

1.2.1 课前预习

预习是做好实验的前提和保证。预习应达到下列要求：

① 认真阅读实验教材与教科书中的有关内容。

② 明确实验目的，理解实验原理，回答教材中的思考题。

③ 熟悉实验内容，了解基本操作和仪器的使用方法以及必须注意的事项。

④ 预习报告是学生在预习中，通过自己的思考，用自己的语言，简明扼要地把预习的内容记录下来，尽可能用反应式、流程图、表格等形式表达，并留出相应的空位以备记录实验现象和数据。预习报告切忌照抄书本。实验前，预习报告应交指导教师检查，方可进入实验室进行实验；对于不预习或预习效果较差者，指导教师可暂停其实验。

1.2.2 实验过程

实验过程是培养学生独立操作和思考的重要环节。在进行实验时应做到：

① 按拟定的实验步骤独立操作，仔细观察实验现象，认真测定数据，并做到边实验、边思考、边记录。

② 实验中要勤于动手、善于思考、仔细分析，独立解决实验过程中出现的问题。遇到

疑难问题，可查资料或与指导教师讨论。

③ 如果发现实验现象或数据与理论不符合，不能擅自删去自认为不正确的数据或杜撰原始数据，应先尊重实验事实，然后加以分析，必要时可以重复实验进行核对，直至得出正确的结论。

④ 如果实验失败，应与指导老师讨论，分析原因。

⑤ 实验过程中应严格遵守安全守则，始终保持环境肃静、整洁，按操作规程使用仪器设备。

1.2.3 撰写实验报告

做完实验仅是完成实验的一半，关键是认真处理实验数据，包括数据的计算、作图及误差表示等；分析实验现象，对其做出合理解释；撰写实验报告。

实验报告格式示例如下。

无机制备实验：

实验　氯化钠的提纯

一、实验目的（略）

二、实验原理（略）

三、实验内容

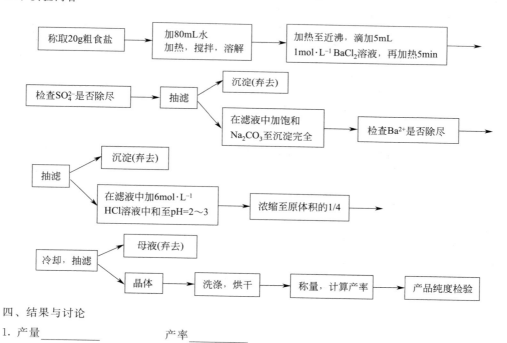

四、结果与讨论

1. 产量＿＿＿＿＿＿　　　产率＿＿＿＿＿＿

2. 产品纯度检验表

检验项目	SO_4^{2-}	Ca^{2+}	Mg^{2+}
检验方法	加 6mol·L^{-1} HCl 溶液 2 滴和 1mol·L^{-1} $BaCl_2$ 溶液 2 滴	加 2mol·L^{-1} HAc 溶液使呈酸性，再加饱和（NH_4）$_2C_2O_4$ 溶液 3~4 滴	加 6mol·L^{-1} NaOH 溶液 5 滴和镁试剂 12 滴
产品			
粗食盐			

五、思考题

物理量测定实验：

实验　乙酸电离度和电离平衡常数的测定（pH 法）

一、实验目的（略）

二、实验原理（略）

三、实验内容

（一）乙酸电离度和电离平衡常数的测定

1. 配制不同浓度的乙酸溶液

实验室提供的 HAc 溶液浓度_____mol·L^{-1}

HAc 溶液编号	1	2	3	4	5
加入 HAc 溶液的体积/mL	5.00	10.00	25.00	50.00	25.00
加入 NaAc 溶液的体积/mL	—	—	—	—	5.00
稀释至 50mL 后 HAc 溶液的浓度/(mol·L^{-1})					

2. 由稀到浓依次测定 HAc 溶液的 pH

3. 数据记录和结果处理

编号	c/(mol·L^{-1})	pH	$[H^+]$/(mol·L^{-1})	$[Ac^-]$/(mol·L^{-1})	$K_a^\ominus$	α
1						
2						
3						
4						
5						

$$\bar{K}_a^\ominus =$$

（二）未知弱酸电离平衡常数的测定

取 10.00mL 未知弱酸溶液，以酚酞作指示剂，用 NaOH 溶液滴定至终点，然后再加入 10.00mL 该弱酸溶液。

测得该溶液的 pH_____

该弱酸的 $K_a^\ominus$ _____

四、思考题

性质实验：

实验　水溶液中的解离平衡

一、实验目的（略）

二、实验原理（略）

三、实验内容

实验步骤	实验现象	解释和结论（包括反应式）
一、同离子效应 1.1mL 0.1mol·L^{-1} HAc 溶液+1 滴甲基橙 1mL 0.1mol·L^{-1} HAc 溶液+1 滴甲基橙+NaAc(s)	溶液呈红色 溶液呈黄色	$HAc \rightleftharpoons H^+ + Ac^-$ 　NaAc 加入使溶液中 Ac^- 的浓度大大增加,由于同离子效应使上述平衡向左移动,$[H^+]$减小,故甲基橙由红变黄

实验步骤	实验现象	解释和结论(包括反应式)
2.5 滴 0.1mol·L⁻¹ MgCl₂ 溶液＋5 滴 2mol·L⁻¹ NH₃·H₂O	白色沉淀生成	$NH_3 \cdot H_2O \Longrightarrow NH_4^+ + OH^-$ $Mg^{2+} + 2OH^- \Longrightarrow Mg(OH)_2 \downarrow$
5 滴 0.1mol·L⁻¹ MgCl₂ 溶液＋5 滴饱和 NH₄Cl 溶液＋5 滴 2mol·L⁻¹ NH₃·H₂O	无沉淀生成	NH₄Cl 加入,由于同离子效应使溶液中 $c(OH^-)$ 减小,所以 Mg(OH)₂ 沉淀不能生成
二、缓冲溶液的配制和性质 1. 8.5mL 1mol·L⁻¹ HAc 溶液＋1.5mL 1mol·L⁻¹ NaAc 溶液组成缓冲溶液,用 pH 试纸测其 pH	pH＝4	$\begin{cases} 4.0 = 4.74 + \lg \dfrac{V(NaAc)}{V(HAc)} \\ V(NaAc) + V(HAc) = 10mL \end{cases}$
2.5mL 缓冲溶液＋1 滴 1mol·L⁻¹ HCl 溶液,测 pH 5mL 缓冲溶液＋1 滴 1mol·L⁻¹ NaOH 溶液,测 pH	pH＝4 pH＝4	缓冲溶液中加入少量酸或碱,溶液的 pH 几乎没有变化
三、测蒸馏水的 pH 5mL 蒸馏水＋1 滴 1mol·L⁻¹ HCl 溶液,测 pH 5mL 蒸馏水＋1 滴 1mol·L⁻¹ NaOH 溶液,测 pH	pH＝6 pH＝2 pH＝12	说明水没有缓冲能力

四、思考题

定量分析实验:

实验　HCl 标准溶液的配制与标定

一、实验目的(略)

二、实验原理(略)

三、实验内容

四、实验结果及处理

记录项目	1	2	3
(称量瓶＋Na₂CO₃)质量(倒出前)/g			
(称量瓶＋Na₂CO₃)质量(倒出后)/g			
Na₂CO₃ 质量/g			
HCl:最初读数/mL			
最后读数/mL			
净用量/mL			
$c(HCl)/(mol \cdot L^{-1})$			
$\bar{c}(HCl)/(mol \cdot L^{-1})$			
标准偏差 S			
$\bar{c} \pm \dfrac{ts}{\sqrt{n}}$			

五、思考题

1.3　化学实验室规则

很多化学药品对人体的危害比较大,对环境也有较大的污染。为保证无机及分析化学实验课正常、有效、安全地进行，培养良好的实验方法，并保证实验课的教学质量，学生必须遵守化学实验室的规则。

① 每次做实验前，认真预习有关实验的内容及相关的参考资料。了解每一步操作的目的、意义，实验中的关键步骤及难点，所用药品的性质和应注意的安全问题，并写好实验预习报告。没有达到预习要求者，不得进行实验。

② 实验人员进入实验室时要穿白色实验服，如果在实验中存在手与高温或有毒试剂相接触的潜在危险时，还需戴上相应的防护手套。不得穿拖鞋和短裤，长发应束起。

③ 实验中严格按操作规程操作，如要改变，必须经指导老师同意。实验中要认真、仔细观察实验现象，如实做好记录，积极思考。实验完成后，需将原始记录交指导老师审阅、签字，若是合成实验，需将产品交老师验收，并将产品回收，统一保管。按时写出符合要求的实验报告。

④ 在实验过程中，不得大声喧哗、打闹，不得擅自离开实验室。实验室内不能吸烟和吃食物。

⑤ 应保持实验室整洁，做到仪器、桌面、地面和水槽四净。实验装置要规范、美观。固体废弃物应放到指定地方，废液应倒入废液桶。

⑥ 要爱护公物。公用仪器和药品应在指定地点使用，用完后及时放回原处，并保持其整洁。节约药品，药品取完后，及时将盖子盖好，严格防止药品相互污染。仪器如有损坏，要登记予以补发，并按制度赔偿。

⑦ 实验结束后，将个人实验台面打扫干净，清洗、整理仪器。学生轮流值日，值日生应负责整理公用仪器、药品和器材，打扫实验室卫生，离开实验室前应检查水、电、气是否关闭。

1.4　化学实验室安全知识

进行化学实验时，常会使用水、电、煤气和各种药品、仪器。许多化学药品是易燃、有腐蚀性或有毒的，在实验过程中要集中注意力，避免事故发生。为确保操作者、仪器设备及实验室的安全，每一位进入实验室进行实验的学生，都应遵守有关规章制度，并对一般的安全常识有所了解。

1.4.1　实验室的安全常识

(1) 一般的安全常识

① 在使用浓硫酸、浓硝酸、浓碱、洗液、液溴、氢氟酸及其他有强烈腐蚀性的液体时，要注意切勿溅在皮肤和衣服上，更要注意保护眼睛，必要时可戴上防护眼镜。稀释浓硫酸时，必须将浓硫酸缓慢倒入水中，并不断搅拌，绝不能把水倒入浓硫酸中，以免迸溅。

② 实验中使用性质不明的物料时，要先用极小的量预试，不得直接去嗅，以免发生意外危险。易燃或有毒的挥发性物质应放置在指定密闭容器中。

③ 产生有刺激性或有毒气体（如 H_2S、Cl_2、Br_2、HCl 和 HF 等）的实验，应在通风橱内（或通风处）进行；苯、四氯化碳、乙醚、硝基苯等化合物的蒸气也会使人中毒，它们虽有特殊气味，但久嗅会使人嗅觉减弱，从而失去警惕，故也应在通风良好的情况下使用。

④ 使用有毒试剂时应当小心，事先熟悉操作中的有关注意事项。氰化物、As_2O_3 等剧毒试剂及汞盐都应特殊保管，不得随意放置。使用剧毒试剂的实验完毕后，应当及时妥善处

理，避免自己或他人中毒。

A. 氰化物和氢氰酸。氰化钾、氰化钠、丙烯腈等为剧毒药品，人体摄入 50mg 即可致死，甚至与皮肤接触经伤口进入人体即可引起严重中毒。这些氰化物遇酸产生氢氰酸气体，易被吸入人体而中毒。在使用氰化物时严禁用手直接接触，大量使用这类物品时，应戴上口罩和橡皮手套。含有氰化物的废液严禁倒入废液缸，应先加入硫酸亚铁使之转变为毒性较小的亚铁氰化物，然后倒入水槽，再用大量水冲洗原储放的器皿和水槽。

B. 汞和汞的化合物。汞及其可溶性化合物如氯化汞、硝酸汞都是剧毒物质，实验中应特别注意（如使用温度计、压力计、汞电极等）。因为金属汞易蒸发，蒸气有剧毒且无味，吸入人体具有累积性，容易引起慢性中毒，切记不可麻痹大意。安全使用汞的操作规定如下：

a. 汞不能直接暴露于空气中，应加水或其他液体覆盖；

b. 任何剩余的汞均不能倒入水槽中；

c. 储汞容器必须是结实的厚壁器皿，且应放在瓷盘上；

d. 装汞的容器应远离热源；

e. 如果汞洒落在地上、台面或水槽中，应尽可能用吸管将汞珠收集起来，再用能形成汞齐的金属（如锌、铜、锡等）片在汞迸溅处多次摩擦，最后用硫黄粉覆盖；

f. 实验室保持通风良好，手上有伤口时切勿接触汞。

C. 砷的化合物。砷和砷的化合物都有剧毒，常使用的是三氧化二砷（砒霜）和亚砷酸钠。这类物质中毒一般由口服引起。当用盐酸和粗锌制备氢气时，也会产生一些剧毒的砷化氢气体，应注意，一般将产生的氢气通过高锰酸钾溶液洗涤后再使用。砷的解毒剂是二巯丙醇，肌肉注射即可解毒。

⑤ 使用 CS_2、乙醚、苯、酒精、汽油和丙酮等易燃物品时，附近不能有明火或热源。操作大量可燃性气体时，严禁同时使用明火，还要防止发生电火花或其他撞击火花。

⑥ 防止煤气、氢气等可燃气体泄漏在室内，以免发生煤气中毒或引起爆炸。用完煤气或遇煤气临时中断供应时，应立即把煤气阀关闭。煤气管道漏气时，应立即停止实验，通知有关人员进行检查、维修。

⑦ 特殊仪器设备应在熟悉其性能及使用方法后方可使用，并严格按照说明书操作。当情况不明时，不得随便接通仪器电源或扳动按钮。

⑧ 不允许用手直接取用固体药品。不能将药品任意混合。氯酸钾、硝酸钾、高锰酸钾等强氧化剂或其混合物不能研磨，否则会引起爆炸。

⑨ 灼热的器皿应放在石棉网或石棉板上，不可和冷物体接触，以免破裂；也不要用手接触，以免烫伤；更不要立即放入柜内或桌面上，以免引起燃烧或烙坏桌面。普通的玻璃瓶和容量器皿均不可加热，也不可倒入热溶液，以免引起破裂或使容量不准。

⑩ 应配备必要的防护眼镜。倾注药剂或加热液体时，不要俯视容器。加热试管时，不要将试管口对着自己或别人，以免液体溅出伤人。

（2）实验室安全用电常识

① 操作电器时，手必须干燥，不得直接接触绝缘性能不好的电器。

② 超过 45V 的交流电都有危险，故电器设备的金属外壳应接上地线。

③ 为预防万一触电时电流通过心脏，不要用双手同时接触电器。

④ 使用高压电源要有专门的防护措施，千万不要用电笔试高压电。

⑤ 实验进行时，应对接好的电路仔细检查，确认无误后方可试探性通电。一旦发现异常，应立即切断电源，对设备进行检查。

1.4.2 事故处理和急救

1.4.2.1 起火

实验过程中万一不慎起火，切记不要惊慌，立即采取以下处理措施：

（1）防止火势蔓延

关闭煤气总开关，切断电源，移走一切可燃物质（特别是有机溶剂和易燃易爆物质）。

（2）灭火

物质燃烧需要空气，要有一定的温度，所以灭火的方法一是降温，二是使燃烧物质与空气隔绝。

灭火最常用的是水，它使燃烧区的温度降低而灭火。但在化学实验室里常常不能用水灭火。例如，水能和某些化学药品（如金属钠）发生剧烈反应，会引起更大的火灾；当有机溶剂（如苯、汽油）着火时，因与水互不相溶、有机溶剂比水轻而浮在水面上，水不仅不能灭火，反而使火势扩大。下面介绍常用的灭火方法：

① 一般的小火可用湿布、石棉布或沙土覆盖在着火的物体上。

② 火势较大时要用灭火器灭火。实验室常备的灭火器及其适用范围如表 1.1 所示。

表 1.1　实验室常用灭火器及其适用范围

灭火器类型	主要成分	适用范围
酸碱式灭火器	H_2SO_4、$NaHCO_3$	非油类、非电器的一般火灾
泡沫灭火器	$Al_2(SO_4)_3$、$NaHCO_3$	油类失火
二氧化碳灭火器	液态 CO_2	电器设备、小范围油类和忌水化学物品等失火
四氯化碳灭火器	液态 CCl_4	电器设备，小范围的汽油、丙酮等失火
干粉灭火器	$NaHCO_3$ 等盐类物质、润滑剂、防潮剂	油类、可燃性气体、电器设备、精密仪器、图书、文件和遇水易燃烧药品等失火
1211 灭火器	CF_2ClBr 液化气体	特别适用于扑灭油类、有机溶剂、精密仪器、高压电器设备等失火

③ 当衣服着火时，切勿惊慌乱跑，应赶快脱下衣服或就地卧倒打滚。

1.4.2.2 割伤

玻璃割伤是常见的事故，受伤后要仔细观察伤口有没有玻璃碎粒，如有，应先把伤口处的玻璃碎粒取出。若伤势不重，先进行简单的急救处理，如涂上万花油，再用纱布包扎；若伤口严重、流血不止，可在伤口上部约 10cm 处用纱布扎紧，减慢流血，压迫止血，并随即到医院就诊。

1.4.2.3 灼伤

皮肤接触到腐蚀性物质时可能被灼伤。为了避免灼伤，在接触这些物质时，最好戴橡胶手套和防护眼镜。发生灼伤时应按下列方法处理。

（1）酸灼伤

皮肤上：立即用大量水冲洗，然后用 5% 碳酸氢钠溶液洗涤，涂上烫伤膏，并将伤口包扎好。

眼睛上：抹去溅在眼睛外面的酸，立即用水冲洗，用洗眼杯或将橡皮管套上水龙头用慢水对准眼睛冲洗后，立即到医院就诊，或者用稀碳酸氢钠溶液洗涤，最后滴入少许蓖麻油。

衣服上：依次用水、稀氨水和水冲洗。

地板上：撒上石灰粉，再用水冲洗。

（2）碱灼伤

皮肤上：先用水冲洗，然后用1%乙酸溶液或饱和硼酸溶液洗涤，再涂上烫伤膏，并包扎好。

眼睛上：抹去溅在眼睛外面的碱，用水冲洗，再用饱和硼酸溶液洗涤后，滴入蓖麻油。

衣服上：先用水洗，然后用10%乙酸溶液洗涤，再用氨水中和多余的乙酸，最后用水冲洗。

（3）溴灼伤

如溴溅到皮肤上，应立即用水冲洗，再用酒精擦洗或用2%的硫代硫酸钠溶液洗至烧伤处呈白色，然后涂上甘油或鱼肝油软膏加以按摩，敷上烫伤油膏，将伤处包扎好。如眼睛受到溴蒸气刺激，暂时不能睁开，可对着盛有酒精的瓶口注视片刻。

上述各种急救法，仅为暂时减轻疼痛的措施。若伤势较重，在急救之后，应速送医院诊治。

1.4.2.4 烫伤

烫伤后切勿用冷水冲洗。如伤处皮肤未破，可用饱和 $NaHCO_3$ 溶液或稀氨水冲洗，再涂上烫伤膏或凡士林。如伤处皮肤已破，可涂些紫药水或10% $KMnO_4$ 溶液。

1.4.2.5 中毒

溅入口中而尚未咽下的毒物应立即吐出来，用大量水冲洗口腔；如已吞下，应根据毒物的性质服解毒剂，并立即送医院急救。

（1）腐蚀性毒物

对于强酸，先饮大量的水，再服氢氧化铝膏、鸡蛋白；对于强碱，也要先饮大量的水，然后服用醋、酸果汁、鸡蛋白。不论酸或碱中毒都需灌注牛奶，不要吃呕吐剂。

（2）刺激性及神经性毒物

先服牛奶或鸡蛋白使之缓和，再服用硫酸铜溶液（约30g溶于一杯水中）催吐，有时也可以用手指伸入喉部催吐，然后立即到医院就诊。

（3）吸入刺激性或有毒气体

吸入氯气、氯化氢气体时，可吸入少量酒精和乙醚的混合蒸气解毒。吸入硫化氢或一氧化碳气体感到不适时，应立即到室外呼吸新鲜空气。

注意：吸入氯气、溴气中毒时，不可进行人工呼吸，一氧化碳中毒不可用兴奋剂。

1.4.2.6 触电

迅速切断电源，必要时进行人工呼吸。

1.4.3 实验室常见废液处理

根据绿色化学的原则，化学实验室应尽可能选择对环境无毒无害的实验项目。对确实无法避免的实验项目排放出废气、废液和废渣（简称三废），如果对其不加处理而任意排放，不仅会污染周围空气、水源和环境，造成公害，而且三废中的有用或贵重成分未能回收，也会造成一定的经济损失。通过对三废的处理和回收，消除公害、变废为宝、综合利用，也是实验室工作的重要组成部分。

产生少量有毒气体或剧毒气体的实验，必须有吸收或处理有毒气体的措施。例如，氯气、硫化氢、二氧化硫、一氧化氮、氟化氢、氢氰酸等酸性气体可用碱液吸收后排放；氨气用硫酸吸收后排放；一氧化碳可点燃转化为二氧化碳气体后再排放。

实验室中少量有毒废渣应集中深埋于指定地点，有回收价值的废渣应回收利用。

实验室中常见废液、废料的处理原则是：

① 一切不溶固体或浓酸、浓碱废液，严禁立即倒入水池，以防堵塞或腐蚀水管，浓酸、浓碱稀释后才能倒入下水道；

② 大量有机溶剂废液不得倒入下水道，应尽可能回收或集中处理；

③ 过氧化物的废料不得用纸或其他可燃物包裹后丢于废料箱内，应用水冲洗排入下水道，以防自燃；

④ 含有 6 价铬的废液应先将铬还原成 3 价后再稀释排放；

⑤ 含有氰化物的废液不得直接倒入实验室水池，应加入氢氧化钠呈强碱性后，倒入硫酸亚铁溶液中，生成无毒的亚铁氰化钠后再排入下水道；

⑥ 含有汞、铅等重金属离子的废液，用硫化钠处理生成难溶硫化物沉淀，分离后才能排放。

1.5 常用玻璃器皿的洗涤和干燥

1.5.1 玻璃仪器的洗涤

为了保证实验结果正确，实验仪器必须洗涤干净。一般来说，附着在仪器上的污物分为可溶性物质、不溶性物质、油污及有机物等。应根据实验要求、污物的性质和污染程度选择适宜的洗涤方法。常用的洗涤方法见表 1.2。

表 1.2 常用的洗涤液及使用方法

洗涤液名称	配制方法	使用方法
铬酸洗液	20g 研细的 $K_2Cr_2O_7$ 溶于 40mL 水中，缓慢加入 360mL 浓 H_2SO_4	用于洗涤较精密的仪器，可除去器壁残留油污，用后倒回原瓶，可重复使用，直到红棕色溶液变为绿色即失效。洗涤废液经处理解毒后方可排放
工业盐酸	浓 HCl 或按 HCl 与水 1∶1（体积比）混合	用于洗去碱性物质及大多数无机物残渣
碱性 $KMnO_4$ 洗液	4g $KMnO_4$ 溶于水，加入 10g NaOH，用水稀释至 100mL	清洗油污或其他有机物，若洗后容器沾污处有褐色 MnO_2，再用 $H_2C_2O_4$ 溶液或 $FeSO_4$、Na_2SO_3 等还原剂除去
I_2-KI 溶液	1g I_2 和 2g KI 溶于水，用水稀释至 100mL	洗涤使用 $AgNO_3$ 溶液后产生的黑褐色沾污物，也可用于擦洗沾过 $AgNO_3$ 的白瓷水槽
有机溶剂		如汽油、二甲苯、乙醚、丙酮、二氯乙烷等有机溶剂，可洗去油污或可溶于该溶剂的有机物，使用时要注意其毒性和可燃性
乙醇-浓硝酸	使用时配制，不可事先混合	用于洗去一般方法难洗净的少量残留有机物（先于容器内加入不多于 2mL 的乙醇，再加 4mL 浓 HNO_3，反应完后用大量水冲洗，操作应在通风橱内进行，不可塞住容器）
氢氧化钠-乙醇溶液	120g NaOH 溶于 150mL 水中，用 95% 乙醇稀释至 1L	用于洗涤油污及某些有机物
盐酸-乙醇溶液	HCl 与乙醇按 1∶2（体积比）混合	主要用于被染色的吸收池、比色皿和吸量管等的洗涤，以及用乙醇配制的指示剂溶液的干渣的洗涤

1.5.1.1 水洗

包括冲洗和刷洗。对于可溶性污物可用水冲洗，这主要是利用水把可溶性污物溶解而除去。为加速溶解，还需进行振荡。先用自来水冲洗仪器外部，然后向仪器中注入少量（不超过容量1/3）的水，稍用力振荡后把水倾出，如此反复冲洗数次。对于仪器内部附有不易冲掉的污物，可选用适当大小的毛刷刷洗，利用毛刷对器壁的摩擦去掉污物。然后来回用力刷洗，如此反复几次，将水倒掉。最后用少量蒸馏水冲洗2～3遍。

注意：手握毛刷把的位置要适当（特别是在刷试管时），以刷子顶端刚好接触试管底部为宜，防止毛刷铁丝捅破试管。

1.5.1.2 去污粉、洗衣粉或洗涤剂洗

对于不溶性及用水刷洗不掉的污物，特别是仪器被油脂等有机物污染或实验准确度要求较高时，需要用少量水将要洗的仪器润湿，用毛刷蘸取去污粉、洗衣粉或洗涤剂来刷洗。然后用自来水冲洗，最后用蒸馏水冲洗2～3遍。

1.5.1.3 洗液洗

下面介绍几种常用洗液。

（1）铬酸洗液

对于用去污粉、洗衣粉或洗涤剂也刷洗不掉的污物，或对玻璃仪器清洁程度要求较高以及因仪器口小、管细，不便用毛刷刷洗的仪器（如移液管、容量瓶、滴定管等），就要用少量铬酸洗液洗。铬酸洗液是重铬酸钾的硫酸溶液，配制方法：20g研细的重铬酸钾于烧杯中加水40mL，加热溶解，冷却后在不断搅拌下缓缓加入360mL浓硫酸。溶液呈棕褐色，贮于玻璃瓶中，盖紧。

洗涤方法：往玻璃仪器中倒入或吸入少量洗液，然后使玻璃仪器倾斜并慢慢转动，使玻璃仪器内部全部被洗液润湿，再转动玻璃仪器，使洗液在内壁流动，转动几圈后，将洗液倒回原瓶。对污染严重的玻璃仪器，可用洗液浸泡一段时间，倒出洗液后用自来水冲洗干净，最后用少量蒸馏水冲洗2～3遍。

用铬酸洗液洗涤仪器时，应注意以下几点：

① 用洗液前，先用水冲洗仪器，并将仪器内的水尽量倒净，不能用毛刷刷洗。

② 洗液用后倒回原瓶，可重复使用。洗液应密闭存放，以防浓硫酸吸水。洗液经多次使用，如呈绿色，则已失效，不能再用。

③ 洗液有强腐蚀性，会灼伤皮肤和破坏衣服，使用时要特别小心！如不慎溅到衣服或皮肤上，应立即用大量水冲洗。

④ 洗液中的 $Cr(VI)$ 有毒，用过的废液以及清洗残留在仪器器壁上的洗液时，第一、第二遍洗涤水都不能直接倒入下水道，以防止腐蚀管道和污染水环境。应回收或倒入废液缸，最后集中处理。简便的处理方法是在回收的废洗液中加入硫酸亚铁，使 $Cr(VI)$ 还原成无毒的 $Cr(III)$ 后排放。

由于洗液成本较高，而且有毒性和强腐蚀性，因此，能用其他方法洗涤干净的仪器，就不要用铬酸洗液洗。

（2）盐酸

可洗去附着在器壁上的氧化剂，如二氧化锰。大多数不溶于水的无机物都可以用它洗去，如灼烧过沉淀物的瓷坩埚，可先用热盐酸（1∶1）洗涤，再用洗液洗。

（3）碱液

配成浓溶液即可。用以洗涤油脂和一些有机物（如有机酸）。

（4）有机溶剂洗涤液

当胶状或焦油状的有机污垢如用上述方法不能洗去时，可选用丙酮、乙醚、苯浸泡，或用 NaOH 的乙醇溶液，要加盖以免溶剂挥发。用有机溶剂作洗涤剂，使用后可回收重复使用。

1.5.1.4　超声波清洗

图 1.1　超声波清洗器

利用超声波的振动和能量清洗仪器，图 1.1 为超声波清洗器，既省时又方便，还能有效清洗焦油状物。特别是对一些手工无法清洗、粘有污垢的物品，其清洗效果是人工清洗无法代替的。

除以上洗涤方法外，还可以根据污物的性质选用适当试剂。如 AgCl 沉淀，可选用氨水洗涤；硫化物沉淀可选用硝酸加浓盐酸洗涤。

器皿清洁的标志：加水倒置，水顺着器壁流下，内壁被水均匀润湿，有一层既薄又均匀的水膜，不挂水珠。

1.5.2　玻璃仪器的干燥

可根据不同的情况，采用下列方法将洗净的仪器干燥。

（1）晾干

已洗净不急用的仪器可倒置放在实验柜内或仪器架上，待其自然干燥，这是常用的简单方法。但必须注意，若玻璃仪器洗得不够干净，水珠便不易流下，干燥就会较为缓慢。

（2）烘干

把玻璃器皿按顺序从上层到下层放入烘箱烘干。放入烘箱中干燥的玻璃仪器要尽量倒干水，一般要求不带水珠。器皿口向上，带有磨砂口玻璃塞的仪器，必须取出活塞后，才能烘干。烘箱内的温度保持在 100～105℃，约 0.5h，待烘箱内的温度降至室温时才能取出。切不可把很热的玻璃仪器取出，以免破裂。当烘箱已工作时，则不能往上层放入湿的器皿，以免水滴下落，使热的器皿骤冷而破裂。

（3）烤干

急用的试管、烧杯、蒸发皿等可用小火烤干。操作开始时，先将仪器外壁擦干，再用小火烤，同时要不断地来回移动使其受热均匀。试管管口必须向下倾斜，以免水珠倒流炸裂试管，待烤到不见水珠后，将管口朝下赶尽水汽。

（4）吹干

有时仪器洗涤后需立即使用，可用气流干燥器或电吹风把仪器吹干。将水尽量沥干后，加入少量丙酮或乙醇摇洗并倾出，先通入冷风吹 1～2min，待大部分溶剂挥发后，吹入热风至完全干燥为止，最后吹入冷风使仪器逐渐冷却。

注意：洗涤仪器所用的溶剂应倒回洗涤用溶剂的回收瓶中。

还应注意的是，一般带有刻度的计量仪器，如移液管、容量瓶、滴定管等不能用加热的方法干燥，以免热胀冷缩影响仪器的精密度。玻璃磨口仪器和带有活塞的仪器洗净后放置时，应该在栓口处和活塞处（如酸式滴定管、分液漏斗等）垫上小纸片，以防止长期放置后粘上不易打开。

1.6　化学实验数据的处理

1.6.1　有效数字

在化学实验中，不仅要准确测定物理量，而且应正确地记录所测定的数据并进行合理的运算。测定结果不仅能表示其数值的大小，而且还反映测定的精密度。

例如，用托盘天平称量某物料 1g 与用分析天平称量 1g 实际上是不相同的。托盘天平只能精确至 ± 0.1g，而分析天平可精确至 ± 0.0001g。记录称量结果时，前者应记为 1.0g，而后者应记为 1.0000g，后者较前者准确 1000 倍。同理，在数据运算过程中也有类似问题，所以在记录实验数据和计算结果时应特别注意有效数字问题。

1.6.1.1　有效数字及其位数

分析工作中实际能测量到的数字称为有效数字。在构成一个数值的所有数字中，除最末一位是可疑的、不确定的外，其余所有数字都必须是可靠的、准确的。任何测量数据，其数字位数必须与所用测量仪器及方法的精确度相当，不应任意增加或减少。

为正确判断和写出测量数值的有效数字，必须明确以下几点：

① 非零数字都是有效数字。

② 数字"0"具有双重意义，是否为有效数字取决于其所在位置。

a. 当"0"表示测量值时，它是有效数字；

b. 当"0"用来定位，即用"0"表示小数位数时，它是非有效数字。

即数字中间和数字后面的"0"是有效数字；而数字前面的"0"是非有效数字，只起定位作用。例如，0.0102（三位）；0.01020（四位）；0.000018（两位）。

③ pH、pK、pM、lg$K$ 等对数值的有效位数只取决于小数部分的位数，整数部分代表该数为 10 的多少次方，起定位作用。例如，pH＝12.68（两位）；pOH＝9.205（三位）。

④ 自然数、倍数、分数、系数为非测量所得，可视为无误差数字，其有效数字的位数是无限的。例如，1000、400、368、2、1/2、π 等。

1.6.1.2　有效数字的修约

在记录测量数据时，应根据仪器的精密程度保留一位估计值，因而在保留适当位数的有效数字后，多余的值必须舍去，这个过程就是有效数字的修约。

有效数字的修约规则为"四舍六入五留双"，当尾数≤4 时舍去；当尾数≥6 时进位；当尾数等于 5 而后面还有不为 0 的任何数时，进位；当尾数等于 5 而后面数为 0 时，若"5"前面为偶数（包括 0）则舍去，为奇数则进位。

例如，将下列数字修约为两位有效数字，结果分别为：

0.2636 修约为 0.26，0.2573 修约为 0.26，0.3252 修约为 0.33，0.3250 修约为 0.32，0.2450 修约为 0.24，0.2151 修约为 0.22。

1.6.1.3　有效数字的运算规则

（1）加减法

几个测量值进行加减运算时，保留有效数字位数，以绝对误差最大即小数点后位数最少的数字为标准。例如：

$$12.35+0.0066+7.8903=12.35+0.01+7.89=20.25$$

（2）乘除法

几个测量值进行乘除运算时，有效位数以相对误差最大即有效数字位数最少的数字为标准。例如：

$$0.0121\times25.64\times1.05782=0.0121\times25.6\times1.06=0.328$$

1.6.1.4　有效数字在化学实验中的应用

（1）正确记录测量数据

在记录测量所得数值时，要如实地反映测量的准确度，只保留一位可疑数字。

用 0.1mg 精度的分析天平称量时，要记到小数点后第四位，即 ±0.0001g，如 0.2500g、1.3483g；如果用托盘天平称量，则应记到小数点后一位，如 0.5g、2.4g、10.7g 等。

用玻璃量器量取溶液时，准确度视量器不同而异。5mL 以上滴定管应记到小数点后两位，即 ±0.01mL；5mL 以下的滴定管则应记到小数点后第三位，即 ±0.001mL。例如，从滴定管读取的体积为 24mL 时，应记为 24.00mL，不能记为 24mL 或 24.0mL。50mL 以下的无分度移液管应记到小数点后两位，如 50.00mL、25.00mL、5.00mL 等。有分度的移液管，只有 25mL 以下的才能记到小数点后两位。10mL 以上的容量瓶总体积可记到四位有效数字，如常用的 50.00mL、100.0mL、250.0mL。50mL 以上的量筒只能记到个位数；5mL、10mL 量筒则应记到小数点后一位。

正确记录测量所得数值，应反映实际测量的准确度。例如，称量某物质的质量为 0.5000g，表明是用分析天平称取的。该物质的实际质量应为（0.5000±0.0001）g，相对误差为 ±0.0001/0.5000＝±0.02%；如果记作 0.5g，则相对误差为 ±0.1/0.5＝±20%，准确度差了 1000 倍。如果只要一位有效数字，用托盘天平就可称量。

由此可见，记录测量数据时，切记不要随意舍去小数点后的"0"，当然也不允许随意增加位数。

（2）正确选取试剂、样品用量和适当的量器

滴定分析、重量分析的准确度较高，方法的相对误差一般为 0.1%～0.2%。为了保证方法的准确度，分析过程中每一步骤的误差都要控制在 0.1% 左右。

如用分析天平称量，要保证称量误差小于 0.1%，称取试样（或试剂）质量不应太小。因为分析天平可准确称至 0.0001g，每个称量值都需要经过两次称量，故称量的绝对误差为 ±0.0002g，为使称量误差小于 0.1%，则

$$试样质量=\frac{绝对误差}{相对误差}=\frac{\pm0.0002g}{0.1\%}=0.2g$$

只有称样量大于 0.2g，其称量的相对误差才能小于 0.1%。

如果称样量大于 2g，则选用千分之一的工业天平也能满足对准确度的要求。如仍用万分之一的分析天平称量，则准确至小数点后三位已足够，没必要对第四位苛求了。

同理，滴定过程中常量滴定管的读数误差为 ±0.01mL，得到一个体积值需要读取两次，可能造成的最大误差为 ±0.02mL。为保证测量体积的相对误差小于 0.1%，则滴定剂的用量就必须大于 20mL。

（3）正确表示分析结果

经过计算得出的分析结果所表述的准确度应符合实际测量的准确度，即与测量中所用仪

器设备所能达到的准确度一致。

1.6.2 误差

1.6.2.1 误差的来源与分类

定量分析中的误差，根据其性质的不同可以分为系统误差、偶然误差和过失误差三类。

（1）系统误差

系统误差也称为可测误差。它是由于分析过程中某些确定的原因所造成的，对分析结果的影响比较固定，在同一条件下重复测定时它会重复出现，使测定的结果系统地偏高或偏低。因此，这类误差有一定的规律性，其大小、正负是可测定的，只要弄清来源，可设法减小或校正。

按产生系统误差的主要原因，可将系统误差分为：

① 方法误差是由于分析方法本身不够完善而引入的误差，如反应进行不完全、副反应的发生、指示剂选择不当等。

② 试剂误差是由于试剂或蒸馏水、去离子水不纯，含有微量被测物质或含有对被测物质有干扰的杂质等所产生的误差。

③ 仪器误差是由于仪器本身不够精密或有缺陷而造成的误差。例如，天平的两臂不等长，砝码质量未校正或被腐蚀，容量瓶、滴定管刻度不准确等，在使用过程中都会引入误差。

④ 主观误差是由于操作人员的主观因素造成的误差。例如，在洗涤沉淀时次数过多或洗涤不充分；在滴定分析中，对滴定终点颜色的分辨因人而异，有人偏深而有人偏浅，在读取滴定管读数时偏高或偏低；或者在进行平行测定时，总想使第二份滴定结果与第一份滴定结果相吻合，在判断终点或读取滴定管读数时就不自觉地受到这种"先入为主"的影响，从而产生主观误差。

上述主观误差，其数值可能因人而异，但对一个操作者来说基本是恒定的。

（2）偶然误差

偶然误差又称为随机误差或不定误差，是由一些随机的难以控制的偶然因素所造成的误差。偶然误差没有一定的规律性，虽然操作者仔细操作，外界条件也尽量保持一致，但测得的一系列数据仍有差别。产生这类误差的原因通常难以察觉，如室内大气压和温度的微小波动、仪器性能的微小变化、最后一位数字估读不一致等。这些不可避免的偶然原因都使得测定结果在一定范围内波动，从而引起偶然误差。偶然误差的大小、方向都不固定，但经过大量的实践发现，如果在同样条件下进行多次测定，偶然误差符合正态分布。

1.6.2.2 提高测定结果准确度的方法

从误差产生的原因来看，只有尽可能地减小系统误差和随机误差，才能提高测定结果的准确度。

（1）消除系统误差

系统误差是影响分析结果准确度的主要因素。造成系统误差的原因是多方面的，应根据具体情况采用不同的方法检验和消除系统误差。

① 对照实验。对照实验是检验分析方法和分析过程有无系统误差的有效方法。选用公认的标准方法与所采用的方法对同一试样进行测定，找出校正数据，消除方法误差。或用已知准确含量的标准物质（或纯物质配成的溶液）和被测试样以相同的方法进行分析，即所谓

的"带标测定"，求出校正值。此外，也可以用不同的分析方法或由不同单位的化验人员对同一试样进行分析来相互对比。

② 空白试验。由试剂、水、实验器皿和环境带入的杂质所引起的系统误差可通过空白试验来消除或减小。空白试验是在不加试样溶液的情况下，按照试样溶液的分析步骤和条件进行分析的试验，所得结果称为"空白值"，从测定结果中扣除空白值，即可消除此误差。

③ 校正仪器。由仪器不准确引起的系统误差可通过校正仪器来消除。例如，配套使用的容量瓶、移液管、滴定管等容量器皿应进行校准；分析天平、砝码等由国家计量部门定期检定。

（2）减小偶然误差

可通过增加平行测定次数，减小测定过程中的偶然误差。

1.6.2.3　准确度及其表示——误差

准确度是指测定结果与真值的接近程度，准确度高低用误差来说明。误差表示测定结果（x）与真值（x_T）的差异，可用绝对误差（E）和相对误差（RE）两种方式表达。

$$绝对误差\ E = x - x_T$$

$$相对误差\ RE = \frac{E}{x_T}$$

相对误差常用百分数形式表示。一般人们总要对同一样品进行多次重复测定，并用各次测定结果的平均值 $\bar{x}$ 表示样品的测定结果，因此实际工作用 $\bar{x} - x_T$ 表示绝对误差。由于真值 x_T 永不能准确得知，实际工作中常用所谓标准值代替。标准值是由经验丰富的多名分析人员，在不同实验室采用多种可靠方法对试样反复分析，并对全部测定结果进行统计处理后得出的较准确的结果。纯物质中元素的理论含量也可作真值使用。

误差越小，表示测定结果与真值越接近，准确度越高。误差有正负之分，正误差表示测定结果偏高，负误差表示结果偏低。通常用相对误差来衡量测定的准确度，可反映测定值与真值之差在测定结果中所占比例，能合理地反映测定准确度。

1.6.2.4　精密度及其表示——偏差

精密度是指对同一样品在相同条件下所做多次平行测定的各个结果间的接近程度，体现测定结果的重复性。精密度高低常用偏差衡量，偏差越小，精密度越高，表示平行测定结果接近程度较好。偏差常用下列方法表示：

（1）绝对偏差和相对偏差

绝对误差 d_i 为某单次测定结果 x_i 与平行测定各单次测定结果的平均值 $\bar{x}$ 之差；相对偏差 d_r 为绝对偏差与平均值之比，常用百分数形式表示。

$$d_i = x_i - \bar{x}$$

$$d_r = \frac{d_i}{\bar{x}}$$

一组平行测定，各单次测定结果偏差的代数和为 0。某次测定结果的偏差，只能反映该结果偏离平均值的程度，不能反映一组平行测定的精密度。

（2）平均偏差与相对平均偏差

为表示一组平行测定结果间接近程度或离散程度，引入平均偏差和相对平均偏差概念。

平均偏差指各单次测定结果偏差绝对值的平均值：

$$\bar{d}=\frac{|d_1|+|d_2|+\cdots+|d_n|}{n}=\frac{\sum\limits_{i=1}^{n}|x_i-\bar{x}|}{n}$$

相对平均偏差为平均偏差与平均值之比，常以百分数形式表示：

$$\bar{d}_r=\frac{\bar{d}}{\bar{x}}$$

一般分析工作中，精密度常用相对平均偏差表示。

（3）分析结果的表达

在常规分析中，通常是一个试样平行测定 3 份，在不超过允许的相对误差范围内，分析结果取 3 份的平均值即可。

在非常规分析和科学研究中，分析结果应按统计学的观点，反映出数据的集中趋势和分散程度，以及在一定置信度下真实值的置信区间。通常用 n 表示测量次数，平均值用 $\bar{x}$ 表示，而用标准偏差 S 来衡量各数据的精密度。

$$S=\sqrt{\frac{\sum\limits_{i=1}^{n}(x_i-\bar{x})^2}{n-1}}=\sqrt{\frac{\sum\limits_{i=1}^{n}d_i^2}{n-1}}$$

标准偏差比平均偏差更灵敏地反映出较大偏差的存在，故能更好地反映测定数据的精密度。

实际工作中常用相对标准偏差（RSD）来表示精密度：

$$RSD=\frac{S}{\bar{x}}\times100\%$$

1.6.2.5　准确度和精密度

准确度表示测量的准确性，精密度表示测量的重现性，两者是不同的。定量分析的最终要求是得到准确可靠的结果，但由于被测组分的真实性是未知的，于是分析结果的准确与否常根据测定结果的精密度来衡量。事实证明，精密度高不一定准确度高，而准确度高必然要求精密度也高。精密度是保证准确度的先决条件，精密度低，说明测定结果不可靠，也就失去了衡量准确度的前提。所以，首先应该使分析结果具有较高的精密度，才有可能获得准确可靠的结果。

1.6.3　实验数据的表达与处理

实验得出的数据经归纳、处理，才能合理表达，得出满意的结果。结果处理一般有列表法、作图法和计算机处理法等方法。

（1）列表法

列表法是把实验数据按自变量与因变量关系，一一对应列表，把相应计算结果填入表格中，该方法简单清楚。列表时要求如下：

① 表格必须写清名称。

② 自变量与因变量应一一对应列表。

③ 表格中记录数据应符合有效数字规则。

④ 表格也可表达实验方法、现象与反应方程式。

（2）作图法

作图法是化学研究中结果分析和结果表达的一种重要方法。正确地作图可使我们从大量的实验数据中提取出丰富的信息和简洁、生动地表达实验结果。作图法的要求如下：

① 以自变量为横坐标，因变量为纵坐标。

② 选择坐标轴比例时要求使实验测得的有效数字与相应的坐标轴分度精度的有效数字位数一致，以免作图处理后得到的各量的有效数字发生变化。坐标轴标值要易读，必须注明坐标轴所代表的量的名称、单位和数值，注明图的编号和名称，在图的名称下面要注明主要测量条件。为了作图方便，不一定所有图均要把坐标原点取为"0"。

③ 将实验数据以坐标点的形式画在坐标图上，根据坐标点的分布情况，把它们连接成直线或曲线，不必要求全部通过坐标点，但要求坐标点均匀地分布在曲线的两边。最优化作图的原则是使每一个坐标点到达曲线距离的平方和最小。

（3）计算机处理法

Excel 电子表格在绘制各种曲线中有广泛应用，例如，邻二氮杂菲分光光度法测定水中微量铁，以不含铁的试剂溶液为参比溶液，用分光光度计在波长 460～540nm 测量铁标液的吸光度，绘制吸收曲线，见表 1.3。

表 1.3　不同吸收波长下铁标液的吸光度

波长/nm	460	470	480	490	500	505	510	515	520	530	540
吸光度 A	0.310	0.342	0.366	0.387	0.401	0.408	0.412	0.408	0.389	0.317	0.217

在 Excel 表格中，将波长和相应的吸光度分别输入第一列和第二列单元格，选定此数据区，用鼠标点击"插入→图表→插入散点图（X，Y）或气泡图→带平滑线和数据标记的散点图→图右上角加号→坐标轴标题→在 X、Y 轴输入标题（波长、吸光度）"，可得该组数据的散点图，如图 1.2 所示。

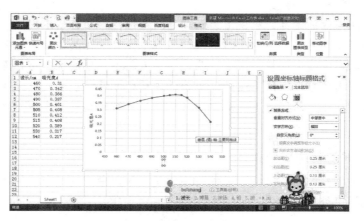

图 1.2　绘制平滑曲线散点图

选中 X 轴或 Y 轴，单击鼠标右键，设置坐标轴格式，如图 1.3 所示。再编辑图表区域格式，即得吸收曲线，如图 1.4 所示。

在最大吸收波长下，以不含铁的试剂溶液为参比溶液，用 1cm 比色皿分别测量各标液和待测液的吸光度，见表 1.4，绘制标准曲线，求出样品中铁的含量。

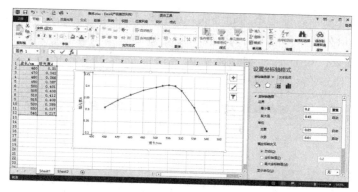

图1.3　设置坐标轴格式

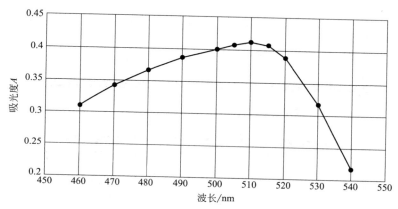

图1.4　波长-吸光度吸收曲线

表1.4　铁标液和待测液在最大吸收波长下测定的吸光度

铁含量/$(\mu g \cdot mL^{-1})$	空白	0.40	0.80	1.20	1.60	2.00	试样
吸光度A	0.000	0.078	0.162	0.240	0.318	0.399	0.278

在Excel表中，将铁标液含量和相应的吸光度分别输入第一列和第二列单元格，选定数据区，用鼠标点击"插入→图表→插入散点图（X、Y）或气泡图→散点图"，可得该组数据对应的散点图，如图1.5所示。

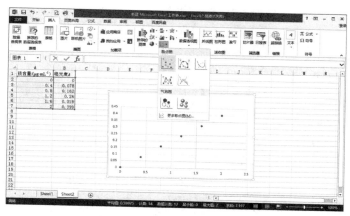

图1.5　绘制标准曲线散点图

选中散点，单击鼠标右键，添加趋势线，可得标准曲线。在设置趋势线格式"趋势线选项"中，点击"显示公式"及"显示 R 平方值"复选框，如图 1.6 和图 1.7 所示，得线性回归方程和相关系数。设置坐标轴格式，编辑图表区域格式，即得标准曲线，如图 1.8 所示。

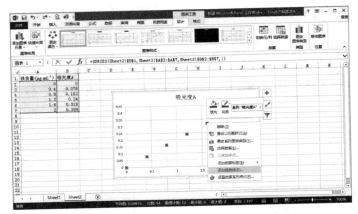

图 1.6 添加趋势线

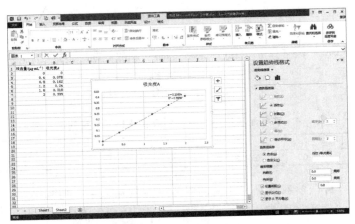

图 1.7 设置趋势线格式

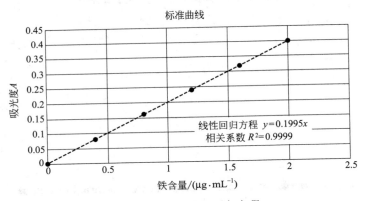

图 1.8 标准曲线及回归方程

根据标准曲线和线性回归方程，可计算出待测液的含铁量。

1.7 标准知识介绍

1.7.1 国际标准

国际标准是指国际标准化组织（ISO）、国际电工委员会（IEC）和国际电信联盟（ITU）所制定的标准，以及 ISO 出版的《国际标准题内关键词索引（KWIC Index）》中收录的其他国际组织制定的标准。

国际标准化组织（International Organization for Standardization，ISO）是目前世界上最大、最有权威性的国际标准化专门机构。

目前许多国家直接把国际标准作为本国标准使用。按照国际上统一的标准生产，如果标准不一致，就会给国际贸易带来障碍，所以世界各国都积极采用国际标准。

ISO 9000 族标准是国际标准化组织颁布的、在全世界范围内通用的、关于质量管理和质量保证方面的系列标准，目前已被 80 多个国家等同或等效采用，该系列标准在全球具有广泛深刻的影响。

符合 ISO 9000 族标准已经成为在国际贸易上买方对卖方的一种最低限度的要求，就是说要做什么买卖，首先看卖方的质量保证能力，也就是卖方的水平是否达到国际公认的 ISO 9000 质量保证体系的水平，然后才继续进行谈判。可以说，通过 ISO 9000 认证已经成为企业证明自己产品质量、工作质量的一种护照。

ISO 9000 族标准中有关质量体系保证的标准有三个：ISO 9001、ISO 9002、ISO 9003。

ISO 9001 质量体系标准是设计、开发、生产、安装和服务的质量保证模式；

ISO 9002 质量体系标准是生产、安装和服务的质量保证模式；

ISO 9003 质量体系标准是最终检验和试验的质量保证模式。

1.7.2 我国标准的类别

按《中华人民共和国标准化法》的规定，我国标准分为国家标准、行业标准、地方标准和企业标准四类。

① 国家标准：由国务院标准化行政主管部门制定的需要全国范围内统一的技术要求。

② 行业标准：没有国家标准而又需在全国某个行业范围内统一的技术标准，由国务院有关行政主管部门制定并报国务院标准化行政主管部门备案的标准。

③ 地方标准：没有国家标准和行业标准而又需在省、自治区、直辖市范围内统一的工业产品的安全、卫生要求，由省、自治区、直辖市标准化行政主管部门制定并报国务院标准化行政主管部门和国务院有关行业行政主管部门备案的标准。

④ 企业标准：企业生产的产品没有国家标准、行业标准和地方标准，由企业制定的作为组织生产依据的相应标准，或在企业内制定适用的严于国家标准、行业标准或地方标准的企业（内控）标准，或由企业自行组织制定的并按省、自治区、直辖市人民政府的规定备案（不含内控标准）的标准。

这四类标准主要是适用范围不同，不是标准技术水平高低的分级。

标准封面上部居中位置为标准类别的说明，如国家标准为"中华人民共和国国家标准"，机械行业标准为"中华人民共和国机械行业标准"。

1.7.3 标准的编号

在标准封面中标准类别的右下方为标准编号，标准编号由标准代码、顺序号和年号三部分组成。标准的编号由标准的批准或发布部门分配。

按《国家标准管理办法》、《行业标准管理办法》、《地方标准管理办法》和《企业标准管理办法》的规定，我国各类标准的代号如下：国家标准的代号为"GB"；行业标准的代号见表1.5；地方标准的代号为"DB××"，其中的××为省、自治区、直辖市行政区划代码前两位数；企业标准的代号为"Q/××"。

各类标准的编号形式分别为

国家标准：GB/T(推荐性国家标准代号)××××(标准顺序号)—××××(年号)。

行业标准：××/T(推荐性行业标准代号)××××(标准顺序号)—××××(年号)。

地方标准：DB××/(强制性地方标准代号)×××(标准顺序号)—××××(年号)。

企业标准：Q/××(企业代号)××××(标准顺序号)—××××(年号)。

上述国家标准、行业标准的标准代号中，若没有"/T"，则为强制性标准。

表 1.5 我国行业标准代号一览表

序号	行业	行业标准代号	序号	行业	行业标准代号	序号	行业	行业标准代号
1	包装	BB	21	建材	JC	41	电子	SJ
2	船舶	CB	22	建筑工业	JG	42	水利	SL
3	测绘	CH	23	金融	JR	43	商检	SN
4	城镇建设	CJ	24	交通	JT	44	石油天然气	SY
5	新闻出版	CY	25	教育	JY	45	铁路运输	TB
6	档案	DA	26	旅游	LB	46	土地管理	WB
7	地震	DB	27	劳动与劳动安全	LD	47	体育	TY
8	电力	DL	28	粮食	LS	48	物资管理	WB
9	地质矿产	DZ	29	林业	LY	49	文化	WH
10	核工业	EJ	30	民用航空	MH	50	兵工民品	WJ
11	纺织	FZ	31	煤炭	MT	51	外经贸	WM
12	公共安全	GA	32	民政	MZ	52	卫生	WS
13	供销	GH	33	农业	NY	53	稀土	XB
14	广播电影电视	GY	34	轻工	QB	54	黑色冶金	YB
15	航空	HB	35	汽车	QC	55	烟草	YC
16	化工	HG	36	航天	QJ	56	通信	YD
17	环境保护	HJ	37	气象	QX	57	有色冶金	YS
18	海关	HS	38	商业	SB	58	医药	YY
19	海洋	HY	39	水产	SC	59	邮政	YZ
20	机械	JB	40	石油化工	SH	60	中医药	ZY

此外，我国还制定有法定的国家药品标准——《中华人民共和国药典》（或简称《中国药典》），这是根据《中华人民共和国药品管理法》规定，由国家药典委员会编撰和修订的。

技术标准包括基础技术标准、产品标准、工艺标准、检测试验方法标准，以及安全、卫生、环保标准等。产品标准是对产品结构、规格、质量和检验方法所做的技术规定，它是一定时期和一定范围内具有约束力的产品技术准则，是产品生产、质量检验、选购验收、使用维护和洽谈贸易的技术依据。如食用盐国家标准 GB/T 5461—2016《食用盐》，规定了食用盐的技术要求、试验方法、检验规则和包装、标志、运输、储存等。该标准规定的食用盐的理化指标技术要求见表1.6。

表 1.6　食用盐的理化指标

项目		指标						
		精制盐			粉碎洗涤盐		日晒盐	
		优级	一级	二级	一级	二级	一级	二级
粒度		在下列某一范围内应不少于75g/100g。 —大粒:2～4mm —中粒:0.3～2.8mm —小粒:0.15～0.85mm						
白度/度	≥	80	75	67	55	55	55	45
氯化钠(以湿基计)/(g/100g)	≥	99.1	98.5	97.2	97.2	96.0	93.5	91.2
硫酸根/(g/100g)	≤	0.40	0.60	1.00	0.60	1.00	0.80	1.10
水分/(g/100g)	≤	0.30	0.50	0.80	2.00	3.20	4.80	6.40
水不溶物/(g/100g)	≤	0.03	0.07	0.10	0.10	0.20	0.10	0.20

1.7.4　标准分析方法

标准分析方法也属于技术标准,它是按照规定的程序和格式编写,成熟性得到公认,通过协作实验确定了精密度和准确度,并由公认的权威机构颁布的分析方法。

一个项目的测定往往有多种可供选择的分析方法,这些方法的灵敏度不同,对仪器和操作的要求不同,而且由于方法的原理不同,干扰因素也不同,甚至其结果表示的含义也不尽相同,采用不同方法测定同一项目时就会产生结果不可比的问题。因此,对于指定产品的检验必须明确所应采用的技术标准和各项指标的标准分析方法。

如食用盐国家标准(GB/T 5461—2016)规定了食用盐各项检测指标的标准分析方法为:

① 粒度的测定按 GB/T 13025.1 规定执行。

② 白度的测定按 GB/T 13025.2 规定执行。

③ Cl^- 含量的测定按 GB/T 13025.5 规定执行。

④ Ca^{2+}、Mg^{2+} 含量的测定按 GB/T 13025.6 规定执行。

⑤ SO_4^{2-} 含量的测定按 GB/T 13025.8 规定执行。

⑥ NaCl 含量的测定

按给出的各离子的含量,依据表 1.7 中给出的离子结合顺序,依次计算硫酸钙、硫酸镁、硫酸钠、氯化钙、氯化镁和氯化钠的含量。若以顺序号计算时,某种化合物因阴离子或阳离子不存在而不能形成,即依次以下一顺序号递补进行计算,计算结果至小数点后第二位,取至第一位。

在以上标准分析方法中,具体规定了方法所用试剂和仪器的规格,测定步骤和结果计算及允许误差等。按此标准分析方法即可进行食用盐产品质量检测,最后提交实验报告,并将各项分析结果与技术标准的要求对照,从而确定产品的质量与质量等级。

表 1.7　离子结合顺序

阴离子	阳离子		
	钙离子	镁离子	钠离子
硫酸根	(1)硫酸钙	(2)硫酸镁	(3)硫酸钠
氯离子	(4)氯化钙	(5)氯化镁	(6)氯化钠

第 2 章

化学实验基础知识与基本操作

2.1 实验室用纯水

2.1.1 实验室用水的规格

我国已建立了实验室用水规格的国家标准（GB/T 6682—2008），规定了实验室用水的技术指标、制备方法及检验方法，见表2.1。

表 2.1　实验室用水的级别及主要指标

指标名称	一级	二级	三级
pH 范围(298K)	—	—	5.0～7.5
电导率(298K)/(ms·m^{-1}) ≤	0.01	0.10	0.50
可氧化物质含量(以 O 计)/(mg·L^{-1}) ≤	—	0.08	0.4
吸光度(254nm,1cm 光程) ≤	0.001	0.01	
蒸发残渣(105℃±2℃)/(mg·L^{-1}) ≤	—	1.0	2.0
可溶性硅(以 SiO$_2$ 计)/(mg·L^{-1}) ≤	0.01	0.02	

注：1. 由于在一级水、二级水的纯度下，难于测定其真实的 pH 值，因此，对于一级水、二级水的 pH 值范围不做规定。

2. 由于一级水的纯度下，难于测定可氧化物质和蒸发残渣，对其限量不做规定，可用其他条件和制备方法来保证一级水的质量。

实际工作中，要根据具体工作的不同要求选用不同等级的水。对有特殊要求的实验室用水，要根据需要检验有关项目选用，如氧、铁、氨、二氧化碳含量等。

2.1.2　纯水的制备

① 蒸馏水　将自来水在蒸馏装置中加热汽化，再将蒸汽冷却，即得到蒸馏水。蒸馏能除去水中的非挥发性杂质，比较纯净，但不能完全除去水中溶解的气体杂质。此外，一般蒸馏装置所用材料是不锈钢、纯铝或玻璃，所以可能会带入金属离子。

② 去离子水　将自来水依次通过阳离子树脂交换柱，阴离子树脂交换柱，阴、阳离子树脂混合交换柱后所得的水。离子树脂交换柱除去离子的效果好，故称去离子水，其纯度比蒸馏水高。但不能除去非离子型杂质，常含有微量的有机物。

③ 电导水　在第一套蒸馏器（最好是石英制的，其次是硬质玻璃）中装入蒸馏水，加入少量高锰酸钾固体，经蒸馏除去水中的有机物，得重蒸馏水。再将重蒸馏水注入第二套蒸馏器中（最好也是石英制的），加入少许硫酸钡和硫酸氢钾固体，进行蒸馏。弃去馏头、馏后各 10mL，收取中间馏分。电导水应收集保存于带有碱石灰吸收管的硬质玻璃瓶内，保存时间不能太长，一般在两周以内。

④ 三级水　采用蒸馏或离子树脂交换柱来制备。

⑤ 二级水　将三级水再次蒸馏后制得，会含有微量的无机、有机或胶态杂质。

⑥ 一级水　将二级水经进一步处理后制得。如将二级水用石英蒸馏器再次蒸馏，基本上不含有无机物、有机物或胶态离子杂质。

2.1.3　水的硬度

水的硬度主要是指水中可溶性的钙盐和镁盐含量。含这两种盐量多的为硬水，含量少的为软水。可测定钙盐和镁盐的含量，或分别测定钙盐、镁盐的含量，前者称总硬度的测定，后者是钙、镁硬度的测定。

（1）硬度的表示单位

① 德国硬度　1 德国硬度（$1°dH$）相当于氧化钙含量为 $10mg \cdot L^{-1}$，或氧化钙浓度为 $0.178mmol \cdot L^{-1}$ 时所引起的硬度。

② 英国硬度　1 英国硬度（$1°clark$）相当于碳酸钙含量为 $14.3mg \cdot L^{-1}$，或碳酸钙浓度为 $0.143mmol \cdot L^{-1}$ 时所引起的硬度。

③ 法国硬度　1 法国硬度（$1°degreef$）相当于碳酸钙含量为 $10mg \cdot L^{-1}$，或碳酸钙浓度为 $0.1mmol \cdot L^{-1}$ 时所引起的硬度。

④ 美国硬度　1 美国硬度（ppm）相当于碳酸钙含量为 $1mg \cdot L^{-1}$，或碳酸钙浓度是 $0.01mmol \cdot L^{-1}$ 时所引起的硬度。

日本硬度与美国相同，我国硬度与德国一致，所以有时也称德国度。各国硬度之间的换算列在表 2.2 中。

表 2.2　硬度值换算表

项目	德国 mmol·L^{-1}	德国°dH	英国°clark	法国°degreef	美国 ppm
德国 mmol·L^{-1}	1	5.16	6.99	10	100
德国°dH	0.178	1	1.25	1.78	17.8
英国°clark	0.143	0.80	1	1.43	14.3
法国°degreef	0.1	0.56	0.70	1	10
美国 ppm	0.01	0.056	0.070	0.1	1

（2）软、硬水的分类标准

按德国度可分为五种主要类型，见表 2.3。

表 2.3　水的硬度按德国度可分为五种主要类型　　　　　　　　单位:°dH

极软水	软水	微硬水	硬水	极硬水
0~4	4~8	8~16	16~30	>30

生活用水要求硬度不超过 25°dH。

2.2　化学试剂

2.2.1　化学试剂的规格

化学试剂是纯度较高的化学制品。按杂质含量的多少，通常分为四个等级。我国化学试剂的等级见表 2.4。

表 2.4　我国化学试剂的等级

项目	一级试剂(保证试剂)	二级试剂(分析纯试剂)	三级试剂(化学纯试剂)	四级试剂(实验纯试剂)
英文标识	GR	AR	CP	LR
标签颜色	绿色	红色	蓝色	黄色或棕色
应用范围	精密分析及科学研究	一般的分析及科学研究	一般定性及化学制备	一般的化学制备

在日常化学实验中，使用较多的是分析纯和化学纯试剂。根据实验的不同需求，有时还用到一些具有特殊用途的所谓高纯试剂。例如，光谱纯试剂，其杂质的允许含量，应低于光谱分析法的检测限。色谱纯试剂是在最高灵敏度时以 10^{-10} g 以下无杂质峰来定义的。超纯试剂用于痕量分析和一些科学研究工作。以上这些试剂的生产、储存和使用都有一些特殊的

要求。

还有一类生物化学中经常使用的特殊试剂——生化试剂，其纯度表示与化学中一般试剂的表示方法不同。例如，蛋白质类试剂，经常以其含量表示；也可以其杂质含量表示，但需注明以某种方法（如电泳法）测得该杂质含量。再如，酶是以每单位时间能酶解多少物质来表示其纯度的，即它是以活力来表示的。

应根据节约的原则，按照实验的具体要求来选用试剂。级别不同的试剂，价格相差很大，在要求不是很高的实验中使用级别更高的试剂，就会造成很大的浪费。

2.2.2 试剂的取用

（1）液体试剂的取用

① 从滴瓶中取液体试剂时，必须注意保持滴管垂直，避免倾斜，尤忌倒立，防止试剂流入橡胶头内而将试剂弄脏。滴加试剂时，滴管的尖端不可接触容器内壁，应在容器口上方将试剂滴入，见图2.1。也不得把滴管放在原滴瓶以外的任何地方，以免被杂质沾污。

② 用倾注法取液体试剂时，取出瓶盖倒放在桌上，右手握住瓶子，使试剂标签朝上，以瓶口靠住容器壁，缓缓倾出所需液体，让液体沿着器壁往下流，见图2.2。倾注液体时，也可用玻璃棒引流。用完后，立即盖上瓶盖。

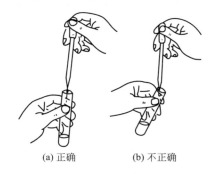

(a) 正确　　　(b) 不正确

图2.1　往试管中滴加液体试剂

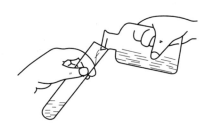

图2.2　往试管中倒入液体试剂

③ 加入反应器内所有液体的总量不超过其容积的2/3，如用试管不能超过其容积的1/2。

④ 定量量取液体试剂时，可用量筒或移液管。读取体积时，应使视线与量筒或移液管内液体弯月面的最低处保持水平，偏高或偏低都会造成误差。

（2）固体试剂的取用

① 取用试剂前应看清标签。取用时，先打开瓶塞，将瓶塞倒放在实验台上。如果瓶塞一端不是平顶而是扁平的，可用食指和中指将瓶塞夹住（或放在清洁的表面皿上），绝不可将它横置桌面上，以免污染。不能用手接触化学试剂，应根据用量用药匙或小纸条取用试剂。取用完毕，一定要把瓶塞盖严，绝不允许将瓶塞张冠李戴。

② 要用清洁、干燥的药匙取试剂。用过的药匙必须洗净、擦干后才能再使用。

③ 注意取药不要超过指定用量，多取的不能倒回原瓶，可放在指定的容器中供他人使用。

④ 往试管（特别是湿的试管）中加入固体试剂时，可用药匙或对折的纸槽伸进试管约2/3处，小心地将药品倒入试管内，见图2.3和图2.4。加入块状固体试剂时，应将试管倾

斜，使其沿着试管壁慢慢滑下，以免碰破试管，见图 2.5。

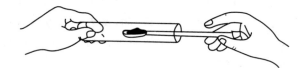

图 2.3　用药匙往试管送入固体试剂

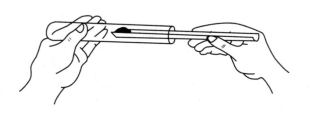

图 2.4　用纸槽往试管送入固体试剂

图 2.5　块状固体沿管壁慢慢滑下

⑤ 要求取一定质量的固体时，可把固体放在纸上或表面皿上称量。具有腐蚀性或易潮解的固体不能放在纸上，而应放在玻璃容器内进行称量。取出的试剂量尽可能不要超过规定量，多取的药品不可倒回原试剂瓶。准确称取一定质量的固体时，可在电子天平上用直接法或减量法称取。

（3）特种试剂的取用

剧毒、强腐蚀性、易爆、易燃试剂的取用需要特别小心，必须采用其他适当的方法来处理。

2.2.3　化学试剂的保存

一般的化学试剂应保存在通风良好、清洁干燥的房间内，以防止水分、灰尘和其他物质对试剂的污染。对于有毒、易燃、有腐蚀性和潮湿性的试剂，应采用不同的保管方法。

① 见光易分解的试剂（如 $AgNO_3$、$KMnO_4$ 等）应盛装在棕色瓶中；H_2O_2 虽然也是见光易分解的物质，但不能存放在棕色的玻璃瓶中，而需要存放于不透明的塑料瓶中，并放置于阴凉的暗处，以免棕色玻璃中含有的重金属氧化物成分催化 H_2O_2 分解。

② 易氧化的试剂（如氯化亚锡、低价铁盐等）和易风化或潮解的试剂（如氯化铝、无水碳酸钠、苛性钠等），应放在密闭容器内，必要时应用石蜡封口。对氯化亚锡、低价铁盐这类性质不稳定的试剂，配制的溶液不能久放，宜现配现用。

③ 盛强碱性试剂（如 KOH、NaOH）及 Na_2SO_3 溶液的试剂瓶要用橡皮塞。易腐蚀玻璃的试剂（如氟化物等）应保存在塑料容器内。

④ 对于易燃、易爆、强腐蚀性、强氧化性试剂及剧毒品的存放应特别注意，一般需要分类单独存放，如强氧化剂要与易燃、可燃物分开，隔离存放。对于许多低沸点的有机溶剂，如乙醚、甲醇、汽油等易燃药品要远离明火。剧毒药品［如氰化钾（KCN）、三氧化二砷、高汞盐等］和贵重试剂（如 Au、Pt、Ag 等贵重金属）要由专人保管，取用时应严格做好记录，以免发生事故。

盛装试剂的试剂瓶都应贴上标签，写明试剂的名称、纯度、浓度和配制日期，标签外面应涂蜡或用透明胶带等保护。要定期检查试剂和溶液，变质的或受污染的试剂要及时清理，发现标签脱落应及时更换。脱落标签的试剂在未查明之前不可使用。

2.2.4 溶液的配制

溶液的配制一般是指把固态的试剂溶于水配制成溶液，或把液态试剂（浓溶液）加水稀释为所需的稀溶液。

2.2.4.1 一般溶液的配制方法

① 配制溶液时，先算出所需的固体试剂的用量，称取后置于容器中，加少量水，搅拌溶解。必要时可加热促使溶解，再加水至所需的体积，混合均匀，即得所配制的溶液。

② 用液体试剂（或浓溶液）稀释时，先根据试剂或浓溶液的密度或浓度算出所需液体的体积，量取后加入所需的水混合均匀即可。

③ 配制饱和溶液时，所用溶质质量应比计算量稍多，加热使之溶解后，冷却，待结晶析出后，取用上层清液以保证溶液饱和。

④ 配制易水解的盐溶液时〔如 $SnCl_2$、$SbCl_3$、$Bi(NO_3)_3$ 等〕，应先加入相应的浓酸（HCl 或 HNO_3）以抑制水解，或溶于相应的酸中使溶液澄清。

⑤ 配制易氧化的盐溶液时，不仅需要酸化溶解，还需加入相应的纯金属，使溶液稳定。如配制 $FeSO_4$、$SnCl_2$ 溶液时需加入金属铁或金属锡。

2.2.4.2 标准溶液的配制方法

标准溶液的配制方法有直接配制法和标定法。

（1）直接配制法

直接配制法（简称直接法）是用分析天平准确称取一定量的基准物质或优级纯试剂直接配制。将称好的样品溶于适量蒸馏水或介质中，定量转移至容量瓶中，再用蒸馏水稀释至刻度，根据称取样品的质量和容量瓶的体积计算其准确浓度。

（2）标定法

大多数物质不符合直接配制法的条件。例如，NaOH 易吸收空气中的 CO_2 和水分；市售的盐酸由于 HCl 易挥发，其含量有一定的波动；$KMnO_4$、$Na_2S_2O_3$ 等物质不易提纯，且见光易分解。这类物质的标准溶液不宜用直接法配制，要用间接法进行配制，即标定法：先配制成近似所需浓度的溶液，再用基准物质或已知浓度的标准溶液来标定，通过所用基准物质的质量或滴定所消耗的已知浓度的标准溶液的体积来计算所配溶液的浓度。

配制时需要注意以下几点：

① 要选用符合实验要求的纯水。例如，配制 NaOH、$Na_2S_2O_3$ 等溶液时要使用临时煮沸并冷却的纯水；配制 $KMnO_4$ 溶液要加热至沸并微沸 1h，放置 2～3d，以除去水中微量的还原性杂质，过滤后标定。

② 基准物质要预先按规定的方法进行干燥。标定法所用的基准物质必须符合以下要求：a. 试剂的实际组成应与其化学式完全相符，如含有结晶水（如 $H_2C_2O_4 \cdot 2H_2O$、$Na_2B_4O_7 \cdot 10H_2O$ 等），其结晶水的数目也应与化学式相符；b. 试剂必须有足够的纯度，一般要求纯度在 99.9% 以上，而所含杂质的量应在滴定分析允许的误差限度以下；c. 化学性质稳定，如加热干燥不挥发、不分解，称量时不吸收空气中的 CO_2 和水分，不被空气氧化等；d. 具有较大的摩尔质量，摩尔质量越大，称取的量就越多，称量时相对误差就越小。

滴定分析实验中常用来直接配制和标定标准滴定溶液的基准物质如表 2.5 所示。

表 2.5　常用来直接配制和标定标准滴定溶液的基准物质

滴定方法	标准滴定溶液	基准物质	烘干条件/℃	优缺点
酸碱滴定	HCl	Na_2CO_3	270~300	便宜、易得纯品;易吸湿
		$Na_2B_4O_7 \cdot 10H_2O$	盛有 NaCl 和蔗糖饱和溶液的密闭容器中	易得纯品、不易吸湿、摩尔质量大;湿度小时会失去结晶水
	NaOH	COOH ⬡ COOK	105~110	易得纯品、不吸湿、摩尔质量大
		$H_2C_2O_4 \cdot 2H_2O$	室温空气干燥	便宜;结晶水不稳定、纯度不理想
配位滴定	EDTA	金属 Zn 或 ZnO	Zn 室温干燥器;ZnO 900~1000	纯度高、稳定、既可在 pH=5~6 又可在 pH=9~10 应用
		$CaCO_3$	110±2	易得纯品、稳定
氧化还原滴定	$KMnO_4$	$Na_2C_2O_4$	105±5	易得纯品、稳定、无显著吸湿
	$K_2Cr_2O_7$	$K_2Cr_2O_7$	120±2	易得纯品、非常稳定、可直接配制标准溶液
	$Na_2S_2O_3$	$K_2Cr_2O_7$	120±2	易得纯品、非常稳定、可直接配制标准溶液
	I_2	As_2O_3	室温干燥器	能得纯品,产品不吸湿;剧毒
	$KBrO_3$	$KBrO_3$	180±2	易得纯品、稳定
	$KBrO_3$ + 过量 KBr	$KBrO_3$	180±2	易得纯品、稳定
沉淀滴定	$AgNO_3$	$AgNO_3$	280~290	易得纯品、易光照分解及被有机物沾污
		NaCl	500~550	易得纯品;易吸湿

③ 当一溶液可用多种基准物质及指示剂进行标定时，如 EDTA 溶液，原则上应使标定的实验条件与测定的相同或相近，以避免可能产生的系统误差。

④ 标准溶液均应密闭存放，有些还需避光。溶液的标定周期长短除了与溶质本身的性质有关外，还与配制方法、保存方法有关。浓度低于 $0.01 mol \cdot L^{-1}$ 的标准溶液不宜长时间存放，应在临用前用浓标准溶液稀释。

2.3　试纸

试纸是用来判断溶液酸碱性或定性鉴别物质的。

（1）pH 试纸

是用于指示溶液 H^+ 浓度大小的一种应用最为广泛的试纸，常分为广泛 pH 试纸和精密 pH 试纸。精密 pH 试纸可准确到 0.1~0.5 个 pH 单位，广泛 pH 试纸可准确到 0.5~1 个 pH 单位。

使用时，用干净的玻璃棒蘸取少量被测液滴于试纸中央，若测挥发性物质，需将试纸用蒸馏水润湿，用它接近待测物，根据其颜色的变化与标准色阶相比较，确定其 pH。使用 pH 试纸时，不能将试纸伸入试液，也不能接触瓶口或管口。

pH 试纸制作方法：先将甲基红、溴甲酚绿、百里酚蓝等酸碱指示剂按一定比例混合配成溶液，然后用其浸渍白色滤纸，在无酸碱的气氛中经晾干而成。

（2）淀粉碘化钾试纸（无色）

将 3g 可溶性淀粉与 25mL 水搅匀，倾入 225mL 沸水中，加 1g 碘化钾及 1g 结晶碳酸钠，用水稀释至 500mL，将滤纸条浸渍，取出在阴处晾干，装入密封试管中备用。该试纸用以检查氧化剂（特别是游离卤素）亚硝酸及臭氧，与之作用时变蓝。

（3）石蕊试纸（红或蓝色）

用热的酒精处理石蕊，以除去其中的红色素，将残渣与水（1∶6）共煮，并不断摇荡，滤去不溶物，将滤液分成两份，一份加稀磷酸或硫酸至变红，另一份加稀氢氧化钠至变蓝，然后分别浸湿滤纸条，并在避光、没有酸碱蒸气的房间内晾干，装入密封瓶或塑料袋中，制得红色和蓝色的石蕊试纸。红色的试纸在碱性溶液中变蓝，蓝色试纸在酸性溶液中变红。

（4）汞试纸（黄红色）

混合同体积的质量分数都为 10% 的 KI 和 $CuSO_4$ 溶液，沉淀后，倾出溶液，将沉淀移入漏斗，用蒸馏水小心洗涤，边洗涤边抽滤，然后用 10% 的亚硫酸钠溶液洗至无色，用蒸馏水洗涤若干次后，吸干水分，将沉淀转移至小烧杯中，加入少量无水乙醇使沉淀成糊状，再用质量分数为 25% 的硝酸酸化此糊状物（50mL 糊状物加 1 滴酸）。混合后将糊状物用小毛笔均匀地涂在滤纸上，然后在烘箱中烘干（60℃），剪成小条贮于密封瓶中。此试纸与汞蒸气作用变成橙红色，可用来测试汞蒸气含量。15℃左右，在空气中放置 4h 后，若汞试纸不变色，表明空气中汞蒸气含量低于其最高允许含量 0.01mg·m^{-3}。

（5）铅盐试纸（无色）

在浓度小于 1mol·L^{-1} 的乙酸铅溶液（每升含 190g $PbAc_2·3H_2O$）中浸湿滤纸，放在无硫化氢气体处晾干。用以检查痕量的硫化氢，试纸由白变黑。

2.4　滤纸

滤纸是用精制木浆或棉浆等纤维制成的具有良好过滤性能的纸。

我国国家标准《化学分析滤纸》（GB/T 1914—2017）对定量滤纸和定性滤纸产品的分类、型号和技术指标以及试验方法等都有规定。

化学分析滤纸按照用途分为定性滤纸和定量滤纸两类。定性滤纸按照滤水速度的不同分为三种型号：101 型（快速定性滤纸）、102 型（中速定性滤纸）和 103 型（慢速定性滤纸）；定量滤纸按照滤水速度的不同也分为三种型号：201 型（快速定量滤纸）、202 型（中速定量滤纸）和 203 型（慢速定量滤纸）。滤纸盒上贴有滤速标签，快速为黑色或白色纸带，中速为蓝色纸带，慢速为红色或橙色纸带。

定量滤纸的灰分很低，又称为无灰滤纸。以直径 12.5cm 定量滤纸为例，每张滤纸的质量约为 1g，灼烧后其灰分的质量不超过 0.1mg（≤常量分析天平的感量），在重量分析法中可以忽略不计。而定性滤纸灼烧后有相当多的灰分，不适用于重量分析。

滤纸外形有圆形和方形两种。常用的圆形滤纸有 ϕ7cm、ϕ9cm、ϕ11cm 等规格，方形滤纸都是定性滤纸，有 60cm×60cm、30cm×30cm 等规格。

按过滤速度和分离性能的不同，又分为快速、中速和慢速三种，滤纸盒上贴有滤速标签，快速为黑色或白色纸带，中速为蓝色纸带，慢速为红色或橙色纸带。

按国家标准 GB/T 1914—2017 所规定的技术指标列于表 2.6 和表 2.7，应根据沉淀的性质和量合理地选用滤纸。

表 2.6　定量滤纸

项目			要求								
			优等品			一等品			合格品		
			201 型	202 型	203 型	201 型	202 型	203 型	201 型	202 型	203 型
定量		g·m^{-2}	80.0±4.0			80.0±4.0			80.0±4.0		
分离性能		—	合格								
滤水时间		s	≤35	>35～70	>70～140	≤35	>35～70	>70～140	≤35	>35～70	>70～140
干耐破度	≥	kPa	85	90	90	85	90	90	80	85	85
湿耐破度	≥	mm 水柱	130	150	200	120	140	180	120	140	180
抗碱性	≥	%	95.0	95.0	95.0	95.0	95.0	95.0	95.0	95.0	95.0
灰分	≤	%	0.009			0.010			0.011		
水抽提液 pH		—	5.0～8.0								
D65 亮度	≥	%	85.0								
D65 荧光亮度	≤	%	0.5								
尘埃度 ≤	0.2～0.3mm^2	个·m^{-2}	70			80			90		
	>0.3～0.7mm^2		8			10			12		
	>0.7mm^2		不应有			不应有			不应有		
交货水分		%	7.0±3.0								

表 2.7　定性滤纸

项目			要求								
			优等品			一等品			合格品		
			101 型	102 型	103 型	101 型	102 型	103 型	101 型	102 型	103 型
定量		g·m^{-2}	80.0±4.0			80.0±4.0			80.0±5.0		
分离性能		—	合格								
滤水时间		s	≤35	>35～70	>70～140	≤35	>35～70	>70～140	≤35	>35～70	>70～140
抗张强度(纵向)	≥	N·m^{-1}	1200	1500	1500	1200	1500	1500	1200	1500	1500
干耐破度	≥	kPa	85	90	90	85	90	90	80	85	85
湿耐破度	≥	mm 水柱	130	150	200	120	140	180	120	140	180
抗碱性	≥	%	92.0	92.0	92.0	92.0	92.0	92.0	90.0	90.0	90.0
灰分	≤	%	0.11			0.13			0.15		
水抽提液 pH		—	6.0～8.0								
D65 亮度	≥	%	85.0								
D65 荧光亮度	≤	%	0.5								
尘埃度 ≤	0.2～0.3mm^2	个·m^{-2}	70			80			90		
	>0.3～0.7mm^2		8			10			12		
	>0.7mm^2		不应有			不应有			不应有		
交货水分		%	7.0±3.0								

2.5　化学实验常用仪器介绍

　　化学实验常用仪器中，大部分为玻璃仪器和一些瓷质类器皿。玻璃仪器种类很多，按玻璃的性质不同，可分为软质和硬质两类。软质玻璃的透明度好，但硬度、耐热性和耐腐蚀性较差；硬质玻璃的耐热性、耐腐蚀性和耐冲击性较好。按用途大体可分为容器类、量器类和其他器皿类。容器类包括试剂瓶、烧杯、试管、烧瓶等，根据它们能否受热又可分为可加热的和不宜加热的器皿。量器类有量筒、移液管、滴定管、容量瓶等，量器类一律不能加热。其他器皿包括具有特殊用途的玻璃器皿，如冷凝管、分液漏斗、干燥器、砂芯漏斗、标准磨口玻璃仪器等。瓷质类器皿包括蒸发皿、布氏漏斗、瓷坩埚、瓷研钵等。化学实验中常用的仪器如表 2.8 所示。

表 2.8 常用仪器

仪器名称	规格	用途	注意事项
试管 离心试管	玻璃质分硬质和软质。有普通试管和离心试管,普通试管有翻口、平口、有刻度、无刻度等。有刻度的试管按容积分,常用的有 5mL、10mL、15mL、20mL、25mL、50mL 等;无刻度的试管按试管口外径、管长分,有 8mm×70mm、10mm×75mm、10mm×100mm、12mm×100mm、15mm×150mm、30mm×200mm 等	1. 盛少量试剂; 2. 作少量试剂反应的容器; 3. 制取和收集少量气体; 4. 检验气体产物,也可接到装置中用	1. 反应液体不超过试管容积的 1/2,加热时不要超过 1/3; 2. 加热前试管外面要擦干,加热时要用试管夹; 3. 加热后的试管不能骤冷,否则容易破裂; 4. 加热液体时,管口不要对人,并将试管倾斜与桌面成 45°,同时不断振荡,火焰上端不能超过管里液面; 5. 加热固体时,管口略向下倾斜,避免管口冷凝水回流; 6. 离心试管只能用水浴加热
试管架	有木制、竹制或有机玻璃制品	放置或晾干试管用	加热后的试管应用试管夹夹住悬放于架子上
移液管 吸量管	分单刻度大肚型和刻度型两种。还有完全流出式和不完全流出式两类。 规格以所能量度的最大容积(mL)表示,有 1mL、2mL、5mL、10mL、25mL、50mL 等	精确移取一定体积的液体用	1. 不能在烘箱中烘干,不能加热; 2. 未标明"吹"字的吸管,残留的最后一滴液体,不用吹出; 3. 上端和尖端不可磕破
比色管	有无塞和有塞之分。规格以最大容积表示,如 25mL、50mL	用于目视比色	1. 不能用试管刷刷洗,以免划伤内壁。脏的比色管可用铬酸洗液浸泡; 2. 比色时比色管应放在特制的、下面垫有白瓷板或镜子的架子上
试管夹	由木头、钢丝或塑料制成	夹试管用	防止烧损或锈蚀
毛刷	规格以大小和用途表示,如试管刷、滴定管刷等	洗刷玻璃仪器用	小心刷子顶端的铁丝擦破玻璃仪器
烧杯	玻璃质分硬质、软质,有一般型和高型、有刻度和无刻度。规格按容量(mL)大小表示	用作反应物量较多时的反应容器。反应物易混合均匀	加热时应放置在石棉网上,使受热均匀

第 2 章 化学实验基础知识与基本操作 033

仪器名称	规格	用途	注意事项
平底烧瓶　圆底烧瓶　蒸馏烧瓶	玻璃质分硬质和软质。有平底、圆底、长颈、短颈、细口、厚口、磨口等,此外还有蒸馏烧瓶 规格按容积(mL)分,有 50mL、100mL、250mL、500mL 等	1. 圆底烧瓶可供试剂量较大的物质在常温或加热条件下反应,优点是受热面积大而且耐压; 2. 平底烧瓶用于配制溶液或代替圆底烧瓶,还可作洗瓶,它不耐压,不能用于减压蒸馏; 3. 蒸馏烧瓶用于液体蒸馏,也可用作少量气体发生装置	1. 盛放液体的量不超过烧瓶容量的 2/3,也不能太少,避免加热时喷溅或破裂; 2. 固定在铁架台上,下垫石棉网再加热,不能直接加热,加热前外壁要擦干,避免受热不均而破裂; 3. 放在桌面上,下面要垫木环或石棉环,防止滚动
锥形瓶	玻璃质分硬质和软质,有塞和无塞,广口、细口和微型几种	反应容器。振荡很方便,适用于滴定操作	加热时应放置在石棉网上,使受热均匀
碘量瓶	规格以容积表示,如 250mL、100mL	碘量法或其他生成挥发性物质的定量分析	1. 塞子及瓶口边缘的磨砂部分注意勿擦伤,以免产生漏隙; 2. 滴定时打开塞子,用蒸馏水将瓶口及塞子上的碘液洗入瓶中
量筒和量杯	玻璃质,规格以所能量度的最大容积(mL)表示	用于量度一定体积的液体	不能加热,不能用作反应容器,不能量热溶液或液体
容量瓶	玻璃质。瓶塞有玻璃、塑料两种。规格以容积(mL)表示,有 25mL、50mL、100mL、200mL、250mL、500mL、1000mL 等	用于配制标准溶液	非标准的磨口塞要保持原配,不能互换;漏水的不能用;不能在烘箱内烘烤,不能用火直接加热,可水浴加热;不能代替试剂瓶用来存放溶液,避免影响容量瓶容积的精确度

仪器名称	规格	用途	注意事项
滴定管　滴定管夹 滴定台	分酸式、碱式两种,有棕色或无色。规格以容积(mL)表示,有 25mL、50mL 等。 滴定管夹:金属。滴定台:玻璃或大理石底座	1. 用于滴定或量取准确体积的液体; 2. 滴定管夹夹持滴定管,固定在滴定台铁杆上	1. 酸式滴定管活塞要原配; 2. 漏水的不能使用,不能加热,不能长期存放溶液; 3. 酸式管装酸性或氧化性溶液,碱式管盛放碱性或还原性溶液; 4. 见光易分解的滴定液宜用棕色滴定管
称量瓶	玻璃质。规格以外径(mm)×高(mm)表示。分"扁型"和"高型"两种	差减法称量一定量的固体样品时用	不能用火直接加热。瓶和塞是配套的,不能互换
干燥器	玻璃质。规格以外径(mm)大小表示。分普通干燥器和真空干燥器	内放干燥剂,可保持样品或产物的干燥	底部放变色硅胶或其他干燥剂,盖磨口处涂适量凡士林;灼烧过的物品放入干燥器前,温度不能过高,并在冷却过程中要每隔一定时间开一开盖子,以调节器内压力
药匙	由牛角、瓷或塑料制成,现多数是塑料的	取固体样品用	取用一种药品后,必须洗净,并用滤纸屑擦干后,才能取另一种药品
细口瓶　广口瓶	一般多为玻璃质,有无色、棕色的,有磨口、不磨口的。规格按容量分,有 125mL、250mL、500mL、1000mL 等	广口瓶用于盛放固体样品;不带磨口的广口瓶可用作集气瓶。细口瓶用于盛放液体样品	不能直接用火加热。瓶塞不能互换。不能盛放碱液,以免腐蚀塞子
表面皿	玻璃质,规格按直径(mm)表示,有 45mm、50mm、60mm、70mm、80mm、90mm、100mm 等	1. 盖在烧杯或蒸发皿上; 2. 作点滴反应器皿或气室用; 3. 盛放干净物品	1. 不能直接用火加热,防止破裂; 2. 不能当蒸发皿用
漏斗	规格以口径大小表示	用于过滤等操作。长颈漏斗特别适用于定量分析中的过滤操作	不能用火直接加热

仪器名称	规格	用途	注意事项
吸滤瓶　布氏漏斗	布氏漏斗为瓷质,规格以容量或口径大小表示。吸滤瓶为玻璃质,规格以容量大小表示	两者配套,用于沉淀的减压过滤	滤纸要略小于漏斗的口径才能贴紧。不能用火直接加热
漏斗式　坩埚式 玻璃漏斗(砂芯漏斗)	是一类由颗粒状玻璃、石英、陶瓷或金属等经高温烧结,并具有微孔结构的过滤器。常用的是砂芯漏斗,它的底部是玻璃砂在 873K 左右烧结的多孔片。根据烧结玻璃孔径的大小分为 6 种型号	用于过滤沉淀,常和抽滤瓶配套使用	不宜过滤浓碱溶液、HF 溶液或热的浓 H_3PO_4 溶液
分液漏斗	规格以容积大小和形状(球形、梨形)表示	用于互不相溶的液-液分离,也可用于有气体产生的装置中加液	不能用火直接加热。漏斗塞子不能互换,活塞处不能漏液
蒸发皿	规格以口径或容积大小表示,用瓷、石英或铂制作	蒸发浓缩液体用。根据液体性质不同,可选用不同材质的蒸发皿	能耐高温,但不宜骤冷。蒸发溶液时,一般放在石棉网上加热
坩埚	瓷质,也有石墨、石英、氧化锆、铁、镍或铂制品。规格以容量(mL)分有 10mL、25mL、30mL、50mL 等	灼烧固体时用。根据固体性质不同,可选用不同材质的坩埚	1. 放在泥三角上强热或灼烧; 2. 加热或反应完成后用坩埚钳取下时,坩埚钳要预热。取下后置于石棉网上
坩埚钳	用不锈钢,或不可燃、难氧化的硬质材料制成。有大小、长短之分	夹取坩埚加热或往高温炉中放、取坩埚	1. 使用干净的坩埚钳; 2. 夹取灼热的坩埚时,必须将钳尖先预热,以免坩埚因局部冷却而破裂。用后钳尖应向上放在桌面或石棉网上; 3. 实验完毕后,应将坩埚钳擦干净,放入实验器材柜中,干燥放置; 4. 夹持坩埚使用弯曲部分,其他用途时用尖头
泥三角	由三根铁丝弯成,套有三截素烧瓷管。有大、小之分	支撑坩埚加热或灼烧时用,以防炸裂	1. 灼烧的泥三角不要滴上冷水,以免瓷管破裂; 2. 选择泥三角时,要使搁在上面的坩埚所露出的上部,不超过本身高度的 1/3

仪器名称	规格	用途	注意事项
石棉网	由铁丝编成,中间涂有石棉,有大小之分	石棉是不良导体,它能使受热物体均匀受热,可防止局部高温	不能与水接触,以免石棉脱落或铁丝锈蚀
铁架台	铁制品,铁夹有铝制的	用于固定或放置反应容器,铁环还可以代替漏斗架使用	1. 先调节好铁圈、铁夹的距离和高度,注意重心,防止站立不稳; 2. 用铁夹夹持仪器时,应以仪器不能转动为宜,不能过紧过松,过紧夹破,过松脱落; 3. 加热后的铁圈不能撞击或摔落在地,避免断裂
三脚架	铁制品。有大小、高低之分,比较牢固	放置较大或较重的加热容器	底下放酒精灯,上面垫石棉网加热
研钵	用瓷、玻璃、玛瑙或铁制成。规格以口径大小表示	用于研磨固体物质,或固体物质的混合。按固体的性质和硬度,选择不同材质的研钵	1. 不能加热或作反应容器用; 2. 不能将易爆物质混合研磨,防止爆炸; 3. 盛固体物质的量不宜超过研钵容积的1/3,避免物质甩出; 4. 只能研磨、挤压,勿敲击,大块物质只能压碎,不能舂碎。防止击碎研钵和杵等物体飞溅
洗瓶	塑料制品	用蒸馏水或去离子水洗涤沉淀和容器时用	
滴管	由尖嘴玻璃管与橡胶头构成	1. 吸取或滴加少量(数滴或 1～2mL)液体; 2. 吸取沉淀的上层清液以分离沉淀	1. 使用时,保持垂直,避免倾斜,尤忌倒立; 2. 管尖不可接触其他物体,以免沾污
滴瓶	有无色和棕色之分。以容积表示,如 125mL、60mL	盛放每次使用只需数滴的液体试剂	1. 见光易分解的试剂要用棕色瓶盛放; 2. 碱性试剂要用带橡胶塞的滴瓶盛放; 3. 使用时切忌滴头与瓶身张冠李戴; 4. 其他使用注意事项同滴管

仪器名称	规格	用途	注意事项
点滴板	用瓷制成,有白色或黑色两种。按凹穴数目分,有12孔、9孔、6孔等	用于点滴反应,一般不需分离的沉淀反应,尤其是显色反应	1. 不能加热; 2. 白色沉淀用黑色板,有色沉淀用白色板
水浴锅	铜或铝制品	用于间接加热,也用于控温实验	用于加热时,防止将锅内水烧干。用完后将锅内水倒掉,并擦干锅体,以免腐蚀

2.6 基本度量仪器的使用

实验室中常用于度量液体体积的量器有量筒、量杯、移液管、滴定管和容量瓶等,这些仪器都不能加热,更不能作反应容器。

2.6.1 量筒

量筒是化学实验中最常用的度量液体体积的仪器,其规格有 5mL、10mL、50mL、100mL、500mL 等多种,可根据不同需要选择使用。例如,需要量取 8.0mL 液体时,为提高测量的准确度,应选用 10mL 量筒(测量误差为 ±0.1mL)。如果选用 100mL 量筒量取 8.0mL 液体体积,则将产生至少 ±1mL 的误差。使用时,把要量取的液体注入量筒中,手拿量筒的上部,让量筒竖直,读数时应使眼睛的视线和量筒内弯月面的最低点保持水平,见图 2.6。

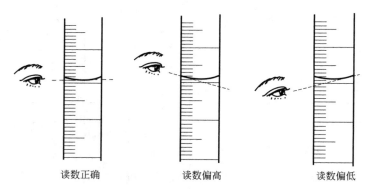

| 读数正确 | 读数偏高 | 读数偏低 |

图 2.6 量筒的读数方法

2.6.2 滴定管

滴定管是滴定分析中最基本的量器。常量分析用的滴定管有 50mL 和 25mL 等几种规格,它们的最小分度值为 0.1mL,读数可估读到 0.01mL。此外,还有容积为 10mL、5mL、2mL 和 1mL 的半微量和微量滴定管,最小分度值为 0.05mL、0.01mL 或 0.005mL,特别适用于电位滴定。

滴定管一般分为酸式和碱式两种,见图 2.7。酸式滴定管的刻度管和下端的尖嘴玻璃管通过玻璃活塞相连，适用于盛装酸性、中性和氧化性溶液，不可盛放碱性溶液，因为碱性溶液会腐蚀玻璃的磨口和活塞。碱式滴定管的刻度管与下端的尖嘴玻璃管之间用乳胶管连接，乳胶管内有一玻璃珠，用以控制溶液的流出速度。碱式滴定管用于盛装碱性和无氧化性溶液，不能用来盛装 HCl、H_2SO_4、I_2、$KMnO_4$ 和 $AgNO_3$ 等能与乳胶管作用的溶液。目前新型的酸式滴定管，活塞由聚四氟乙烯制造，能用于各种溶液的滴定。

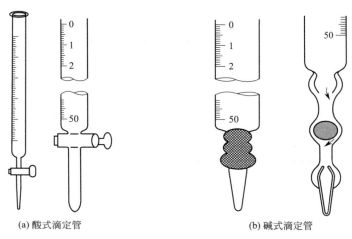

(a) 酸式滴定管　　　　　　　　　(b) 碱式滴定管

图 2.7　滴定管

滴定管的使用包括洗涤、检漏、涂凡士林、逐泡和读数等步骤。

（1）洗涤

干净的滴定管如无明显油污，可用自来水冲洗或先用滴定管刷蘸肥皂水或其他洗涤剂刷洗，而后用自来水冲洗。刷洗时应注意勿用刷头露出铁丝的毛刷，以免划伤内壁。如有油污，则需用铬酸洗液浸泡。洗涤时向管内倒入 10mL 左右洗液（碱式滴定管将乳胶管内玻璃珠向上挤压封住管口或将乳胶管换成乳胶滴头）；若油污较重，可装满洗液浸泡，浸泡时间的长短视沾污的程度而定。洗毕，洗液应倒回洗液瓶中，洗涤后需用大量自来水淋洗，并不断转动滴定管，至流出的水无色，再用蒸馏水润洗三遍。润洗时，两手平端滴定管，慢慢旋转，让蒸馏水遍及全管内壁，然后从两端放出。洗净后的管内壁应被水均匀润湿而不挂水珠。如挂水珠，应重新洗涤。

（2）检漏

检查酸式滴定管是否漏水时，可将滴定管装水至"0"刻度左右，并将滴定管夹在管架上，直立约 2min，观察活塞边缘和管端有无水珠渗出。将活塞旋转 180°，再观察一次，若无漏水现象，即可使用。

碱式滴定管使用前，应检查橡皮管是否老化，玻璃珠的大小是否适当。检漏时，只需装满水，并将滴定管夹在管架上，直立约 2min，观察有无水珠渗出，再检查玻璃珠控制液滴是否灵活。不合要求时，可将下端的乳胶管取下，更换乳胶管或玻璃珠。

（3）涂凡士林

如发现酸式滴定管漏水、玻璃活塞转动不灵，需将活塞涂上凡士林。

操作如下：将滴定管平放在桌面上，先取下套在活塞小头上的橡皮圈，后取出活塞，洗净，用滤纸擦干活塞及活塞槽，见图 2.8(a)。用手指蘸上少许凡士林在活塞孔两边均匀地、薄薄地涂上一层，活塞中间有孔的部位及孔的周围不能涂，见图2.8(b)。注意不要涂得过多，以免凡士林堵塞活塞孔及滴定管的出口，也不要涂得太少，达不到转动灵活和防止漏水的目的。将涂好凡士林的活塞准确地直插入活塞槽中，插入时活塞孔应与滴定管平行（不能转动活塞），见图2.8(c)。将活塞按紧后向同一方向不断转动，直到从外面观察油膜均匀透明为止。旋转时，应有一定的挤压力，以免活塞来回移动，使孔受堵，见图2.8(d)。最后用橡皮圈套在活塞小头一端的凹槽上，固定活塞，以防其滑落打碎。如仍然漏水应重新涂凡士林或更换滴定管。

若活塞孔或出口尖嘴被凡士林堵塞，可将滴定管充满水后，将活塞打开，用洗耳球在滴定管上部挤压、鼓气，将凡士林排出。

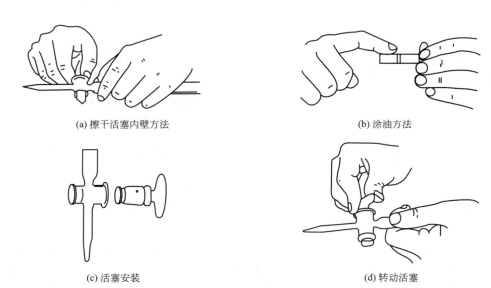

(a) 擦干活塞内壁方法　　　　　　　　　　(b) 涂油方法

(c) 活塞安装　　　　　　　　　　　　　　(d) 转动活塞

图2.8　活塞涂凡士林

（4）装液、逐泡及定零

洗净后的滴定管在装液前，应先用滴定液润洗滴定管2～3次，每次10～15mL，润洗方法与蒸馏水洗涤相同。滴定液应直接倒入滴定管中，不得用其他容器（如烧杯、漏斗等）转移。润洗完毕，装入滴定液至零刻度以上，检查活塞附近或橡皮管内有无气泡，如有气泡，应将其排出。排出气泡时，使酸式滴定管倾斜成约30°角，用手迅速打开活塞，使溶液冲出并带走气泡；可将碱式滴定管的乳胶管向上弯曲，挤压玻璃珠使溶液从管口喷出，即可排出气泡，见图2.9。将排出气泡后的滴定管补加滴定液到零刻度以上，然后调整至零刻度线。

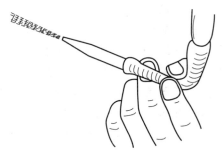

图2.9　碱式滴定管逐泡方法

（5）滴定

滴定操作常在锥形瓶中进行。滴定时所用滴定液的体积应不超过滴定管的容量，因为多装一次溶液就要多读一次数，导致误差增大。

使用酸式滴定管滴定时，一般用左手控制活塞，将滴定管卡于左手虎口处，用大拇指、食指和中指转动活塞，见图 2.10。转动活塞时要轻轻向手心用力，以免活塞松动而漏液。在滴定时，滴定管尖嘴伸入锥形瓶瓶口约 1cm，见图 2.11。边滴边振荡锥形瓶（利用手腕的转动，使锥形瓶按顺时针方向运动），滴定速度不能太快，一般不快于 3～4 滴/s，否则易超过终点。滴定过程中，要注意观察液滴落点周围溶液颜色的变化，以便控制溶液的滴速。一般在滴定开始时，可采用滴速较快的连续式滴加（但不能滴成线）；接近终点时，则应逐滴滴入，每滴一滴都要将溶液摇匀，并注意观察终点颜色的突变。由于滴定过程中溶液因锥形瓶振荡会附到锥形瓶内壁的上部，故在接近终点时，要用洗瓶吹出少量蒸馏水冲洗锥形瓶内壁，然后再继续滴定。接近终点时溶液应逐滴（或半滴）滴下。滴加半滴的操作：使液滴悬挂在滴定管尖嘴处而不让其自由落下，再用锥形瓶内壁将液滴碰下，然后用洗瓶吹入少量蒸馏水，将内壁附着的溶液冲下，摇匀。如此反复，直至终点为止，见图 2.12。

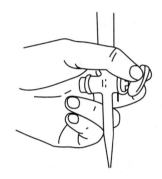

图 2.10　旋转活塞的方法

图 2.11　酸式滴定管的操作

使用碱式滴定管滴定时，左手拇指在前，食指在后，拿住乳胶管中的玻璃珠所在部位稍上处，中指及无名指夹住尖嘴管，使尖嘴管垂直而不摆动，拇指及食指挤压橡皮管，见图 2.13。注意：不能捏挤玻璃珠下方的乳胶管，否则易进入空气形成气泡。滴定操作及速度与酸式滴定管的要求相同。

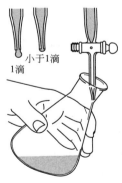

图 2.12　滴定终点操作

图 2.13　碱式滴定管的操作

进行滴定操作时，应注意以下几点：

① 最好每次滴定都从 0.00mL 开始，或接近 0 的任意刻度开始，这样可以减小滴定误差。

② 滴定过程中，左手不得离开旋塞，任溶液自流。

③ 摇瓶时，应微动腕关节，使溶液向同一方向旋转，不能前后振动，以免溶液溅出。如因摇动使瓶口碰在管口上，应用洗瓶将溶液淋洗下来。

④ 滴定时，应观察滴落点周围颜色的变化。不要看滴定管上的刻度变化，而不顾滴定反应的进行。

（6）读数

为使读数准确，在管装满或放出溶液后，等待 1～2min，使附在内壁的溶液流下后调节零点或读数。读数前，应注意管口尖嘴上有无挂着水珠。若在滴定后挂有水珠，这时是无法准确读数的。读数时应将滴定管从滴定架上取下，用右手大拇指和食指捏住滴定管上部无刻度处，让其自然下垂时读数。

由于水的附着力和内聚力的作用，滴定管内的液面成弯月形，无色和浅色溶液的弯月面比较清晰，读数时，应读弯月面下缘实线的最低点。因此，读数时，视线应与弯月面下缘实线的最低点相切，即视线应与弯月面下缘实线的最低点在同一水平面上，见图 2.14(a)。对于深色溶液（如 $KMnO_4$、I_2 等），其弯月面不够清晰，最低点不易观察，读数时，视线应与液面两侧最高点相切，这样才较易读准，见图 2.14(b)。

为使弯月面的下边缘更清晰，读数时可在滴定管后衬一读数卡。读数卡是用贴有黑纸或涂有黑色长方形（约 3cm×1.5cm）的白纸板制成的。使用时，将读数卡紧贴在滴定管背面，并使黑色部分的上边缘低于弯月面约 1mm 处，此时即可看到弯月面的反射层全部成为黑色，见图 2.14(c)。然后，读取弯月面下缘的最低点。对深色溶液，读其两侧最高点，必须用白色卡片作为背景。

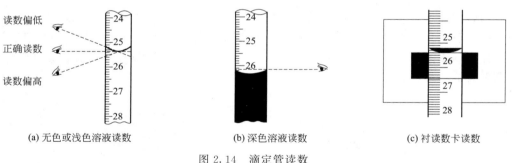

(a) 无色或浅色溶液读数　　　　(b) 深色溶液读数　　　　(c) 衬读数卡读数

图 2.14　滴定管读数

读取的数值必须读至以 mL 为单位的小数点后两位，即要求估读到 0.01mL。正确掌握估计 0.01mL 读数的方法很重要。滴定管上两个小刻度之间为 0.1mL，要估计其十分之一的值，需对一个分析工作者进行严格训练。方法如下：当液面在此两小刻度之间时，即为 0.05mL；若液面在两小刻度的三分之一处，即为 0.03mL 或 0.07mL；若液面在两小刻度的五分之一处，即为 0.02mL 或 0.08mL；等等。

（7）后处理

滴定结束后，滴定管内剩余的滴定液应倒入废液桶或回收瓶，不可倒回原试剂瓶中，以免沾污标准溶液，随后洗净滴定管，再装满蒸馏水，罩上滴定管盖，备用。

2.6.3 移液管和吸量管

移液管是用来准确移取一定体积溶液的量出式玻璃量器,中部具有"胖肚"结构,无分刻度,两端细长,见图2.15,管颈上部刻有一圈标线。在标明的温度下,使吸入溶液的弯月面下缘与移液管标线相切,再让溶液按一定的方法自由流出,则流出的体积与管上标明的体积相同。移液管按其容量精度分为A级和B级。国家规定的容量允差见表2.9(国家标准GB 12808—2015)。

表 2.9 常用移液管的容量允差

标称总容量/mL		1	2	3	5	10	15	20	25	50	100
容量允差 /mL	A	±0.007	±0.010	±0.015		±0.020	±0.025	±0.030		±0.050	±0.080
	B	±0.015	±0.020	±0.030		±0.040	±0.050	±0.060		±0.100	±0.160

吸量管是具有分刻度的直型玻璃管,见图2.16,一般只用于量取小体积的溶液。常用的吸量管有1mL、2mL、5mL、10mL等规格。如需吸取5mL、10mL和25mL等整数体积的液体,用相应大小的移液管,而不用吸量管。量取小体积且不是整数时,一般用吸量管,但其准确度比移液管稍差。

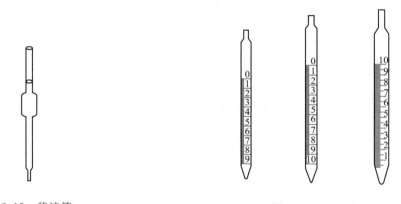

图 2.15 移液管   图 2.16 吸量管

(1)洗涤

移液管使用前应洗至管壁不挂水珠。洗涤时,先用适当规格的移液管刷和自来水清洗,若有油污可用洗液洗涤。方法是吸入1/3容积洗液,平放并转动移液管,用洗液润洗内壁,洗毕将洗液放回原瓶,稍后用自来水冲洗,再用蒸馏水清洗2~3次,备用。

(2)润洗

洗净后的移液管移液前必须用滤纸将尖端内外的水除去,然后用待取液润洗2~3次以保证被吸取的溶液浓度不变。润洗时,当溶液吸至约1/4处,即可封口取出。应注意勿使溶液回流,以免稀释溶液,润洗后将溶液从下端放出。

(3)移液

将润洗好的移液管插入待取液的液面下约1~2cm处(不能太浅以免吸空,也不能插至容器底部以免吸入沉渣),右手的拇指与中指拿住移液管标线以上部分,左手拿洗耳球,排出洗耳球内空气,将洗耳球对准移液管的上口,按紧,勿使其漏气,然后慢慢松开洗耳球,使移液管中液面慢慢上升,见图2.17。待液面上升至标线以上时,迅速移去洗耳球,随即用右手食指按紧移液管上口。将移液管提离液面,倾斜容器,将管尖紧贴容器内壁成约45°

角，稍待片刻，以除去管外壁的溶液，然后微微松动食指，并用拇指和中指慢慢移动移液管，使液面缓慢下降，直至溶液的弯月面与标线相切。此时，应立即用食指按紧管口，使液体不再流出。将接收容器倾斜45°角，小心把移液管移入接收容器，使移液管的尖端与容器内壁上方接触，见图2.18。松开食指，让溶液自由流下，当溶液流尽后，停15s，并将移液管向左右转动一下，取出移液管。

注意：除标有"吹"字样的移液管外，不要把残留在管尖的液体吹出，因为移液管标示的容积不包括这部分体积。

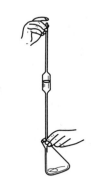

图2.17　吸取溶液的操作　　　　　　　图2.18　放出溶液的操作

2.6.4　容量瓶

在配制标准溶液或将溶液稀释至一定浓度时，需使用容量瓶，一般与移液管配合使用。容量瓶的外形是一平底、细颈的梨形瓶，瓶口带有磨口玻璃塞或塑料塞，颈上有环形标线，瓶体标有体积，一般表示20℃时液体充满至刻度时的容积。常见的有10mL、25mL、50mL、100mL、250mL、500mL和1000mL等各种规格。

（1）检漏

使用容量瓶前应先检查其标线是否离瓶口太近，如果太近则不利于溶液混合，故不宜使用。另外，必须检查瓶塞是否漏水。在瓶中加自来水到标线附近，盖好瓶塞后，用左手食指按住瓶塞，同时用右手五指托住瓶底边缘，见图2.19。将瓶倒立2min，观察瓶塞周围是否有水渗出，如不漏水，将瓶直立，将瓶塞转动180°，再倒立2min，若仍不渗水，即可使用。用细绳将塞子系在瓶颈上，保证二者配套使用，并避免打破磨口玻璃塞。

（2）洗涤

可先用自来水刷洗，洗后，如内壁有油污，则应倒尽残水，加入适量的铬酸洗液（250mL规格的容量瓶可倒入10～20mL），倾斜转动，使洗液充分润洗内壁，再倒回原洗液瓶中，用自来水冲洗干净后用蒸馏

图2.19　检查漏水和　水润洗2～3次，备用。
　混匀溶液的操作　　　（3）配制

用容量瓶配制溶液有两种情况：

① 如果将固体物质准确配成一定浓度的溶液，需先把准确称量的固体物质置于一小烧杯中溶解，然后定量转移至预先洗净的容量瓶中。转移时，右手拿玻璃棒悬空插入容量瓶内，玻璃棒的下端应靠在瓶颈内壁上；左手拿烧杯，使烧杯嘴紧靠玻璃棒，慢慢倾斜烧杯，

使溶液沿玻璃棒和内壁流入容量瓶中，见图2.20。待溶液流完后，将烧杯嘴紧靠玻璃棒，把烧杯沿玻璃棒向上提起，并使烧杯直立，使附着在烧杯嘴上的少许溶液流入烧杯，再将玻璃棒放回烧杯中。用洗瓶淋洗玻璃棒和烧杯内壁3～4次，再将溶液按上述方法转移至容量瓶中。然后加蒸馏水稀释到容量瓶体积的2/3时，直立旋摇容量瓶，使溶液初步混合（此时切勿加塞倒立容量瓶），继续加蒸馏水至接近标线约1cm处，改用滴管加水至弯月面恰好与标线相切。盖上瓶塞，用左手食指按住塞子，其余手指拿住瓶颈标线以上部分，用右手的全部指尖托住瓶底边缘，见图2.21。然后将容量瓶倒转并摇荡，混匀溶液，再将瓶直立，如此反复多次，使溶液全部混匀。

图 2.20　溶液的转移

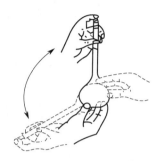

图 2.21　溶液的振荡

② 如果用容量瓶稀释溶液，则用移液管移取一定体积的溶液于容量瓶中，然后按上述方法混匀溶液。

注意：

① 容量瓶不宜长期保存试剂溶液。如配好的溶液需保存，应转移至磨口试剂瓶中，不要将容量瓶当作试剂瓶使用。

② 容量瓶使用完毕后，应立即用水冲洗干净，如长期不用，磨口处应洗净擦干，并用纸片将磨口隔开。

③ 容量瓶不得在烘箱中烘烤，也不能在电炉等加热器上直接加热。如需使用干燥的容量瓶，用乙醇等有机溶剂荡洗后晾干或用电吹风的冷风吹干。

2.7　加热与冷却

化学反应往往需要在加热或冷却的条件下进行，很多基本实验操作离不开加热或冷却，因此加热和冷却在化学实验中应用非常普遍。

2.7.1　加热仪器

在化学实验室中，常用的加热仪器有酒精灯、酒精喷灯、电炉、电热套、恒温水浴锅以及管式炉和马弗炉等。

（1）酒精灯

酒精灯由灯罩、灯芯和灯壶三部分组成，见图2.22。酒精灯的灯焰可分为焰心、内焰和外焰三个部分，见图2.23。外焰的温度最高，往内依次降低。因此加热时应调节好受热器与灯焰的距离，用外焰来加热。加入酒精应在灯熄灭的情况下，借助漏斗将酒精注入，最多加入量为灯壶容积的2/3，见图2.24。点燃酒精灯时绝不能用另一个燃着的酒精灯去点燃，以免洒落的酒精引起火灾或烧伤，见图2.25。熄灭时，用灯罩盖上即可，不要用嘴吹，见图2.26。片刻后，还应将灯罩再打开一次，以免冷却后，盖内负压使以后打开困难。

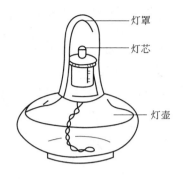

图 2.22　酒精灯的构造

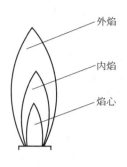

图 2.23　酒精灯的灯焰

图 2.24　往酒精灯内加入酒精

图 2.25　点燃酒精灯

图 2.26　熄灭酒精灯

酒精灯使用注意事项：

① 点燃酒精灯之前，应先使灯内的酒精蒸气排出，防止灯壶内酒精蒸气因燃烧受热膨胀而将瓷管连同灯芯一并弹出，从而引起燃烧事故；

② 灯芯不齐或烧焦时，应用剪刀修整为平头等长；

③ 新换的灯芯应让酒精浸透后才能点燃，否则一点燃就会烧焦；

④ 不能拿燃着的酒精灯去引燃另一盏酒精灯；

⑤ 不能用嘴吹灭酒精灯，而应用灯罩盖上，使其缺氧后自动熄灭，片刻后把灯罩提起一下，然后盖上；

⑥ 添加酒精时应先熄灭灯焰，然后用漏斗将酒精加入灯内，灯内酒精的储量不能超过酒精灯容积的 2/3。

酒精灯提供的温度不高，通常为 400～500℃，适用于不需太高加热温度的实验。灯芯短时温度低，长则高些，可根据需要加以调节。

（2）酒精喷灯

需要 700～1000℃ 的高温加热时可用酒精喷灯。酒精喷灯的形式较多，有座式、链式、壁挂式等，一般由铜或其他金属制成。常用的座式喷灯和挂式喷灯的构造见图 2.27，它们的结构原理相同，都是先将酒精汽化后与空气混合再燃烧。它们的区别仅在于座式喷灯的酒精储存在下面的空心灯壶里，挂式喷灯储存在悬挂于高处的贮罐内。

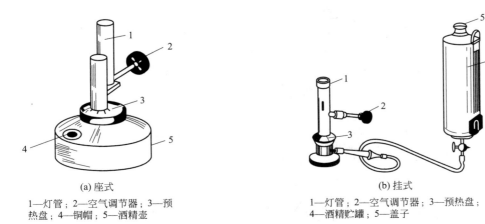

(a) 座式
1—灯管；2—空气调节器；3—预热盘；4—铜帽；5—酒精壶

(b) 挂式
1—灯管；2—空气调节器；3—预热盘；4—酒精贮罐；5—盖子

图 2.27 酒精喷灯的类型和构造

使用时首先在预热盘中注满酒精并点燃，待灯管温度足够高时，开启灯管处的空气调节器，让酒精蒸气出来与喷火孔的空气混合并由管口喷出，点燃酒精蒸气。火焰温度可通过上下移动空气调节器来控制。使用完毕，座式喷灯用金属片或木板盖住灯管口，挂式喷灯关闭贮罐开关，让火焰熄灭。

注意：座式喷灯酒精贮量只能是贮器容量的 1/3～1/2，连续使用的时间一般不超过 0.5h。若需更长时间的加热，则中途需添加酒精，此时应先熄灭火焰，稍后加酒精，重新点燃。挂式喷灯要在保证灯管充分灼热后才能开启酒精贮罐开关，点燃酒精蒸气，此时应控制酒精的流入量，不要太多，等火焰正常后再调大酒精流量，否则酒精在灯管内不能充分汽化，液态酒精从管口喷出，从而形成"火雨"甚至引起火灾。

（3）电炉

电炉可以代替酒精灯或煤气灯加热容器中的液体。根据发热量不同，电炉有不同规格，如 500W、800W、1000W 等，温度的高低可以通过调节变压器来控制，见图 2.28。

图 2.28 电炉

图 2.29 电热套

（4）电热套

电热套是专为加热圆底容器设计的，电热面为凹形半球面的电加热设备，见图 2.29。可取代油浴、沙浴对圆底容器加热，有 50mL、100mL、250mL 等各种规格。使用时应根据圆底容器的大小选用合适的型号。受热容器应悬挂在加热套的中央，不能接触套的内壁。电热套相当于一个均匀加热的空气浴。为有效地保温，可在套口和容器之间用玻璃布围住，里面温度最高可达 450～500℃。

（5）管式电炉和箱式电炉

实验室进行高温灼烧或反应时，常用管式电炉和箱式电炉，见图 2.30。管式电炉有一管状炉膛，内插一根耐高温瓷管或石英管，瓷管内再放入盛有反应物的瓷舟，反应物可在真空、空气或其他氛围下受热，温度可从室温到 1000℃。

箱式电炉即马弗炉，一般用电炉丝、硅碳棒作发热体，温度可调节控制，最高使用温度可达 950℃、1300℃ 和 1500℃。温度测量一般用热电偶。

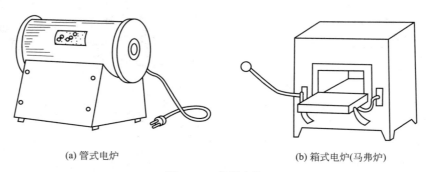

(a) 管式电炉　　　　　　　　　　　　　　(b) 箱式电炉(马弗炉)

图 2.30　高温电炉

管式电炉和箱式电炉的炉温由高温计测量，是由一对热电偶和一只毫伏表组成的温度控制装置，可以自动调温和控温。

2.7.2　加热方法

（1）直接加热

在较高温度下不分解的溶液或纯液体可装在烧杯、烧瓶中，放在石棉网上加热。直接加热玻璃器皿很少被采用，因为玻璃对于剧烈的温度变化和这种不均匀的加热是不稳定的。由于局部过热，可能引起化合物的部分分解。此外，从安全的角度来看，许多有机化合物能燃烧甚至爆炸，应该避免用火焰直接接触被加热的物质。故可根据物料及反应特性采用适当的间接加热方法。

图 2.31　水浴锅

（2）水浴

当所加热温度在 100℃ 以下时，可将容器浸入水浴中，使用水浴加热，水浴锅见图 2.31。但是，必须强调指出，当用到金属钾或钠的操作时，绝不能在水浴上进行。使用水浴时，热浴液面应略高于容器的液面，勿使容器底触及水浴锅底。控制温度稳定在所需范围内。若长时间加热，水浴中的水会汽化蒸发，适当时要添加水，或者在水面上加几片石蜡，石蜡受热熔化铺在水面上，可减少水的蒸发。

如果加热温度稍高于 100℃，则可选用适当无机盐类的饱和溶液作为热溶液，它们的沸点列于表 2.10。

表 2.10　某些无机盐饱和溶液的沸点

盐类	饱和水溶液的沸点/℃	盐类	饱和水溶液的沸点/℃
NaCl	109	KNO_3	116
$MgSO_4$	108	$CaCl_2$	180

（3）油浴

加热温度在 100～250℃可用油浴，油浴锅见图 2.32，也常用电热套加热。

油浴所能达到的最高温度取决于所用油的种类。

图 2.32　油浴锅

① 甘油可以加热到 140～150℃，温度过高时则会分解。甘油吸水性强，放置过久的甘油，使用前应加热蒸去所吸的水分，再用于油浴。

② 甘油和邻苯二甲酸二丁酯的混合液可以加热到 140～180℃，温度过高则分解。

③ 植物油如菜油、蓖麻油和花生油等，可以加热到 220℃。若在植物油中加入 1% 的对苯二酚等抗氧化剂，可增加油在受热时的稳定性。温度过高时会分解，达到闪点可能燃烧，应小心使用。

④ 液体石蜡可加热到 220℃，温度稍高虽不易分解，但易燃烧。

⑤ 固体石蜡也可加热到 220℃以上，其优点是室温下为固体，便于保存。

⑥ 硅油在 250℃时仍较稳定，透明度好、安全，是目前实验室中较为常用的油浴介质之一。

用油浴加热时，要在油浴中装置温度计（温度计感温头如水银球等，不应触及油浴锅底），以便随时观察和调节温度。加热完毕取出反应容器时，仍用铁夹夹住反应容器，离开液面悬置片刻，待容器壁上附着的油滴完后，用纸或干布拭干。

油浴所用的油中不能溅入水，否则加热时会产生泡沫或爆溅。使用油浴时，要特别注意防止油蒸气污染环境和引起火灾。为此，可用一块中间有圆孔的石棉板覆盖油锅。

（4）空气浴

空气浴是让热源把局部空气加热，空气再把热能传导给反应容器，见图 2.33。

电热套加热就是简便的空气浴加热，能从室温加热到 200℃。安装电热套时，要使反应瓶外壁与电热套内壁保持 2cm 左右的距离，以便利用热空气传热和防止局部过热等。

（5）沙浴

加热温度达 200℃以上时，往往使用沙浴，沙浴锅见图 2.34。

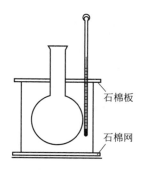

图 2.33　空气浴

图 2.34　沙浴锅

将清洁干燥的细沙平铺在铁盘上，把盛有被加热物料的容器埋在沙中，加热铁盘，使用前先将沙子加热熔烧，以去掉有机物。由于沙对热的传导能力较差而散热却较快，所以容器底部与沙浴接触处的沙层要薄些，以便于受热。由于沙浴温度上升较慢，且不易控制，因而使用不广。

除了以上介绍的几种加热方法外，还可用熔盐浴、金属浴（合金浴）、电热法等更多的加热方法，以满足实验的需要。无论用何种方法加热，都要求加热均匀而稳定，尽量减少热损失。

2.7.3 冷却方法

有时反应会产生大量的热，它使反应温度迅速升高，如果控制不当，可能引起副反应。反应热还会使反应物蒸发，甚至会发生冲料和爆炸事故。因此，要把温度控制在一定范围内，就要进行适当的冷却。有时为了降低溶质在溶剂中的溶解度或加速结晶析出，也要采用冷却的方法。常见的冷却方法如下：

（1）冰水冷却

可使冷水在容器外壁流动，或把反应器浸在冷水中，交换走热量。也可用水和碎冰的混合物作冷却剂，其冷却效果比单用冰块好，可冷却至$-5 \sim 0$℃。进行时，也可把碎冰直接投入反应器中，以更有效地保持低温。

（2）冰盐冷却

要在0℃以下进行操作时，常用按不同比例混合的碎冰和无机盐作为冷冻剂。可把盐研细，把冰砸碎成小块（或冰片花），使盐均匀包在冰块上。冰-食盐混合物（质量比3∶1），可冷却至$-18 \sim -5$℃，其他盐类的冰-盐混合物的质量分数及冷却温度列于表2.11。

表 2.11　冰-盐混合物的质量及冷却温度

盐名称	盐的质量/g	冰的质量/g	温度/℃
六水氯化钙	100	246	-9
	100	123	-21.5
	100	70	-55
	100	81	-40.3
硝酸铵	45	100	-16.8
硝酸钠	50	100	-17.8
溴化钠	66	100	-28

（3）干冰或干冰与有机溶剂混合冷却

干冰（固体的二氧化碳）和乙醇、异丙醇、丙酮、乙醚或氯仿混合，可冷却到$-100 \sim -50$℃。使用时应将这种冷却剂放在杜瓦瓶（广口保温瓶）中或其他绝热效果好的容器中，以保持其冷却效果。

（4）液氮冷却

液氮可冷却至-196℃（77K），用有机溶剂可以调节成所需的低温浴浆。一些可作低温恒温浴的化合物列于表2.12。

表 2.12　可作低温恒温浴的化合物

化合物	冷浆浴温度/℃	化合物	冷浆浴温度/℃
乙酸乙酯	-83.6	乙酸甲酯	-98.0
丙二酸乙酯	-51.5	乙酸乙烯酯	-100.2
异戊烷	-160.0	乙酸正丁酯	-77.0

液氮和干冰是两种方便而又廉价的冷冻剂，这种低温恒温冷浆浴的制法是：在一个清洁

的杜瓦瓶中注入纯的液体化合物，其用量不超过容积的 3/4，在良好的通风橱中缓慢地加入新取的液氮，并用一支结实的搅拌棒迅速搅拌，最后制得的冷浆稠度应类似于黏稠的麦芽糖的稠度。

（5）低温浴槽

低温浴槽是一个小冰箱，冰室口向上，蒸发皿用筒状不锈钢槽代替，内装酒精，外设压缩机，循环氟利昂制冷。压缩机产生的热量可用水冷或风冷散去。可装外循环泵，使冷酒精与冷凝器连接循环。还可装温度计等指示器。反应瓶浸在酒精液体中。适合−30～30℃的反应使用。

注意：温度低于−38℃时，水银会凝固，因此不能用水银温度计。对于较低的温度，应采用添加少许颜料的有机溶剂（酒精、甲苯、正戊烷）温度计。

2.8 干燥与干燥剂

干燥是常用的除去固体、液体或气体中少量水分或少量有机溶剂的方法。如在进行定性或定量分析以及测试物理常数时，往往要求预先干燥，否则测定结果不准确。可见，在无机及分析化学实验中，试剂的干燥具有重要的意义。

干燥方法可分为物理方法和化学方法两种。物理方法中有烘干、晾干、吸附、分馏、共沸蒸馏和冷冻等。近年来，还常用离子交换树脂和分子筛等方法进行干燥，离子交换树脂是一种不溶于水、酸、碱和有机溶剂的高分子聚合物，分子筛是含水硅酸盐的晶体。化学方法采用干燥剂来除水。根据除水作用原理又可分为以下两种情况：一是干燥剂能与水可逆地结合，生成水合物；二是干燥剂能与水发生不可逆的化学变化，生成新的化合物。例如：

$$CaCl_2 + nH_2O \rightleftharpoons CaCl_2 \cdot nH_2O$$
$$2Na + 2H_2O \longrightarrow 2NaOH + H_2\uparrow$$

使用干燥剂时要注意以下几点：①当干燥剂与水的反应为可逆反应时，反应达到平衡需要一定时间。因此，加入干燥剂后，一般最少要 2h 或更长的时间后，才能达到较好的干燥效果。因反应可逆，不能将水完全除尽，故干燥剂的加入量要适当。当温度升高时，这种可逆反应的平衡向脱水方向移动，所以在蒸馏前，必须将干燥剂滤除，否则被除去的水将返回液体中。另外，若把干燥剂倒（或留）在蒸馏瓶底，受热时会发生迸溅。②干燥剂与水发生不可逆反应的，使用这类干燥剂在蒸馏前不必滤除。③干燥剂只适用于干燥少量水分。若水的含量大，干燥效果不好。为此，萃取时应尽量将水层分净，这样干燥效果好，而且产物损失少。

2.8.1 液体的干燥

（1）干燥剂的选择

常用干燥剂的种类很多，选用时必须注意以下几点。

① 干燥剂应不与被干燥的液体发生化学反应，包括配位、缔合和催化等作用，如酸性化合物不能用碱性干燥剂等。

② 干燥剂应不溶于该液态化合物中。

③ 当选用与水结合生成水合物的干燥剂时，必须考虑干燥剂的吸水容量和干燥效能。

干燥效能是指能达到平衡时液体被干燥的程度。对于形成化合物的无机盐干燥剂，常用吸水后结晶水的蒸气压来表示干燥效能。如硫酸钠形成 10 个结晶水，蒸气压为 260Pa；氯化钙最多能形成 6 个结晶水的水合物，其吸水容量为 0.97，在 25℃时蒸气压为 39Pa。因此，硫酸钠的吸水容量较大，但干燥效能弱；而氯化钙吸水容量较小，但干燥效能强。在干燥含水量较大而又不易干燥的化合物时，常先用吸水容量较大的干燥剂除去大部分水，再用干燥效能强的干燥剂进行干燥。

（2）干燥剂的用量

根据水在液体中的溶解度和干燥剂的吸水量，可算出干燥剂的最低用量。但是，干燥剂的实际用量是大大超过计算量的。一般干燥剂的用量为每 10mL 液体需 0.5～1g 干燥剂。但在实际操作中，主要是通过现场观察判断。

① 观察被干燥液体。干燥前，液体呈浑浊状，经干燥后变澄清，这可简单地作为水分基本除去的标志。例如，在环己烯中加入无水氯化钙进行干燥，未加干燥剂前，由于环己烯中含有水，环己烯不溶于水，溶液处于浑浊状态；当加入干燥剂吸水后，环己烯呈清澈透明状，即表明干燥合格。否则应补加适量干燥剂继续干燥。

② 观察干燥剂。例如，用无水氯化钙干燥乙醚时，乙醚中的水除净与否，溶液总是呈清澈透明状，判断干燥剂用量是否合适，则应看干燥剂的状态。加入干燥剂后，因其吸水变黏，粘在器壁上，摇动不易旋转，表明干燥剂用量不够，应适量补加无水氯化钙，直到新加的干燥剂不结块、不粘壁，干燥剂棱角分明，摇动时旋转并悬浮（尤其 $MgSO_4$ 等小晶粒干燥剂），表示所加干燥剂用量合适。

由于干燥剂还能吸收一部分液体，影响产品收率，故干燥剂用量应适中。加入少量干燥剂后静置一段时间，观察，用量不足时再补加。

（3）干燥时的温度

对于生成水合物的干燥剂，加热虽可加快干燥速度，但远远不如水合物放出水的速度快。因此，干燥通常在室温下进行。

（4）液体干燥的操作步骤与要点

① 首先把待干燥液体中的水分尽可能除净，不应有任何可见的水层或悬浮水珠。

② 把待干燥的液体放入锥形瓶中，取颗粒大小合适（如无水氯化钙，应为黄豆粒大小并不夹带粉末）的干燥剂，放入液体中，用塞子盖住瓶口，轻轻振摇，经常观察，判断干燥剂是否足量，静置（半小时，最好过夜）。

③ 把干燥好的液体滤入蒸馏瓶中，然后进行蒸馏。

（5）常用干燥剂的种类及其性能

各类化合物常用的干燥剂及其性能分别列于表 2.13 和表 2.14。

表 2.13　各类化合物常用的干燥剂

化合物类型	干燥剂	化合物类型	干燥剂
烃	$CaCl_2$、Na、P_2O_5	酮	K_2CO_3、$CaCl_2$、$MgSO_4$、Na_2SO_4
卤代烃	$CaCl_2$、$MgSO_4$、Na_2SO_4、P_2O_5	酸、酚	$MgSO_4$、Na_2SO_4
醇	K_2CO_3、$MgSO_4$、CaO、Na_2SO_4	酯	$MgSO_4$、Na_2SO_4、K_2CO_3
醚	$CaCl_2$、Na、P_2O_5	胺	KOH、$NaOH$、K_2CO_3
醛	$MgSO_4$、Na_2SO_4	硝基化合物	$CaCl_2$、$MgSO_4$、Na_2SO_4

表 2.14　常用干燥剂的性能与应用范围

干燥剂	吸水作用	吸水作用性质及适用范围	不适用范围	说明
氯化钙	$CaCl_2 \cdot nH_2O$ （$n=1、2、4、6$） （30℃以上易失水）	中性。烃、卤代烃、烯烃、丙酮、醚和中性气体	与醇、氨、酚、氨基酸、酰胺、酮及某些醛和酯结合，不能用	吸水量大、作用快、效率中等，是良好的初步干燥剂，廉价，含有碱性杂质氢氧化钙
硫酸钠	$Na_2SO_4 \cdot 10H_2O$ （38℃以上失水）	中性。可代替 $CaCl_2$，并可用于干燥醇、酯、醛、腈、酰胺等不能用 $CaCl_2$ 干燥的化合物		吸水量大，作用慢，效率低，一般用于有机液体的初步干燥
硫酸镁	$MgSO_4 \cdot nH_2O$ （$n=1、2、4、5、6、7$） （48℃以上失水）	中性。应用范围广，干燥范围同硫酸钠		比硫酸钠作用快，效率高
硫酸钙	$2CaSO_4 \cdot H_2O$ （80℃以上失水）	中性。烷烃、芳烃、醚、醇、醛、酮等		吸水量小，作用快，效率高，可经初步干燥后使用
氢氧化钠（钾）	溶于水 （吸湿性强）	强碱性。胺、杂环等碱性化合物（氨、胺、醚、烃）	醇、酯、醛、酮、酚等酸性化合物	快速有效
碳酸钾	$2K_2CO_3 \cdot H_2O$ （有吸湿性）	弱碱性。醇、酮、酯、胺及杂环等碱性化合物	酸、酚及其他酸性化合物	作用慢
金属钠	$H_2 + NaOH$ （忌水，遇水会燃烧并爆炸）	（强）碱性。限于干燥醚、烃、叔胺中的痕量水分	碱土金属及对碱敏感物、氯代烃（有机爆炸危险）、醇及其他能发生反应的物质	效率高，作用慢，需经初步干燥后才可用。干燥后需蒸馏。不能用于干燥器中
氧化钙 氧化钡	$Ca(OH)_2$　$Ba(OH)_2$ （热稳定、不挥发）	碱性。低级醇类、胺	酸类和酯类	效率高，作用慢，干燥后可直接蒸馏
五氧化二磷	H_3PO_4 （吸湿性很强）	酸性。烃、卤代烃、醚、腈中的痕量水分，中性或酸性气体，如乙炔、二硫化碳	醇、酸、胺、酮、HCl、HF	吸水效率高，干燥后需蒸馏。因吸水后表面被黏浆物覆盖，操作不便
硫酸	$H_3^+OHSO_4^-$	强酸性。中性及酸性气体（用于干燥器和洗气瓶中）	烯、醚、醇、酮、弱碱性物质、H_2S、HI	脱水效率高
硅胶	—	用于干燥器中	HF	吸收残余溶剂
分子筛	物理吸附，仅允许水或其他小分子（如氨）进入	流动气体（温度可高于100℃）、有机溶剂（用于干燥器中）、各类有机化合物	不饱和烃	快速、高效，经初步干燥后使用。可在常压或减压下300～320℃加热脱水活化

2.8.2　固体的干燥

　　从重结晶得到的固体常带有少量低沸点溶剂，如水、乙醚、乙醇、丙酮、苯等。由于固体化合物的挥发性比溶剂小，所以采取蒸发和吸附的方法来达到干燥的目的。常用干燥法如下：

2.8.2.1　自然干燥

　　自然干燥适用于在空气中稳定、不分解、不吸潮的固体。干燥时，把待干燥的物质放在干燥洁净的表面皿或其他器皿上，薄薄摊开，让其在空气中慢慢晾干。这是最简便、最经济的干燥方法。

2.8.2.2 加热干燥

适用于熔点较高且遇热不分解的固体。把待干燥的固体，放在表面皿中，用恒温烘箱或红外灯烘干。在烘干过程中，注意加热温度必须低于固体物质的熔点。

2.8.2.3 干燥器干燥

易吸潮、分解或升华的物质，可用干燥器干燥。干燥器有普通干燥器、真空干燥器和恒温干燥箱三种。干燥器内常用的干燥剂见表 2.15。

表 2.15　干燥器内常用的干燥剂

干燥剂	吸附的溶剂或其他杂质
CaO	H_2O、酸、HCl
$CaCl_2$	H_2O、醇
NaOH	H_2O、酸、HCl、酚、醇
H_2SO_4	H_2O、酸、醇
P_2O_5	H_2O、醇
石蜡片	醇、醚、石油醚、C_6H_6、$C_6H_5CH_3$、C_6H_5Cl、CCl_4
硅胶	H_2O

干燥器类型有：

（1）普通干燥器

盖与缸身之间的平面经过磨砂，在磨砂处涂以凡士林，使之密闭。缸中有多孔瓷板，缸底放置干燥剂，瓷板上面放置被干燥的物质。由于其干燥效率不高，且所需时间较长，一般用于保存易吸潮的药品。因不同的干燥剂具有不同的蒸气压，常根据被干燥物的要求加以选择。最常用的是硅胶，硅胶是硅酸凝胶（组成可用通式 $x\mathrm{SiO_2} \cdot y\mathrm{H_2O}$ 表示），烘干除去大部分水后，得到白色多孔的固体，具有很强的吸附能力。为了便于观察，将硅胶放在钴盐中浸泡，使之呈粉红色，烘干后变为蓝色。蓝色的硅胶具有较强的吸湿能力，当硅胶变为粉红色时，表示硅胶已经失效，应重新烘干至蓝色后再使用。

干燥剂加入见图 2.35。开启干燥器时，一手扶住干燥器，另一只手握住盖上的圆球，向外平推干燥器盖，见图 2.36。取下盖子，放在桌子上（注意：要磨口向上，圆顶朝下，防止盖子滚落），取出物品后，要及时盖上干燥器盖。加盖时，也应一手扶住干燥器，另一只手握住盖上的圆球，向外平推干燥器盖。搬动干燥器时，不应只捧着干燥器下部，而应同时按住盖子，见图 2.37，以防止盖子滑落打碎。

图 2.35　干燥剂加入

图 2.36　开启方法

（2）真空干燥器

其干燥效率较普通干燥器好。真空干燥器上有玻璃活塞，用以抽真空，活塞下端呈弯钩状，口向上，防止在通入大气时，因空气流入太快将固体冲散。使用时，真空度不宜过高，一般用水泵抽气。在抽气过程中，干燥器外围最好用布围住，以保证安全。启盖前，必须首先缓慢放入空气，然后启盖，见图2.38。

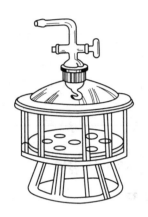

图 2.37 搬动方法　　　　　　　　　　　　图 2.38 真空干燥器

（3）恒温干燥箱

恒温干燥箱又分为电热恒温鼓风干燥箱和真空恒温干燥箱。

电热恒温鼓风干燥箱是利用电热丝隔层加热使物体干燥的设备。它适用于比室温高5～200℃范围的恒温烘干、干燥、热处理等，灵敏度通常为±1℃。一般由箱体、电热系统、自动恒温控制系统和鼓风系统等部分组成，见图2.39。电热系统一般由两组电热丝构成，一组为辅助电热丝，用于短时间内急升温度和120℃以上恒温时辅助加热；另一组为恒温电热丝，受温度控制器控制。辅助电热丝工作时恒温电热丝必定也在工作，而恒温电热丝工作时辅助电热丝不一定工作（如120℃以下的恒温时）。

真空恒温干燥箱是在干燥数量较多的物质时使用的一类仪器，有不同的型号和适用温度范围，见图2.40。使用时先将待干燥样品放入真空恒温干燥箱的隔板上，调节所需温度后关闭箱门，用真空泵抽真空，达到所需的真空度后将阀门关闭。如发现一段时间后真空度有所下降，可再次启动真空泵直至所需真空度。

图 2.39 电热恒温鼓风干燥箱　　　　　　　图 2.40 真空恒温干燥箱

2.8.3 气体的干燥

在化学实验中常用气体有 N_2、O_2、H_2、Cl_2、NH_3、CO_2，有时要求气体中含很少或几乎不含 CO_2、H_2O 等，就需要对上述气体进行干燥。

干燥气体常用仪器有干燥管、干燥塔、U 形管、各种洗气瓶（常用来盛液体干燥剂）等。常用气体干燥剂列于表 2.16。

表 2.16 常用气体干燥剂

干燥剂	可干燥气体
CaO、碱石灰、NaOH、KOH	NH_3
无水 $CaCl_2$	H_2、HCl、CO_2、CO、SO_2、N_2、O_2、低级烷烃、醚、烯烃、卤代烃
P_2O_5	H_2、N_2、O_2、CO_2、SO_2、烷烃、乙烯
浓 H_2SO_4	H_2、N_2、HCl、CO_2、Cl_2、烷烃
$CaBr_2$、$ZnBr_2$	HBr

2.9 溶解和结晶

2.9.1 溶解

用溶剂溶解试样，加入溶剂时应先把装有试样的烧杯适当倾斜，然后把量筒嘴靠近烧杯壁，让溶剂慢慢顺着杯壁流入，以防杯内溶液溅出而损失。溶剂加入后，用玻璃棒搅拌，使试样完全溶解。对溶解时会产生气体的试样，则应先用少量水将其润湿成糊状，用表面皿将烧杯盖好，然后用滴管将溶剂自杯嘴逐滴加入，以防生成的气体将粉状的试样带出。对于需要加热溶解的试样，应注意控制加热温度和时间，加热时要盖上表面皿，防止溶液剧烈沸腾和迸溅。如需长时间加热，应防止将溶剂蒸干，因为很多物质脱水后很难再溶解。加热后要用蒸馏水冲洗表面皿和烧杯内壁，冲洗时也应使水顺杯壁流下。

2.9.2 蒸发、浓缩

当要将物质从稀溶液中析出晶体时，需要进行蒸发、浓缩、结晶的操作。将稀溶液放入蒸发皿中，缓慢加热并不断搅拌，溶液中的水分便不断蒸发，溶液不断浓缩，当蒸发至一定程度后，放置冷却即可析出晶体。溶液浓缩的程度与被结晶物质的溶解度大小及溶解度随温度的变化情况等因素有关。若被结晶物质的溶解度较小或随温度变化较大，则蒸发至出现晶膜即可。若被结晶物质的溶解度随温度变化不大，则蒸发至稀粥状后冷却。若希望得到大颗粒的晶体，则不宜蒸发得太浓，蒸发、浓缩的时间要短些，蒸发得要稀一些。

在实验室中，蒸发、浓缩的过程是在蒸发皿中完成的，蒸发皿中所盛放的溶液量不可超过其容积的 2/3。一般当物质的热稳定性较好时，可将蒸发皿直接放在石棉网上加热蒸发，否则需用水浴间接加热蒸发。

2.9.3 结晶

结晶是晶体从溶液中析出的过程。晶体析出的颗粒大小和结晶的条件有关，溶液浓缩得较浓、溶解度随温度变化较大、冷却速度快、搅拌溶液，会使晶体的颗粒细小；反之，则可使晶体长成较大的颗粒。

晶体的纯度也与结晶颗粒的大小有关。若晶体颗粒太小且大小均匀，易形成糊状物，夹带母液较多，不易洗净，影响纯度。缓慢长成的大晶体，在生长过程中也易包裹母液，影响纯度。因此，粒度适中、均匀的结晶体纯度才高。

2.10　固液分离

常用的分离方法有三种：倾析法、过滤法和离心分离法。

2.10.1　倾析法

当沉淀的结晶颗粒较大或相对密度较大，静置后容易沉降至容器底部的，可用此法分离，见图 2.41。操作时将静置后沉淀上层的清液沿玻璃棒倾入另一容器内，即可使沉淀和溶液分离。

若沉淀物需要洗涤，可向倾去清液的沉淀中加入少量洗涤液（一般为蒸馏水），用玻璃棒充分搅动，然后将沉淀静置，用上述方法将清液倾出，再向沉淀中加洗涤液洗涤，如此重复数次，即可洗净沉淀。

图 2.41　倾析法

2.10.2　过滤法

过滤是固液分离最常用的方法。当溶液和结晶（沉淀）的混合物通过过滤器（如滤纸）时，结晶（沉淀）就留在过滤器上，溶液则通过过滤器而进入接收的容器中，结晶（沉淀）和溶液分离。

溶液的黏度、温度、过滤时压力、过滤器孔隙大小和沉淀物的状态，都会影响过滤的速度。溶液的黏度越大，过滤越慢。热溶液比冷溶液容易过滤，减压过滤比常压过滤快。过滤器的孔隙要合适，太大时会透过沉淀，太小时则易被沉淀堵塞，使过滤难以进行。沉淀呈胶状时，需加热破坏后方可滤，以免沉淀透过滤纸。因此，需考虑各方面因素选用不同的过滤方法。

常用的过滤方法有常压过滤（普通过滤）、减压过滤（抽滤）和热过滤。

2.10.2.1　常压过滤

在常压下用普通漏斗过滤，适用于过滤胶体沉淀或细小的晶体沉淀，过滤速度比较慢。

（1）选择滤纸和漏斗

应根据沉淀的性质选择滤纸的类型，$BaSO_4$、$CaC_2O_4 \cdot 2H_2O$ 等细晶形沉淀选用慢速滤纸过滤；粗晶形沉淀选用中速滤纸过滤；$Fe_2O_3 \cdot nH_2O$ 等胶状沉淀需选用快速滤纸过滤。根据沉淀量的多少选择滤纸大小，一般要求沉淀的高度不得超过滤纸锥体高度的 1/3。滤纸的大小也应与漏斗的大小相适应，一般滤纸上沿应低于漏斗上沿约 1cm。

漏斗一般选长颈（颈长 15～20cm）的，漏斗锥体角度应为 60°，颈的直径要小些（通常是 3～5mm），以便在颈内容易保留液柱，这样才能因液柱的重力而产生抽滤作用，过滤才能迅速。

如过滤 $KMnO_4$ 溶液，则需用玻璃漏斗；若滤液对滤纸有腐蚀作用，则需用烧结过滤器过滤。烧结过滤器是一类由颗粒状的玻璃、石英、陶瓷或金属等经高温烧结并具有微孔的过滤器。最常用的是玻璃过滤器，它的底部是用玻璃砂在 873K 拍打结成的多孔片，又称为玻璃砂芯漏斗，见表 2.8。根据烧结玻璃孔径的大小，玻璃砂芯漏斗分为 6 种规格，见

表 2.17。

表 2.17 玻璃砂芯漏斗的规格及用途

滤片号	孔径/μm	用途	滤片号	孔径/μm	用途
1	80～120	过滤粗颗粒沉淀	4	5～15	过滤细颗粒沉淀
2	40～80	过滤较粗颗粒沉淀	5	2～5	过滤极细颗粒沉淀
3	15～40	过滤一般结晶沉淀	6	<2	过滤细菌

在整个过滤过程中,漏斗颈内能否保持液柱,不仅与漏斗的选择有关,还与滤纸的折叠、滤纸是否贴紧在漏斗内壁上、漏斗内壁是否洗净、过滤操作是否正确等因素有关。

(2) 滤纸的折叠和安放

用干净的手将滤纸对折,然后再对折,展开后成60°角的圆锥体,一边为一层,另一边为三层,见图 2.42。为保证滤纸与漏斗密合,第二次对折不要折死,如果滤纸放入漏斗后上边缘不十分密合,可以稍微改变滤纸的折叠角度,直到与漏斗密合,此时可把第二次的折边折死。

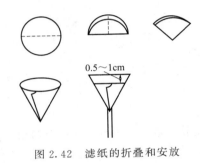

图 2.42 滤纸的折叠和安放

为了使滤纸和漏斗内壁贴紧而无气泡,常把滤纸三层处的外面两层折角处撕下一角,此小块滤纸保存在洁净干燥的表面皿上,以备擦拭烧杯中的沉淀用。滤纸上沿应在漏斗边缘下约1cm处。滤纸放好后,用手按住滤纸三层的一边,从洗瓶吹出少量蒸馏水润湿滤纸,轻压滤纸,赶出气泡,使滤纸锥体上部与漏斗内壁刚好贴合。加蒸馏水至滤纸边缘,漏斗颈内应全部充满水,形成水柱。形成水柱的漏斗,可借水柱的重力抽吸漏斗内的液体,使过滤速度加快。如漏斗颈内没有形成水柱,可用手指堵住漏斗下口,把滤纸的一边稍掀起,用洗瓶向滤纸与漏斗之间的空隙里加水,使漏斗颈和锥体的大部分被水充满,然后压紧滤纸边,松开堵住下口的手指,水柱即可形成。

(3) 安装过滤装置

把洁净的漏斗放在漏斗架上,下面放一洁净的烧杯承接滤液。应使漏斗颈口斜面长的一边紧贴杯壁,这样滤液可沿杯壁流下,不致溅出。漏斗放置的高度应以其颈的出口不触及烧杯中的滤液为宜。

(4) 过滤

一般采用倾析法过滤,待沉淀沉降后,将上层清液先倒入漏斗中,沉淀尽可能留在烧杯中。溶液应沿着玻璃棒流入漏斗中,玻璃棒的下端对准三层滤纸处,但不要接触滤纸,一次倾入的溶液一般最多充满滤纸的2/3,以免少量沉淀因毛细作用越过上层滤纸造成损失,见图 2.43。

2.10.2.2 减压过滤

减压过滤简称抽滤。减压可以加速过滤,还可以把沉淀抽吸得比较干燥。但是胶态沉淀在过滤速度很快时会透过滤纸,颗粒很细的沉淀会因减压抽吸而在滤纸上形成一层密实的沉淀,使溶液不易透过,反而达不到加速的目的,故不宜用减压过滤法。

减压过滤的原理是利用循环水式真空泵,见图 2.44。抽出抽滤瓶内的气体,造成抽滤瓶内的压力减小,使布氏漏斗上方与瓶内产生压力差,因而加快了过滤速度,见图 2.45。水泵与抽滤瓶之间可装一个安全瓶,防止关闭真空泵后,由于抽滤瓶内压力低于外界压力而

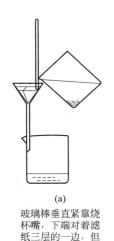 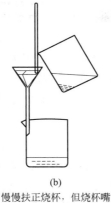 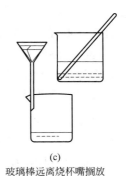

(a)	(b)	(c)
玻璃棒垂直紧靠烧杯嘴，下端对着滤纸三层的一边，但不能碰到滤纸	慢慢扶正烧杯，但烧杯嘴仍与玻璃棒贴紧，接住最后一滴溶液	玻璃棒远离烧杯嘴搁放

图 2.43　沉淀的过滤

使水泵内的水倒吸，沾污滤液。布氏漏斗管插入单孔橡胶塞内，与抽滤瓶相连接，注意漏斗管下方的斜口应对着抽滤瓶的支管口。

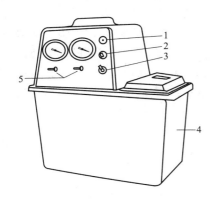

图 2.44　循环水式真空泵
1—指示灯；2—保险丝；3—电源
开关；4—水箱；5—抽气头

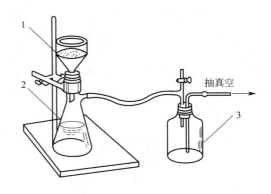

图 2.45　减压过滤装置
1—布氏漏斗；2—吸滤瓶；
3—安全瓶

减压过滤操作步骤如下：

① 铺滤纸。如图 2.45 所示，安装好仪器后，剪一张比布氏漏斗内径略小的滤纸，滤纸应能全部覆盖布氏漏斗上的小孔。用少量蒸馏水润湿滤纸，打开水泵，关闭安全瓶活塞，抽气使滤纸紧贴在漏斗的瓷板上。

② 过滤。用倾析法将上层清液沿玻璃棒倒入漏斗，每次倒入量不应超过漏斗容量的 2/3，然后打开真空泵，待上层清液滤下后，再转移沉淀。最后，用少量滤液将黏附在容器壁上的沉淀洗出，继续抽气，并用玻璃棒挤压晶体，直到沉淀被吸干为止。注意抽滤瓶中的滤液不应超过吸气口。

③ 过滤完毕，先慢慢打开安全瓶上的活塞，再关水泵，以防倒吸。

④ 洗涤沉淀。将少量冷溶剂均匀地滴在滤饼上，用玻璃棒轻轻翻动晶体，使全部结晶刚好被溶剂浸润，等待 30～60s，打开水泵，关闭安全瓶活塞，抽去溶剂，重复操作两次，

就可把滤饼洗净。

⑤ 取出沉淀和滤液。从漏斗上取出结晶时，为了不使滤纸纤维附于晶体上，常与滤纸一起取出，待干燥后，用刮刀轻敲滤纸，结晶即可全部下来。滤液应从抽滤瓶的上口倒入洁净的容器中，不可从侧面的支管倒出，以免滤液被污染。

如果过滤的溶液具有强酸性或强氧化性，溶液会破坏滤纸，此时可用玻璃砂漏斗。玻璃砂漏斗又称为垂熔漏斗或砂芯漏斗，它是一种耐酸的过滤器，不能过滤强碱性溶液，过滤强碱性溶液时用玻璃纤维代替滤纸。

2.10.2.3 热过滤

某些物质在溶液温度降低时，溶解度较小，易形成晶体从溶液中析出。为滤除这类溶液中所含的其他难溶性杂质，通常使用热滤漏斗进行过滤，防止溶质结晶析出。过滤时，把玻璃漏斗放在铜质的热滤漏斗内，热滤漏斗内装有热水（水不要装太满，以免加热至沸后溢出），以维持溶液的温度，见图2.46。也可事先把玻璃漏斗在水浴上用蒸汽加热后使用。热过滤选用的玻璃漏斗要求颈短而粗或无颈，以免过滤时溶液在漏斗颈内停留过久，因散热降温析出晶体而发生堵塞。

2.10.3　离心分离法

少量的沉淀和溶液分离时不能用过滤法，因沉淀会粘在滤纸上难以取下，此时用离心分离法。将盛有溶液和沉淀的小试管（或离心管）在离心机中离心沉降后，用滴管把清液和沉淀分开。先用手指捏紧橡皮头，排出空气后将滴管轻轻插入清液（切勿在插入溶液以后再捏紧橡皮头），缓缓放手，溶液则慢慢进入管中，随试管中溶液的减少，将滴管逐渐下移至全部溶液吸入滴管为止。滴管末端接近沉淀时要特别小心，勿使滴管触及沉淀，见图2.47。

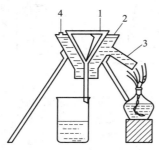

图 2.46　热过滤装置

1—玻璃漏斗；2—铜制外套；

3—铜支管；4—注水孔

图 2.47　溶液与沉淀的分离

如沉淀需要洗涤，则加少量水或指定的电解质溶液，搅拌，再离心分离，吸去上层清液。再重复洗涤2～3次。如需将沉淀分成几份，可在洗净后的沉淀上加少许蒸馏水，用玻璃棒搅匀后，用滴管吸出浑浊液，转移至另一干净的小试管中。

2.11　离子交换分离

离子交换法是通过溶质中的离子与离子交换剂中可交换的离子进行交换而达到分离纯化的方法。目前应用较多的离子交换剂是有机离子交换剂，即离子交换树脂。离子交换树脂为具有网状结构的高聚物，在水、酸和碱中难溶，对有机溶剂、氧化剂、还原剂和其他化学试剂具有一定的稳定性。依据离子交换树脂与溶液中的离子起交换作用的活性基团的性能，主要可分为：阳离子交换树脂、阴离子交换树脂和特殊树脂。

（1）树脂的选择和处理

根据分离对象的要求，选择适当类型和粒度的树脂。当需要测定某种阴离子，而受到共存的阳离子干扰时，应选用强酸性阳离子交换树脂，交换除去干扰的阳离子，阴离子仍留在溶液中可供测定。如果需要测定某种阳离子，而受到共存的其他阳离子的干扰，则可先将阳离子转化为配阴离子，然后用离子交换法分离。

例如：测定 Ca^{2+}、Mg^{2+} 时，PO_4^{3-} 有干扰，则通过 Cl^- 型强碱性阴离子交换树脂，交换除去 PO_4^{3-}，则 Ca^{2+}、Mg^{2+} 就能顺利地测定。又如分离 Fe^{3+} 和 Al^{3+} 时，可在 $9mol \cdot L^{-1}$ HCl 溶液中进行交换，这时，铝以 Al^{3+} 存在，而铁则成为 $FeCl_4^-$ 配阴离子，采用阴离子交换树脂进行分离，则 $FeCl_4^-$ 交换留在柱上，Al^{3+} 进入流出液中，从而将 Fe^{3+} 和 Al^{3+} 分开。

在分析中还必须根据需要选择一定粒度的树脂，一般为 80～120 目。如用离子交换色谱法分离常量元素，粒度一般为 100～200 目；分离微量元素，粒度一般为 200～400 目。

处理过程包括研磨、过筛、浸泡和净化等。

装柱前树脂需经净化处理和浸泡溶胀，否则干燥的树脂将在交换柱中吸收水分而溶胀，使交换柱堵塞。对强酸型阳离子交换树脂，其处理过程为：用 $4mol \cdot L^{-1}$ 的 HCl 浸泡 1～2 天，酸滤掉，用蒸馏水洗净，使之转化为 $R—SO_3H$（H^+ 型）；强碱型阴离子交换树脂的处理过程为：用 NaOH 浸泡 1～2 天，碱滤掉，用蒸馏水洗净，使之转化为 $R—N^+(CH_3)_3OH^-$（OH^- 型）。

（2）装柱

在装柱和整个交换洗脱过程中，要注意使树脂层全部浸在液面下，切勿让上层树脂暴露在空气中，否则在这部分树脂间隙中会混入空气泡。当树脂间隙中夹杂气泡时，溶液将不是均匀地流过树脂层，而是顺着气泡流下，不能流经某些部位的树脂，即发生了"沟流"现象，使交换、洗脱不完全，影响分离效果。装填时，树脂层上下端应衬垫玻璃纤维，装填树脂量一般为 90%。

（3）交换

将欲分离的试液缓慢注入交换柱，并以一定的流速流经交换柱进行交换，此时，上层树脂被交换，下层树脂未被交换，中间部分被交换的树脂层称为交界层，见图 2.48。在流出液中开始出现未被交换的离子这一点，称为"始漏点"或"流穿点"。到达始漏点为止，交换柱的交换容量称为"始漏量"或"工作交换容量"，其值永远小于交换总量。

（4）洗脱

洗脱是指用洗脱剂（或淋洗剂）将交换树脂上的离子置换下来的过程，洗脱过程是交换过程的逆过程。通常阳离子交换树脂，用 HCl 洗脱，洗脱后树脂转为 H^+ 型，阴离子交换树脂，用 NaOH（NaCl 或 HCl）洗脱，洗脱后树脂转为 OH^- 或 Cl^- 型。以流出液中被交换离子浓度为纵坐标，洗脱液体积为横坐标作图，可得到洗脱曲线。几种离子同时在柱上被交换，洗脱过程也就是分离过程。当溶液中离子浓度相同时，亲和力大的优先被交换，而亲和力小的优先被洗脱。如分离 K^+、Na^+ 混合物，亲和力 $K^+ > Na^+$，K^+ 先被交换到树脂

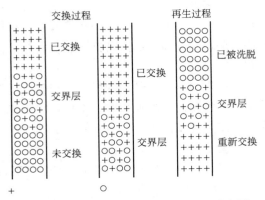

图 2.48　离子交换、洗脱和再生过程示意图

上，用 HCl 洗脱时，Na^+ 先被洗脱，K^+ 后被洗脱。

（5）树脂再生

将树脂恢复到交换前的形式，这个过程称为树脂再生。阳离子交换树脂可用 3mol·L^{-1} HCl 处理，将其转化为 H^+ 型，阴离子交换树脂，则用 1mol·L^{-1} NaOH 溶液处理，转化为 OH^- 型。

第 3 章

常用仪器

3.1 电子天平

3.1.1 原理

电子天平是采用电磁力平衡的原理，应用现代电子技术设计而成的。它是将秤盘与通电线圈相连接，置于磁场中，当被称物置于秤盘后，因重力向下，线圈上就会产生一个电磁力，与重力大小相等、方向相反。这时传感器输出电信号，经整流放大，改变线圈上的电流，直至线圈回位，其电流强度与被称物体的重力成正比。而这个重力正是物质的质量所产生的，由此产生的电信号通过模拟系统后，将被称物品的质量通过显示屏自动显示出来。目前，应用较多的电子天平有顶部承载式（吊挂单盘）和底部承载式（上皿式）两种。

由于电子天平没有机械天平的横梁，没有升降枢装置，全量程不用砝码，直接在显示屏上读数，所以具有操作简单、性能稳定、称量速度快和灵敏度高等特点。目前一般电子天平还具有去皮（净重）称量、累加称量、计件称量等功能，并配有对外接口，可连接打印机、计算机、记录仪等，实现了称量、记录、计算自动化。

3.1.2 岛津 AUY220 型电子天平使用方法

电子天平的主体结构及基本部件如图 3.1 所示。

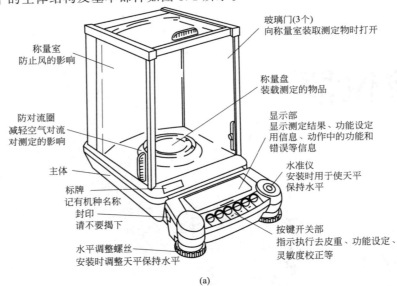

(a)

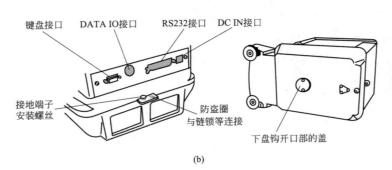

(b)

图 3.1　电子天平主体结构及各部件名称

③ 调节"0%T"。打开样品室盖，按方式设定模式键"MODE"，选择透光率方式"T"，按"0%T"，调透光率为0。

④ 调透光率"100%T"。盖上样品室盖，按"100%T"键，调透光率为100%。

通常情况下，仪器开机预热并调零后，只要不停电关机，一般无需再次调零。但当波长被重新设置后，请不要忘记调整"ABS（零吸光度）"或"100%T"。

图3.11　722N型可见分光光度计

⑤ 按模式键"MODE"，将测试方式设置为吸光度方式"A"，将参比溶液推入光路中（参比溶液放在第一个槽位中），按"100%T"键，调0ABS（吸光度）。当"100%T"调整完成后，显示器显示"0.000"。

⑥ 样品测试。将被测溶液推入光路中，此时，仪器显示被测样品的吸光度。

⑦ 关机。测定完毕，关闭仪器电源开关（短时间不用，不必关闭电源，需将黑块置于光路中，盖上暗箱盖），将比色皿洗净、擦干，放回比色皿盒中。拔下电源插头，待仪器冷却10min后盖上防尘罩。

3.2.4　比色皿

比色皿亦称吸收池，在可见光区测定，可用无色透明、能耐腐蚀的玻璃比色皿，大多数仪器都配有液层厚度为0.5cm、1cm、2cm、3cm等的一套长方形或圆柱形比色皿，同样厚度的比色皿之间的透光率相差应小于0.5%。为减少入射光的反射损失和造成光程差，应注意比色皿放置的位置，使其透光面垂直于光束方向。

3.2.5　仪器使用和维护中的注意事项

① 该仪器应放在干燥的房间内，使用时放置在坚固平稳的工作台上，室内照明不宜太强。热天时不能用风扇直接向仪器吹风，防止灯泡灯丝发光不稳定。

② 仪器使用前，应首先了解仪器的结构和工作原理，以及各个操纵旋钮的功能。在未接通电源前，应对仪器的安全性能进行检查，电源接线应牢固，各个调节旋钮的起始位置应正确，然后接通电源开关。

③ 拉动拉杆时要轻，以防溶液溅出，腐蚀机器。

④ 试管或试剂不得放置于仪器上，以防试剂溅出腐蚀机壳。如果试剂溅在仪器上，应立即用棉花或纱布擦干。

⑤ 测定未知溶液时，先作该溶液的吸收光谱，再选择最大吸收峰的波长作为测定波长。

⑥ 测定溶液浓度的吸光度值宜在0.2~0.7之间，这一范围最符合光的吸收定律，线性好，读数误差较小，如吸光度超过0.2~0.7范围，可调节比色液的浓度，适当稀释或增大浓度，再进行比色。

⑦ 连续使用仪器的时间不应超过2h，最好是间歇0.5h，再继续使用。

⑧ 合上比色皿暗箱盖的连续工作时间不宜过长，以防光电管疲乏。每次读完比色架内的一组读数后，立即打开比色皿暗箱盖。

⑨ 仪器不能受潮。在日常使用中，应经常注意单色器上的防潮硅胶（在仪器底部）是否变色，如硅胶的颜色已变红，应立即取出烘干或更换。

⑩ 仪器用完后，需拔掉电源，套上仪器罩。仪器较长时间不使用，应定期通电、预热。

⑪ 移动仪器时，应注意小心轻放。

3.2.6 比色皿的使用和维护

① 拿比色皿时，手指只能捏住比色皿的毛玻璃面，不要碰比色皿的透光面，以免沾污。

② 清洗比色皿时，一般先用水冲洗，再用蒸馏水洗净。如比色皿被有机物沾污，可用盐酸-乙醇混合洗涤液（1∶2）浸泡片刻，再用水冲洗。不能用碱溶液或氧化性强的洗涤液洗比色皿，以免损坏。也不能用毛刷清洗比色皿，以免损伤它的透光面。每次做完实验，应立即洗净比色皿。

③ 比色皿外壁的水用擦镜纸或细软的吸水纸吸干，以保护透光面。

④ 测定有色溶液吸光度时，一定要用有色溶液润洗比色皿内壁几次，以免改变有色溶液的浓度。另外，在测定一系列溶液的吸光度时，通常都按由稀到浓的顺序测定，以减小测量误差。

⑤ 在实际分析工作中，通常根据溶液浓度的不同，选用厚度不同的比色皿，使溶液的吸光度控制在 0.2~0.7。

3.3 电导率仪

3.3.1 测量原理

导体导电能力的大小常以电阻（R）或电导（G）表示，电导是电阻的倒数：

$$G = \frac{1}{R} \tag{3.1}$$

电阻、电导的 SI 单位分别是欧姆（Ω）、西门子（S），显然 $1S = 1\Omega^{-1}$。

导体的电阻与其长度（L）成正比，而与其截面积（A）成反比：

$$R = \rho \frac{L}{A} \tag{3.2}$$

式中，ρ 为比例常数，称为电阻率或比电阻。根据电导与电阻的关系，容易得出：

$$G = \kappa \frac{A}{L} \quad \text{或} \quad \kappa = G \frac{L}{A} \tag{3.3}$$

式中，κ 称为电导率，是长 1m、截面积为 $1m^2$ 导体的电导，SI 单位是西门子每米，用符号 $S \cdot m^{-1}$ 表示。对于电解质溶液来说，电导率是电极面积为 $1m^2$，且两极相距 1m 时溶液的电导。

电解质溶液的摩尔电导率（Λ_m）是指把含有 1mol 的电解质溶液置于相距为 1m 的两个电极之间的电导。溶液的浓度为 c，通常用 $mol \cdot L^{-1}$ 表示，则含有 1mol 电解质溶液体积为 $\frac{1}{c} \times 10^{-3} m^3$，此时溶液的摩尔电导率等于电导率和溶液体积的乘积：

$$\Lambda_m = \kappa \frac{10^{-3}}{c} \tag{3.4}$$

摩尔电导率的单位是 $S \cdot m^2 \cdot mol^{-1}$，用式(3.4)计算得到。

测定电导率的方法是用两个电极插入溶液，测出两极间的电阻 R_x。对于一个电极而言，电极面积 A 与间距 L 都是固定不变的，因此 L/A 是常数，称为电极常数，以 Q 表示。根据式（3.1）和式（3.3）得：

$$\kappa = \frac{Q}{R_x} \tag{3.5}$$

由于电导的单位西门子太大，常用毫西门子（mS）、微西门子（μS）表示。

3.3.2　DDS-307 型电导率仪

3.3.2.1　基本结构

见图 3.12。

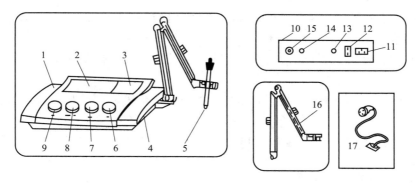

图 3.12　DDS-307 型电导率仪结构

1—机箱盖；2—显示屏；3—面板；4—机箱底；5—电极；6—温度补偿调节旋钮；
7—校准调节旋钮；8—常数补偿调节旋钮；9—量程选择开关旋钮；10—仪器后面板；11—电源插座；
12—电源开关；13—保险丝管座；14—输出插口；15—电极插座；16—多功能电极架；17—电源线

3.3.2.2　使用方法

（1）开机

电源线 17 插入仪器电源插座 11，仪器必须有良好接地！按电源开关 12，接通电源，预热 30min。

（2）校准

仪器使用前必须进行校准！

将量程选择开关旋钮 9 指向"检查"，常数补偿调节旋钮 8 指向"1"刻度线，温度补偿调节旋钮 6 指向"25"刻度线，调节校准调节旋钮 7，使仪器显示 $100.0\mu\text{S}\cdot\text{cm}^{-1}$，至此校准完毕。

（3）测量

① 在电导率测量过程中，正确选择电极常数对获得较高的测量精度是非常重要的。应根据测量范围参照表 3.3，选择不同电极常数的电导电极。

表 3.3　电导电极的选择

测量范围/(μS·cm^{-1})	推荐使用电极的电极常数类型	测量范围/(μS·cm^{-1})	推荐使用电极的电极常数类型
0~2	0.01、0.1	2000~20000	1.0、10
0~200	0.1、1.0	20000~100000	10
200~2000	1.0		

注：电极常数为 1.0/10 类型的电导电极有"光亮"和"铂黑"两种，镀铂电极习惯称为铂黑电极，光亮电极测量范围以在 0~300μS·cm^{-1} 为宜。

② 电极常数的设置方法。

目前电导电极的电极常数有 0.01、0.1、1.0、10 四种不同类型，每支电极具体的电极常数值，制造厂均粘贴在每支电导电极上，可根据电极上所标的电极常数值，调节仪器面板常数补偿调节旋钮 8 到相应的位置。

a. 将量程选择开关旋钮 9 指向"检查"，温度补偿调节旋钮 6 指向 25 刻度线，调节校准调节旋钮 7，使仪器显示 $100.0\mu S \cdot cm^{-1}$。

b. 调节常数补偿调节旋钮 8，使仪器显示值与电极上所标示数值一致。

例如：

(a) 电极常数为 $0.01025cm^{-1}$ 时，调节常数补偿调节旋钮 8，使仪器显示值为 102.5（测量值＝显示值×0.01）。

(b) 电极常数为 $0.1025cm^{-1}$ 时，调节常数补偿调节旋钮 8，使仪器显示值为 102.5（测量值＝显示值×0.1）。

(c) 电极常数为 $1.025cm^{-1}$ 时，调节常数补偿调节旋钮 8，使仪器显示值为 102.5（测量值＝显示值×1）。

(d) 电极常数为 $10.25cm^{-1}$ 时，调节常数补偿调节旋钮 8，使仪器显示值为 102.5（测量值＝显示值×10）。

③ 温度补偿的设置。

调节仪器面板上的温度补偿调节旋钮 6，使其指向待测溶液的实际温度值，此时，测量得到的将是待测溶液经过温度补偿后折算为 25℃下的电导率值。

如果将温度补偿调节旋钮 6 指向"25"刻度线，那么测量的将是待测溶液在该温度下未经补偿的原始电导率值。

④ 常数、温度补偿设置完毕，应将量程选择开关旋钮 9 按表 3.4 置于合适位置。

在测量过程中，若显示值熄灭，说明测量值超出量程范围。此时，应切换量程选择开关旋钮 9 至上一档量程。

表 3.4　量程选择开关旋钮的位置

序号	量程选择开关位置	量程范围/($\mu S \cdot cm^{-1}$)	被测电导率/($\mu S \cdot cm^{-1}$)
1	I	0～20.0	显示读数×C
2	II	20.0～200.0	显示读数×C
3	III	200.0～2000	显示读数×C
4	IV	2000～20000	显示读数×C

注：C 为电导电极常数值。

例：当电极常数为 0.01 时，$C＝0.01$；当电极常数为 0.1 时，$C＝0.1$；当电极常数为 1.0 时，$C＝1.0$；当电极常数为 10 时，$C＝10$。

(4) 注意事项

① 在测量高纯水时，应选择合适电极常数的电导电极以避免污染。

② 因温度补偿系采用固定的 2% 的温度系数补偿，故对高纯水测量尽量采用不补偿方式进行，测量后查表。

③ 为确保测量精度，电极使用前用 $0.5\mu S \cdot cm^{-1}$ 的去离子水或蒸馏水冲洗两次，然后用被测试样冲洗后方可测量。

④ 电极插头绝对不能受潮，以免造成不必要的测量误差。

⑤ 电极应定期进行常数标定。

（5）电导电极的清洗与储存

① 光亮的铂电极，必须储存在干燥的地方。镀铂黑的铂电极不允许干放，必须储存在蒸馏水中。

② 电导电极的清洗：用含有洗涤剂的温水可以清洗电极上的有机成分沾污，也可以用酒精清洗；钙、镁沉淀物最好用10％柠檬酸洗涤；光亮的铂电极，可以用软刷子机械清洗，但在电极表面不可以产生划痕；对于镀铂黑的铂电极，只能用化学方法清洗，用软刷子清洗会破坏镀在电极表面的镀层（铂黑），化学方法清洗可能再生被损坏或被轻度污染的铂黑层。

3.4 酸度计

3.4.1 工作原理

酸度计又称pH计，是化学实验室一种常用的电化学分析仪器。酸度计能测量pH 0～14范围内溶液的pH值。酸度计的型号和种类繁多，有台式、便携式和表型式等多种类型，但酸度计都是由电极和电位计两部分组成，如图3.13所示为酸度计的外形结构。酸度计测定溶液pH值时，将复合电极或玻璃电极和甘汞电极插入被测溶液中，组成电化学原电池，见图3.14，其电动势与溶液的pH值大小有关。酸度计主体是一个精密的电位计，它将测量原电池的电动势通过直流放大器放大，最后由读数指示器（电压表）指出被测溶液的pH值。由此可见，酸度计测定溶液pH值的方法是一种电位测定法。故将玻璃电极替换成某种离子选择性电极就可以测量该离子电极电位（mV）值（酸度计pH值、电位值测量可通过旋钮转换），根据电位值就可测得该离子的浓度。

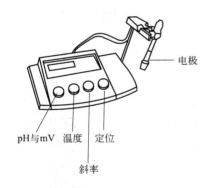

图3.13 酸度计外形结构

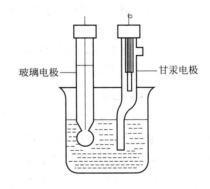

图3.14 测定pH值的工作电池示意图

3.4.2 电极

测定pH值的电极有玻璃电极、甘汞电极及复合电极。下面介绍这几种电极的结构、使用和维护。

3.4.2.1 玻璃电极

玻璃电极常用的是氢离子指示电极，其电极结构见图3.15。玻璃电极用于测定是基于玻璃膜两边的电位差，在一定的温度（25℃）下，试液的pH值与玻璃膜电位差呈直线关系：

$$\Delta\varphi = K + 0.0592 \lg a_{H^+,试} = K - 0.0592 pH_{试}$$

式中，K 为常数，它是由玻璃电极本身决定的。由于 K 值不易求出，不能由此电位差直接求得 pH 值，需用标准缓冲溶液来标定。玻璃电极不受氧化剂、还原剂和其他杂质的影响，因此 pH 值测量范围宽，应用广泛。

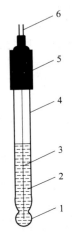

图 3.15　玻璃电极结构
1—玻璃膜球；2—内参比溶液；
3—内参比电极；4—玻璃电极杆；
5—绝缘帽；6—导线

（1）玻璃电极的使用

① 使用 pH 电极前要进行调整，需放在蒸馏水中浸泡一段时间，以便形成良好的水合层。浸泡时间与玻璃组成、薄膜厚度有关，一般新制电极及玻璃电导率低、薄膜较厚的电极浸泡时间以 24h 为宜；反之，浸泡时间可短些。浸泡时间可查阅玻璃电极说明书。

② 测定某溶液之后，要认真冲洗，并吸干水珠，再测定下一个样品。

③ 测定时玻璃电极的球泡应全部浸在溶液中，使它稍高于甘汞电极的陶瓷芯端。

④ 测定时应用磁力搅拌器以适宜的速度搅拌，搅拌的速度不宜过快，否则易产生气泡附在电极上，造成读数不稳。

⑤ 测定有油污的样品，特别是有浮油的样品，用后要用 CCl_4 或丙酮清洗干净，之后需用 $1.2mol \cdot L^{-1}$ HCl 冲洗，再用蒸馏水冲洗，在蒸馏水中浸泡平衡一昼夜再使用。

⑥ 测定浑浊液之后要及时用蒸馏水冲洗干净，不应留有杂物。

⑦ 测定乳化状的溶液后，要及时用洗涤剂和蒸馏水清洗电极，然后浸泡在蒸馏水中。

⑧ 玻璃电极的内电极与球泡之间不能有气泡，若有气泡，可轻甩，让气泡逸出。

（2）玻璃电极的维护

平时常用的玻璃电极，短期内放在 pH＝4.00 缓冲溶液中或浸泡在蒸馏水中即可。长期存放，用 pH＝7.00 缓冲溶液浸泡或套上橡皮帽放在盒中。

3.4.2.2　甘汞电极

甘汞电极是 pH 值测定常用的参比电极，化学实验室使用的多为饱和甘汞电极，其电极结构见图 3.16。饱和甘汞电极的电极电位较稳定，在 25℃时，电极电位为 0.2438V。

甘汞电极的使用和维护注意事项如下：

① 保持甘汞电极的清洁，不得使灰尘或外部离子进入该电极内部；当甘汞电极外表附有 KCl 溶液或晶体时，应随时除去。

② 测量时电极应竖式放置，甘汞芯应在饱和 KCl 液面下，电极内盐桥溶液面应略高于被测溶液面，防止被测溶液向甘汞电极内扩散。

③ 电极内 KCl 溶液中不能有气泡，溶液中应保留少许 KCl 晶体。电极使用时，应每天添加内管充液，双盐桥饱和甘汞电极应每日更换外盐桥内充液。

④ 甘汞电极在使用时，应先拔去侧部和端部的电极帽，以使

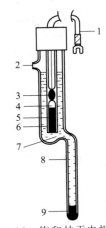

图 3.16　饱和甘汞电极结构
1—电极引线；2—侧管；
3—汞；4—甘汞糊；
5—石棉或纸浆；6—玻璃管；
7—KCl 溶液；8—电极玻
璃外壳；9—橡皮帽

盐桥溶液借重力维持一定流速与被测溶液形成通路。

⑤ 因甘汞电极在高温时不稳定，故一般不宜在70℃以上温度的环境中使用。此外，因甘汞电极的电极电位有较大的负温度系数和热滞后性，因此，测量时应防止温度波动，精确测量应恒温。

⑥ 若被测溶液中不允许含有 Cl^-，则应避免直接插入甘汞电极，这时应使用双液接甘汞电极。此外甘汞电极不宜用在强酸或强碱介质中，因此时的液体接界电位较大，且甘汞电极可能被氧化。

⑦ 不要把饱和甘汞电极长时间浸在被测溶液中，以免流出的 KCl 污染被测溶液。更不要把甘汞电极与浸蚀汞和甘汞的物质或与 KCl 起反应的物质相接触。

⑧ 因甘汞易光解而引起电位变化，使用和存放时应注意避光。

⑨ 电极不用时，取下盐桥套管，将电极保存在饱和 KCl 溶液中，千万不能使电极干涸。电极长期不用时，应把端部的橡胶帽套上，放在电极盒中保存。

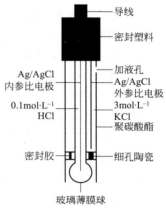

图 3.17　复合电极结构

3.4.3　pHS-25 型酸度计

pHS-25 型酸度计由电位计和 $E-201-C_9$ 复合电极组成，见图 3.17。$E-201-C_9$ 复合电极是由玻璃电极（测量电极）和 Ag-AgCl 电极（参比电极）组合在一起的塑壳可充式复合电极，即将玻璃电极和参比电极组合成一体用于测量。

3.4.3.1　主要技术性能

pHS-25 型酸度计主要技术性能见表 3.5。

表 3.5　pHS-25 型酸度计主要技术性能

性能指标	性能参数		性能指标	性能参数	
	pH	mV		pH	mV
测量范围	0～14.0	0～1400	最小分度	0.1	10
精确度	±0.1	±10	稳定性	±0.05pH/2h	

被测溶液温度为 0～60℃，缓冲溶液的 pH 值与温度的对应关系见表 3.6。

表 3.6　缓冲溶液的 pH 值与温度的对应关系

温度/℃	pH 值		
	$0.05mol \cdot L^{-1}$ 邻苯二甲酸氢钾	$0.025mol \cdot L^{-1}$ 混合磷酸盐	$0.01mol \cdot L^{-1}$ 四硼酸钠
5	4.00	6.95	9.39
10	4.00	6.92	9.33
15	4.00	6.90	9.23
20	4.00	6.88	9.18
25	4.00	6.86	9.18
30	4.01	6.85	9.14
35	4.02	6.84	9.11

温度/℃	pH 值		
	0.05mol·L⁻¹ 邻苯二甲酸氢钾	0.025mol·L⁻¹ 混合磷酸盐	0.01mol·L⁻¹ 四硼酸钠
40	4.03	6.84	9.07
45	4.04	6.84	9.04
50	4.06	6.83	9.03
55	4.07	6.88	8.99
60	4.09	6.84	8.97

3.4.3.2 使用方法

（1）开机准备

① 电源接通后，预热 30min。

② 将电极梗插座、电极夹夹在电极梗上。取下复合电极前端的电极套，将电极夹在电极夹上。

（2）pH 值标定

置选择旋钮于"pH"档，测出待测溶液的温度，将温度补偿调节旋钮调至待测溶液的温度值，再进行定位，定位分一点定位法和二点定位法。

① 一点定位法。将电极用蒸馏水洗净并用滤纸吸干，将斜率补偿调节旋钮向右轻旋到底（即将斜率调至最大），然后把电极插入已知 pH 值的标准缓冲溶液中，调节定位调节旋钮，使显示屏上显示出标准缓冲溶液的 pH 值，定位完毕。

② 二点定位法。要准确测量溶液的 pH 值，应采用二点定位法进行校准。

将清洗过的电极插入中性（pH=6.86）的缓冲溶液中，将斜率补偿调节旋钮向右轻旋到底（即将斜率调至最大），然后调节定位调节旋钮，使仪器显示的读数与该缓冲溶液当时温度下的 pH 值相同。

再将电极洗净、吸干，插入 pH=4.00（或 pH=9.18）的标准缓冲溶液中，调节斜率补偿调节旋钮，使仪器显示读数与该缓冲溶液当时温度下的 pH 值相同。

重复上述步骤，直至不再调节定位和斜率补偿调节旋钮为止。

经上述操作标定后的仪器，温度补偿、定位、斜率补偿等调节旋钮不应再有变动，否则需重新定位。

注意：标定的缓冲溶液第一次应用 pH=6.86 的溶液，第二次应用接近待测溶液 pH 值的缓冲溶液，如待测溶液为酸性时，应选 pH=4.00 的缓冲溶液；如待测溶液为碱性时，则选 pH=9.18 的缓冲溶液。一般情况下，在 24h 内仪器不需再标定。

（3）pH 值测量

把电极洗净、吸干后插入待测溶液中，摇动烧杯，使溶液混合均匀，显示器上即显示出待测溶液的 pH 值。测量完毕，将电极洗净、吸干后插入保护液中。

（4）测量电极电势

① 将离子选择电极或金属电极和甘汞电极洗净、吸干后夹在电极架上。

② 首先把电极转换器的插头插入仪器后部的测量电极插座内，然后将离子选择电极的插头插入电极转换器的插座内，再把甘汞电极接入仪器后部的参比电极接口上。

③ 置选择旋钮于"mV"档，此时温度补偿、定位、斜率补偿等调节旋钮均不起作用，

把两支电极同时插入待测溶液中，将溶液搅拌均匀后，即可在显示屏上读出该离子选择电极的电极电位（mV），显示屏上还会自动显示正负极性。

（5）使用和维护注意事项

① 复合电极的敏感部位是下端的玻璃球泡，应避免玻璃球泡与硬物接触，任何破损和擦毛都会使电极失效。

② 电极在测量前必须用已知 pH 值的标准缓冲溶液进行电位校准，为取得正确的结果，标准缓冲溶液的 pH 值必须可靠，而且其 pH 值越 接近待测值越好。

③ 仪器经标定后，在使用过程中一定不要动温度补偿、定位和斜率补偿等调节旋钮，以免仪器内设定的数据发生变化。

④ 测量完毕，电极不用时应插入保护套中，套内应补充饱和 KCl 溶液，以保持电极球泡的湿润。

⑤ 应避免将电极长期浸泡在蒸馏水、蛋白质和酸性氟化物等溶液中，并防止和有机硅油脂接触。

⑥ 电极的引出端必须保持清洁、干燥，防止两输出端短路，否则将导致测量结果不准确。

3.5 贝克曼温度计

3.5.1 构造及特点

贝克曼温度计也是水银温度计的一种，其构造见图 3.18。

它的主要特点如下：

① 刻度精细，刻线间隔为 0.01℃，用放大镜可以估读至 0.002℃，测量精度较高。

② 其量程较短，一般只有 5～6℃ 的刻度。因而不能测定温度的绝对值，一般只用于测温差。

③ 较普通水银温度计不同之处在于，除了毛细管下端有一水银球外，在温度计的上部还有一水银储槽。根据测定不同范围内温度的变化情况，利用上端的水银储槽的水银可以调节下端水银球中的水银量，即可在不同的温度范围应用。

3.5.2 贝克曼温度计的调节

在调节前应明确反应是放热还是吸热，以及温差范围，才能选择一个合适的位置。所谓合适位置是指在所测量的起始温度时，毛细管中的水银柱最高点应在刻度尺的什么位置才能达到实验的要求。若用于凝固点降低测分子量，溶剂达凝固点时应使它的水银柱停在刻度尺的上段；若用于沸点升高法测分子量，在沸点时，应使水银柱停在刻度尺的下段；若用于测定温度的波动时，应使水银柱停在刻度尺的中间部分。

在调节前，首先估计一下从水银柱刻度最高处 a（a 为实验需要的温度 t 所对应的刻度位置）到毛细管末端 b 所相当的刻度

图 3.18 贝克曼温度计的构造
a—最高刻度；
b—毛细管末端

数值，设为 R，对于一般的贝克曼温度计来说，水银柱由刻度 a 上升至 b，还需再提高 3℃左右，一般根据这个估计值来调节水银球中的水银量。

调节时，先将水银球与水银储槽连接起来，以调节水银球中的水银量，使其适合所需要的测温范围，然后将它们在连接处断开。方法如下：

① 将贝克曼温度计放在盛有水的小烧杯内慢慢加热，使水银柱上升至毛细管顶部，此时将贝克曼温度计从烧杯中移出，并倒置使毛细管的水银柱与水银储槽中的水银相连接，然后小心地将温度计正置，直至垂直位置。

② 再将贝克曼温度计放到小烧杯中慢慢加热到 $t+R$（即为使其水银柱上升至毛细管末端的温度），等约 5min 使水银的温度与水温一致。

③ 取出温度计，右手握其中部，温度计垂直，水银球向下，以左手掌轻轻拍右手腕（注意：操作时应远离实验台，以免碰碎温度计，并且切不可直接敲打温度计）。靠振动的力量使毛细管中的水银与水银储槽中的水银在其接口处断开。

④ 将调节好的温度计置于欲测温度的恒水浴中，观察读数值，并估计量程是否符合要求。例如在冰点降低的实验中，即可用 0℃ 的冰水浴予以检验，若温度值落在 3~6℃ 处，意味着量程合适。但若偏差过大，则需按上述步骤重新调节。

3.5.3 使用时注意事项

① 贝克曼温度计属于较贵重、精密的玻璃仪器，在使用时应胆大心细、轻拿轻放，必要时握其中部，不得随意旋转，一般应安装在仪器上，调节时握在手中，不用时应放置在温度计盒中。

② 调节时，注意防止骤冷骤热，以免温度计炸裂。

③ 用左手拍右手手腕时，注意温度计一定要垂直，否则毛细管易折断，还应避免重击和撞碰。

④ 调节好的温度计一定要放置在温度计架上，注意勿使毛细管中的水银柱与水银储槽中的水银相接，否则，还需重新调节。

第 4 章

定性分析实验

实验 1　常见阳离子的分离和鉴定

【实验目的】

① 了解 H_2S 系统分析法对阳离子进行分组分离的原理和方法。

② 掌握常见阳离子的鉴定方法。

③ 学习定性分析的基本操作技能。

【实验原理】

（1）阳离子分组与组试剂

在水溶液中，离子的分离与检出是以各离子对试剂的不同反应为依据的。这种反应常伴有特殊的现象，例如，沉淀的产生、特征颜色和气体产生等，各种离子对试剂作用的相似性和差异性就构成了离子分离和检出方法的基础，即离子本身的性质是分离、检出的基础。

任何分离、检出反应都是在一定条件下进行的，选择适当的条件（如溶液的酸度、反应物浓度、温度等）可以使反应向预计的方向进行，因此在设计水溶液中混合阳离子分离、检出实验方案时，除了必须熟悉各种离子的性质外，还要会运用离子平衡（酸碱、沉淀、氧化还原和配位平衡）的规律控制反应条件。这样既利于熟悉离子性质，又有利于加深对各类离子平衡的理解。

对于组分较复杂的试样，其中离子的分离与检出，通常采用系统分析法。常用的经典系统分析法有两种：硫化氢系统和"两酸两碱"系统分析法。在系统分析中，首先用几种组试剂将溶液中性质相似的离子分成若干组，然后在组内进行分离和检出。所谓"组试剂"是指能将几种离子同时沉淀出来而与其他离子分开的试剂。

硫化氢系统分析法：以不同阳离子硫化物溶解度的显著差异为主要依据，以 HCl、H_2S、$(NH_4)_2S$ 和 $(NH_4)_2CO_3$ 为组试剂，将 25 种常见阳离子分为五个组的分析体系。

两酸两碱系统分析法：用普通的两酸（盐酸、硫酸）两碱（氨水、氢氧化钠）为组试剂，利用形成沉淀及其溶解性将阳离子分成五个组的分析体系。

由于硫化氢系统分析法应用较广泛，本章主要介绍硫化氢系统分析法。常见阳离子的分组情况及所用组试剂列入表 4.1 中。

表 4.1　硫化氢系统分析法分组简表

硫化物不溶于水				硫化物溶于水	
在稀酸中形成硫化物沉淀		在稀酸中不生成硫化物沉淀	碳酸盐不溶于水	碳酸盐溶于水	
氯化物不溶于热水	氯化物溶于热水				
Ag^+、Hg_2^{2+}、(Pb^{2+})[①]	Pb^{2+}、Bi^{3+}、Cu^{2+}、Cd^{2+}、Hg^{2+}、$As(Ⅲ,Ⅴ)$、$Sb(Ⅲ,Ⅴ)$、Sn^{2+}、Sn^{4+}	Fe^{3+}、Al^{3+}、Cr^{3+}、Fe^{2+}、Mn^{2+}、Zn^{2+}、Co^{2+}、Ni^{2+}	Ca^{2+}、Sr^{2+}、Ba^{2+}	Mg^{2+}、K^+、Na^+、(NH_4^+)[②]	
第一组 盐酸组	第二组 硫化氢组	第三组 硫化铵组	第四组 碳酸铵组	第五组 易溶组	
HCl	$0.3mol \cdot L^{-1}$ HCl、H_2S 或硫代乙酰胺	$NH_3 \cdot H_2O + NH_4Cl$ $(NH_4)_2S$	$NH_3 \cdot H_2O + NH_4Cl$ $(NH_4)_2CO_3$	—	

① Pb^{2+} 浓度大时部分沉淀。

② 系统分析中需要加入铵盐，故 NH_4^+ 需另行检出。

（2）硫化氢系统沉淀分离的原理

硫化氢系统中 S^{2-} 浓度与溶液 pH 值的关系：

$$H_2S+H_2O \Longrightarrow H_3O^+ + HS^- \qquad K_{a,1}^{\ominus} = \frac{(c_{H^+}^{eq}/c^{\ominus})(c_{HS^-}^{eq}/c^{\ominus})}{(c_{H_2S}^{eq}/c^{\ominus})}$$

$$HS^- + H_2O \Longrightarrow H_3O^+ + S^{2-} \qquad K_{a,2}^{\ominus} = \frac{(c_{H^+}^{eq}/c^{\ominus})(c_{S^{2-}}^{eq}/c^{\ominus})}{(c_{HS^-}^{eq}/c^{\ominus})}$$

总反应：
$$H_2S + 2H_2O \Longrightarrow 2H_3O^+ + S^{2-}$$

$$K_{a,H_2S}^{\ominus} = \frac{(c_{H^+}^{eq}/c^{\ominus})^2(c_{S^{2-}}^{eq}/c^{\ominus})}{(c_{H_2S}^{eq}/c^{\ominus})} = 1.3 \times 10^{-20}$$

$$c_{S^{2-}}^{eq} = \frac{K_{a,H_2S}^{\ominus} \times (c_{H_2S}^{eq}/c^{\ominus})c^{\ominus}}{(c_{H^+}^{eq}/c^{\ominus})^2} = \frac{1.3 \times 10^{-21}}{(c_{H^+}^{eq}/c^{\ominus})^2}$$

常温常压下，H_2S 的饱和浓度为 $0.10 mol \cdot L^{-1}$。

$$K_{sp,CuS}^{\ominus} = 6.3 \times 10^{-36} \qquad K_{sp,SnS_2}^{\ominus} = 2.0 \times 10^{-27}$$

$$K_{sp,NiS}^{\ominus} = 3.2 \times 10^{-19} \qquad K_{sp,Cr(OH)_3}^{\ominus} = 6.0 \times 10^{-31}$$

pH 值不同，硫离子浓度 $c_{S^{2-}}^{eq}$ 不同。利用这些硫化物溶解度的差异，控制溶液的 pH 值，便能实现这些阳离子的分离。通过这些阳离子与某些试剂的特效反应，就能检验该离子是否存在，这就是离子的检出。

（3）硫化氢系统阳离子分组

① 在含有阳离子的酸性溶液中加入 HCl，Ag^+、Pb^{2+}（浓度大时）、Hg_2^{2+} 形成白色的氯化物沉淀，而与其他阳离子分离，这几种阳离子就构成了盐酸组。沉淀盐酸组时，HCl 的浓度不能太大，否则会因形成可溶性配合物而沉淀不完全。

② 在分离沉淀后的清液中调节至 HCl 的浓度为 $0.3 mol \cdot L^{-1}$，通入 H_2S（或加硫代乙酰胺并加热），Pb^{2+}、Bi^{3+}、Cu^{2+}、Cd^{2+}、Hg^{2+}、As(Ⅲ，Ⅴ)、Sb(Ⅲ，Ⅴ)、Sn^{4+} 等阳离子生成相应的硫化物沉淀，这些离子组成了硫化氢组。

③ 在分离沉淀后的清液中加入氨水调节溶液酸度至碱性（NH_4Cl 存在下），通入 H_2S（或加入硫代乙酰胺并加热），Fe^{3+}、Co^{2+}、Ni^{2+}、Mn^{2+}、Zn^{2+} 形成硫化物沉淀，而 Al^{3+}、Cr^{3+} 形成氢氧化物沉淀，这些离子统称为硫化铵组。在沉淀这一组离子时，溶液的酸度不能太高，否则本组离子不可能沉淀完全；溶液酸度也不能太低，否则其他组的 Mg^{2+} 可能部分生成 $Mg(OH)_2$ 沉淀，并且 $Al(OH)_3$ 呈两性也可能部分溶解。溶液中加入一定量的 NH_4Cl 以控制溶液的 pH 值，防止 $Mg(OH)_2$ 沉淀的生成和 $Al(OH)_3$ 沉淀的部分溶解。

④ 在分离沉淀后的清液中加入 $(NH_4)_2CO_3$，Sr^{2+}、Ba^{2+} 和 Ca^{2+} 形成碳酸盐并析出沉淀，称为碳酸铵组。

⑤ 剩下的 Mg^{2+}、K^+、Na^+ 和 NH_4^+ 不被上述任何组试剂所沉淀。留在溶液中，称为可溶组。

分成五个组后利用组内离子性质的差异性，利用各种试剂和方法进一步分离和检出。

【仪器与试剂】

仪器：离心机、恒温水浴锅。

试剂：Cu^{2+}、Sn^{4+}、Cr^{3+}、Ni^{2+}、Ca^{2+} 的混合液；$6mol \cdot L^{-1}$ NaOH 溶液；10% NaOH 溶液；氨水（$0.5mol \cdot L^{-1}$、$6mol \cdot L^{-1}$）；浓氨水；HCl 溶液（$6mol \cdot L^{-1}$）；5% 硫代乙酰胺溶液；$6mol \cdot L^{-1}$ HNO_3 溶液；$0.2mol \cdot L^{-1}$ $HgCl_2$ 溶液；$1mol \cdot L^{-1}$ NaAc 溶液；$0.25mol \cdot L^{-1}$ $K_4Fe(CN)_6$ 溶液；6% H_2O_2；1% 丁二酮肟溶液；$1mol \cdot L^{-1}$ $(NH_4)_2CO_3$ 溶液；HAc 溶液（$2mol \cdot L^{-1}$）；10% Na_2CO_3 溶液；$CHCl_3$；$3mol \cdot L^{-1}$ NH_4Cl 溶液；1% NH_4NO_3 溶液；$0.5mol \cdot L^{-1}$ $Pb(NO_3)_2$ 溶液；0.1% 甲基紫指示剂；1% 乙二醛双缩（α-羟基苯胺，简称 GBHA）的乙醇溶液；百里酚蓝指示剂；Zn 粉。

【实验内容】

Cu^{2+}、Sn^{4+}、Cr^{3+}、Ni^{2+}、Ca^{2+} 混合液的定性分析系统分析图见图 4.1。

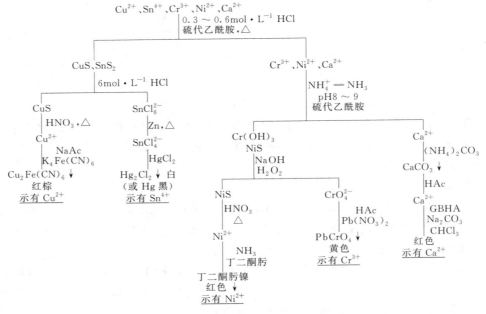

图 4.1　系统分析图

(1) Cu^{2+}、Sn^{4+} 与 Cr^{3+}、Ni^{2+}、Ca^{2+} 的分离以及 Cu^{2+}、Sn^{4+} 的检出

取 20 滴混合液于 1 支离心试管中，加入 1 滴 0.1% 甲基紫指示剂，用氨水和 HCl 调至溶液为绿色，加入 15 滴 5% 硫代乙酰胺溶液，加热，则析出 CuS 和 SnS_2 沉淀，离心分离 [离心液按（2）处理]，沉淀上加 4～5 滴 $6mol \cdot L^{-1}$ HCl，充分搅拌，加热，使 SnS_2 充分溶解，离心分离，离心液为 $SnCl_6^{2-}$，用少许 Zn 粉将其还原为 $SnCl_4^{2-}$，取 2～3 滴上层清液，加入 2～3 滴 $0.2mol \cdot L^{-1}$ $HgCl_2$，若生成白色沉淀，并逐渐变为黑色，证明有 Sn^{4+} 存在。在 CuS 沉淀上，加 2 滴 $6mol \cdot L^{-1}$ HNO_3，加热溶解，若有低价氮的氧化物沉淀生成，离心分离，弃去低价氮的氧化物沉淀，溶液加 $1mol \cdot L^{-1}$ NaAc 和 $0.25mol \cdot L^{-1}$ $K_4Fe(CN)_6$ 溶液各数滴，生成红棕色沉淀，证明有 Cu^{2+} 存在。

(2) Cr^{3+}、Ni^{2+} 与 Ca^{2+} 的分离和 Cr^{3+}、Ni^{2+} 的鉴定

在 (1) 的离心液中，加入 5 滴 $3mol \cdot L^{-1}$ NH_4Cl 溶液及 1 滴百里酚蓝指示剂，再用浓氨水及 $0.5mol \cdot L^{-1}$ 氨水调至溶液显黄棕色（先用浓氨水，后用稀氨水调节），加 10 滴 5%

硫代乙酰胺，在水浴中加热，离心分离，离心液按（3）处理。沉淀用 1% NH_4NO_3 溶液洗涤。弃去溶液，沉淀加 3 滴 $6mol \cdot L^{-1}$ NaOH 和 3 滴 6% H_2O_2，加热，使 $Cr(OH)_3$ 溶解，生成黄色的 CrO_4^{2-}，离心分离，离心液加 HAc 酸化，加 1 滴 Pb^{2+} 溶液，若生成黄色沉淀，示有 Cr^{3+}。NiS 沉淀用 1% NH_4NO_3 溶液洗涤，弃去溶液，沉淀加 2 滴 $6mol \cdot L^{-1}$ HNO_3，加热溶解，分离出生成的硫黄沉淀，清液中加入 $6mol \cdot L^{-1}$ 氨水，使之呈碱性，加 1 滴 1% 丁二酮肟，若生成红色沉淀，证明有 Ni^{2+} 存在。

（3）Ca^{2+} 的鉴定

在（2）的离心液中，加 3 滴 $1mol \cdot L^{-1}$ $(NH_4)_2CO_3$，生成白色沉淀，离心分离，弃去离心液，沉淀用水洗一次，加 2 滴 $2mol \cdot L^{-1}$ HAc 溶解，取此溶液 1 滴，加 4 滴 1% GB-HA 的溶液、1 滴 10% NaOH 溶液、1 滴 10% Na_2CO_3 溶液和 3～4 滴 $CHCl_3$，再加数滴水，摇动试管，若 $CHCl_3$ 层显红色示有 Ca^{2+} 存在。

【思考题】

① 在 H_2S 系统分组法中，如何控制各组组试剂的沉淀条件？

② 如将 H_2S 系统分组法的组试剂加入顺序加以改变，会出现什么问题？

实验 2　常见阴离子的分离与鉴定

【实验目的】

① 了解分离检出 10 种常见阴离子的方法、步骤和条件。

② 熟悉常见阴离子的有关性质。

【实验原理】

• 定性分析基础知识

（1）反应进行的条件

反应必须具有如溶液颜色的改变、沉淀的生成或溶解、气体的产生等明显的外观特征。为了保证鉴定反应得到正确的实验结果，常需严格控制鉴定反应条件，如溶液的酸度、温度、有关离子的浓度、催化剂和溶剂等。

（2）鉴定反应的灵敏度

鉴定反应的灵敏度常用"检出限量"和"最低浓度"表示。检出限量是指在一定条件下，利用某反应能检出的某离子的最小质量，单位用 μg 表示。最低浓度是指在一定条件下，被检离子能得到肯定结果的最低浓度，用单位 $\mu g \cdot mL^{-1}$ 表示。

（3）分别分析法

有其他离子共存时，不需要分离，直接检出待检离子的方法称为分别分析法。

（4）系统分析法

对于复杂的待检试样，首先用几种试剂将溶液中几种性质相近的离子分为若干组，然后在每一组中用适当的反应鉴定待检离子是否存在，这种方法称为系统分析法。

（5）对照试验

用已知溶液代替试液，用同样的方法在同样条件下进行的试验，称为对照试验。其目的是检验试剂是否失效或反应条件是否控制正确。

（6）空白试验

用蒸馏水代替试液，在同样条件下进行的试验，称为空白试验。其目的是检验试剂或蒸馏水中是否含有被检验离子。

- **阴离子的鉴定特点**

在阴离子中，有的遇酸易分解，有的彼此氧化还原而不能共存，故阴离子的分析有以下两个特点：

① 阴离子在分析过程中容易变化，不易于进行手续繁多的系统分析。

② 在阴离子的分析中，由于阴离子间的相互干扰较少，实际上许多离子共存的机会也较少，因此大多数阴离子分析一般采用分别分析法，如体系 SO_4^{2-}、NO_3^-、Cl^-、CO_3^{2-}。只有在鉴定时，当某些阴离子发生相互干扰的情况下，才适当采取分离手段，即系统分析法，如 S^{2-}、SO_3^{2-}、$S_2O_3^{2-}$、Cl^-、Br^-、I^- 等。分别分析法并不是要针对所研究的全部离子逐一进行检验，而是先通过初步实验，用消除法排除肯定不存在的阴离子，然后对可能存在的阴离子逐个加以确定。

- **阴离子分析试样的制备**

在酸性溶液中，部分阴离子可生成气体或改变价态相互反应，同时一些阳离子对阴离子的鉴定反应有干扰。因此，阴离子分析试样常制成碱性溶液而且不加入氧化剂或还原剂，并设法除去金属离子。通常将阴离子分析试样与饱和碳酸钠溶液共煮，使阴离子进入溶液，过滤除去阳离子的碳酸盐沉淀。

- **常见阴离子的鉴定**

阴离子的种类较多，常见的阴离子有 CO_3^{2-}、NO_3^-、NO_2^-、PO_4^{3-}、S^{2-}、SO_3^{2-}、SO_4^{2-}、Cl^-、Br^-、I^- 10 种。

（1）SO_4^{2-}

用生成 $BaSO_4$ 的白色沉淀进行鉴定时会受到 CO_3^{2-}、SO_3^{2-} 等的干扰，预先酸化可以消除干扰离子。

（2）PO_4^{3-}

用生成磷钼酸铵的反应来鉴定，但溶液中有 S^{2-}、SO_3^{2-} 等还原性阴离子以及 Cl^-，都干扰此反应，还原性离子能将钼（Ⅵ）还原成低氧化态而破坏试剂的作用，Cl^- 能降低反应的灵敏度。通常采用滴加浓 HNO_3、并煮沸的办法以消除这些干扰离子。

（3）Cl^-、Br^-、I^-

由于强还原性阴离子妨碍 Br^-、I^- 的鉴定，所以一般将 Cl^-、Br^-、I^- 先沉淀为难溶性银盐，再做进一步分析鉴定。在溶液中加 $AgNO_3$ 和 HNO_3 溶液，并加热，能避免 CO_3^{2-}、PO_4^{3-}、S^{2-}、SO_3^{2-} 生成银盐沉淀。

（4）S^{2-}

加入 $Na_2[Fe(CN)_5NO]$，在碱性或氨碱性介质中生成紫红色的 $[Fe(CN)_5NOS]^{4-}$ 溶液。

（5）SO_3^{2-}

S^{2-} 干扰 SO_3^{2-} 的检出，可在溶液中加入 $PbCO_3$ 固体，利用沉淀的转化反应除去 S^{2-}。

SO_3^{2-} 在一定条件下，与 $ZnSO_4$、$Na_2[Fe(CN)_5NO]$ 等反应生成红色沉淀。在酸性溶液中，红色沉淀消失，如介质为酸性，必须调至中性。

（6）CO_3^{2-}

将溶液酸化后产生的 CO_2 气体导入 $Ba(OH)_2$ 溶液中，以鉴定 CO_3^{2-}。SO_3^{2-} 对 CO_3^{2-} 的检出有干扰，因为 SO_3^{2-} 酸化后产生的 SO_2 也会使 $Ba(OH)_2$ 溶液变浑浊。若在酸化前加入 H_2O_2 溶液，能使 SO_3^{2-} 氧化为 SO_4^{2-}，以消除干扰。同时 S^{2-} 也会被 H_2O_2 氧化为 SO_4^{2-}。

（7）NO_2^-

用稀 HAc 酸化溶液，加入硫脲，再加入 HCl 和 $FeCl_3$ 溶液，溶液变为深红色。其反应为：

$$CS(NH_2)_2 + HNO_2 = N_2\uparrow + H^+ + SCN^- + 2H_2O$$

生成的 SCN^- 在稀 HCl 介质中与 $FeCl_3$ 反应，生成红色 $[Fe(SCN)_n]^{3-n}$。

（8）NO_3^-

一般用"棕色环"法鉴定 NO_3^-。Br^-、I^-、NO_2^- 等干扰 NO_3^- 的检出，可先向溶液中加入 H_2SO_4 和 Ag_2SO_4 溶液，使 Br^-、I^- 等生成难溶银盐而除去，再向溶液中加入尿素并加热，使 NO_2^- 生成 N_2 而除去：

$$2NO_2^- + CO(NH_2)_2 + 2H^+ = CO_2\uparrow + 2N_2\uparrow + 3H_2O$$

或加入 $H_2N—SO_3H$ 除去 NO_2^-。

$$NO_2^- + H_2N—SO_3H = N_2\uparrow + SO_4^{2-} + H^+ + H_2O$$

【仪器与试剂】

仪器：离心机、水浴锅、带塞的滴管或带塞的镍铬丝小圈。

试剂：HCl（$6.0\,mol\cdot L^{-1}$）、H_2SO_4（$2.0\,mol\cdot L^{-1}$，浓）、HNO_3（$2.0\,mol\cdot L^{-1}$，$6.0\,mol\cdot L^{-1}$，浓）、$6.0\,mol\cdot L^{-1}$ HAc、饱和 $Ba(OH)_2$、$2.0\,mol\cdot L^{-1}$ $NH_3\cdot H_2O$、$1.0\,mol\cdot L^{-1}$ $BaCl_2$、12%（NH_4）$_2CO_3$、（NH_4）$_2MoO_4$ 溶液、$0.1\,mol\cdot L^{-1}$ $AgNO_3$、$0.02\,mol\cdot L^{-1}$ Ag_2SO_4、$0.1\,mol\cdot L^{-1}$ $FeCl_3$、饱和 $ZnSO_4$、$0.1\,mol\cdot L^{-1}$ $K_4[Fe(CN)_6]$、1% $Na_2[Fe(CN)_5NO]$、CCl_4、3% H_2O_2、饱和氯水、8%硫脲、$FeSO_4\cdot 7H_2O(s)$、$PbCO_3(s)$、Zn 粒、尿素、pH 试纸。

【实验内容】

（1）用 pH 试纸检验溶液的酸碱性

（2）SO_4^{2-} 的鉴定

取 10 滴试液于试管中，加入 $6.0\,mol\cdot L^{-1}$ HCl 至无气泡产生时，再多加 1~2 滴 $6.0\,mol\cdot L^{-1}$ HCl，加入 1~2 滴 $1.0\,mol\cdot L^{-1}$ $BaCl_2$。若生成白色沉淀，表示有 SO_4^{2-} 存在。

（3）PO_4^{3-} 的鉴定

取 10 滴试液于试管中，加入 10 滴浓 HNO_3 并煮沸，以除去 SO_3^{2-}、S^{2-}、Cl^- 等干扰离子。稍微冷却后，加入 20 滴（NH_4）$_2MoO_4$ 溶液，并在水浴上加热至 40~50℃。若有黄色沉淀生成，证明有 PO_4^{3-} 存在。

（4）Cl^-、Br^-、I^- 的鉴定

① 取 10 滴试液于试管中，加入 5 滴 $6.0mol \cdot L^{-1}$ HNO_3 和 15～20 滴 $0.1mol \cdot L^{-1}$ $AgNO_3$，在水浴上加热 2min。离心分离，弃去清液，保留沉淀，并用 2mL 去离子水洗涤沉淀 2～3 次，使溶液的 pH 值接近中性。

② 在①所得的沉淀中，加入 10 滴 12% $(NH_4)_2CO_3$，并在水浴上温热 1min，离心分离，保留沉淀。取清液加入 1～2 滴 $2.0mol \cdot L^{-1}$ HNO_3。若有白色沉淀生成，表示有 Cl^- 存在。

③ 在②所得沉淀中，加入 1mL $6.0mol \cdot L^{-1}$ HAc 和一粒金属锌。振荡 1min，沉降片刻后，将清液转移至另一试管中（将沉淀中的锌粒洗净回收）。

④ 在③所得清液中，加入 1 滴 $2.0mol \cdot L^{-1}$ H_2SO_4 和 1mL CCl_4，再加入 1 滴饱和氯水，充分振荡。CCl_4 层呈紫红色，表示 I^- 存在。继续滴加饱和氯水并振荡，CCl_4 层的紫红色褪去，又呈现出棕黄色或黄色，则表示 Br^- 存在。

（5）S^{2-} 的鉴定

在点滴板上，加 1 滴试液，加入 1 滴 1% $Na_2[Fe(CN)_5NO]$，呈紫红色，证明 S^{2-} 存在。

（6）SO_3^{2-}

① S^{2-} 的分离。取 10 滴试液于试管中，加入少量 $PbCO_3$ (s)，搅拌，若沉淀为纯黑色，需继续加入少量 $PbCO_3$ (s)，直到固体呈灰色为止。离心分离，取 1 滴清液检查 S^{2-} 是否除净，弃去沉淀，保留清液。

② SO_3^{2-} 的鉴定。在点滴板上，加 1 滴饱和 $ZnSO_4$、1 滴 $0.1mol \cdot L^{-1}$ $K_4[Fe(CN)_6]$ 及 1 滴 1% $Na_2[Fe(CN)_5NO]$，再加 1～2 滴 $2.0mol \cdot L^{-1}$ $NH_3 \cdot H_2O$，将溶液调至中性，最后加入 1 滴由（1）得到的清液。若生成红色沉淀，表示 SO_3^{2-} 存在。

（7）CO_3^{2-}

① SO_3^{2-} 的除去。取 1mL 试液于试管中，加入 1mL 3% H_2O_2，在水浴上加热 3min，使 SO_3^{2-} 氧化为 SO_4^{2-}，同时 S^{2-} 也被氧化为 SO_4^{2-}。在点滴板上分别检验 S^{2-} 和 SO_3^{2-} 是否除去。

② CO_3^{2-} 的鉴定。在①所得的溶液中，一次加入半滴 $6.0mol \cdot L^{-1}$ HCl，立即向试管中插入吸有 $Ba(OH)_2$ 饱和溶液的带塞滴管，使滴管口悬挂一滴 $Ba(OH)_2$ 饱和溶液，观察液滴是否变浑浊；或者向试管中插入蘸有 $Ba(OH)_2$ 饱和溶液的带塞镍铬丝小圈，若观察到小圈上液膜变浑浊，证明 CO_3^{2-} 存在。

（8）NO_2^- 的鉴定

① I^- 的除去。取 10 滴试液于试管中，加入 15～20 滴 $0.02mol \cdot L^{-1}$ Ag_2SO_4，保留清液。

② NO_2^- 的鉴定。在①所得的清液中，加入 3～5 滴 $6.0mol \cdot L^{-1}$ HAc 和 10 滴 8% 硫脲溶液，再加入 5～6 滴 $6.0mol \cdot L^{-1}$ HCl 及 1～2 滴 $0.1mol \cdot L^{-1}$ $FeCl_3$。若溶液变为深红色，表示 NO_2^- 存在。

（9）NO_3^- 的鉴定

① Br^-、I^- 及 NO_2^- 的除去。取 10 滴试液于试管中，加入 5 滴 $2.0mol \cdot L^{-1}$ H_2SO_4

和 20 滴 0.02mol·L^{-1} Ag$_2$SO$_4$，离心分离，弃去沉淀，保留清液。在清液中加入尿素，并加热以除去 NO$_2^-$。检验 Br$^-$、I$^-$ 及 NO$_2^-$ 是否除尽。

② NO$_3^-$ 的鉴定。在①所得的清液中，加入少量 FeSO$_4$·7H$_2$O(s)、浓 H$_2$SO$_4$，若浓 H$_2$SO$_4$ 层与溶液的界面处有"棕色环"出现，表示 NO$_3^-$ 存在。

【注意事项】

① 溶液酸度及反应条件的控制。

② 排除干扰离子的影响。

【思考题】

① 试液若显碱性，上述 10 种阴离子中有哪些离子不可能存在？

② 哪些离子干扰 PO$_4^{3-}$ 的鉴定？怎样避免？

③ SO$_3^{2-}$ 的存在为什么干扰 CO$_3^{2-}$ 的鉴定？如何防止？

实验 3　碱金属和碱土金属

【实验目的】

① 理解掌握金属钠、钾和镁的性质。

② 了解某些钠盐和钾盐的难溶性。

③ 比较镁、钙、钡的氢氧化物、硫酸盐、草酸盐、碳酸盐的溶解性。

④ 比较焰色反应。

⑤ 掌握钾、钠的安全操作。

【实验原理】

碱金属和碱土金属是很活泼的主族金属元素。钠、钾、镁能和水作用生成 H$_2$。钠、钾与水作用很剧烈，而镁与水作用很缓慢，这是因为它的表面形成一层难溶于水的 Mg(OH)$_2$，阻碍了金属镁与水的进一步作用。

碱金属的盐类一般都易溶于水，仅有极少数的盐较为难溶。

碱土金属的盐类中，有不少是难溶的，这是区别于碱土金属盐类的方法之一。

碱金属和碱土金属及其挥发性化合物，在高温火焰中电子被激发。当电子从较高的能级回到较低能级时，便可放出一定波长的光，使火焰呈现特征的颜色。这种利用火焰鉴别金属的方法称为焰色反应。

【仪器与试剂】

仪器：镊子、坩埚、试管、玻璃棒、滤纸、红色石蕊试纸、小刀、镍铬丝、砂纸。

试剂：3mol·L^{-1} H$_2$SO$_4$、0.01mol·L^{-1} KMnO$_4$、1mol·L^{-1} KCl、饱和 NaHC$_4$H$_4$O$_6$、1mol·L^{-1} NaCl、0.5mol·L^{-1} MgCl$_2$、2mol·L^{-1} NaOH、饱和 NH$_4$Cl、1mol·L^{-1} HCl、饱和 CaCl$_2$、0.5mol·L^{-1} BaCl$_2$、0.5mol·L^{-1} Na$_2$SO$_4$、浓 HNO$_3$、0.5mol·L^{-1} Na$_2$CO$_3$、HAc（2mol·L^{-1}，6mol·L^{-1}）、饱和（NH$_4$）$_2$C$_2$O$_4$、氨-碳酸铵混合溶液、饱和 CaSO$_4$、0.5mol·L^{-1} SrCl$_2$、1mol·L^{-1} LiCl、饱和六羟基锑（V）酸钾

$\left[KSb(OH)_6\right]$、Na（s）、K（s）、Mg（s）、酚酞。

【实验内容】

• 金属钠、钾和镁的性质

（1）钠、镁和氧的作用

① 用镊子取一小块金属钠（绿豆大），迅速用滤纸吸干其表面的煤油，观察新鲜表面的颜色及变化，置于坩埚中加热，当燃烧开始时，停止加热，观察反应情况和产物的颜色状态。冷却后，将产物放入试管，加少量水，检查管口有无氧气放出（反应放热，必须将试管放入冷水中）。检验溶液是否呈碱性（加几滴酚酞）。检验溶液是否有 H_2O_2 生成（将溶液用 $3mol \cdot L^{-1}$ H_2SO_4 酸化，加入 2 滴 $0.01mol \cdot L^{-1}$ KMnO$_4$，观察紫色是否褪去），写出反应方程式。

② 取一根镁条，用砂纸除去表面的氧化层，点燃，观察燃烧情况及产物的颜色和状态，写出反应式。

（2）钾、钠、镁与水的作用

① 分别取一小块金属钠和钾（绿豆大），用滤纸吸干其表面的煤油，分别放入盛有水的玻璃水槽中，观察它们的反应情况，再分别加几滴酚酞指示剂，有什么变化？比较二者的异同，写出反应方程式。

② 取 2cm 一小段镁条，先放在试管中与冷水作用，观察反应情况；然后与沸水作用，观察又有何现象？检验溶液的酸碱性，写出反应方程式。

• 钾、钠的微溶盐

（1）微溶性钾盐的生成

在一支试管中，加入 1mL $1mol \cdot L^{-1}$ KCl 溶液，再加入 1mL 饱和酒石酸氢钠（NaHC$_4$H$_4$O$_6$）溶液，如无晶体析出，可用玻璃棒摩擦试管内壁，观察产物的颜色和状态，写出反应方程式。

（2）微溶性钠盐的生成

在试管中加入 1mL $1mol \cdot L^{-1}$ NaCl 溶液，再加入 1mL 饱和的 $\left[KSb(OH)_6\right]$ 溶液，如无晶体析出，可用玻璃棒摩擦试管内壁，观察产物的颜色和状态，写出反应方程式。

• 镁、钙、钡氢氧化物的生成和性质

（1）Mg（OH）$_2$ 的生成和性质

在 3 支小试管中，各加入 0.5mL（约 10 滴）$0.5mol \cdot L^{-1}$ MgCl$_2$ 溶液，再各滴加 $2mol \cdot L^{-1}$ NaOH 溶液，观察生成的 Mg（OH）$_2$ 的颜色和状态，然后分别将它与饱和 NH$_4$Cl、$1mol \cdot L^{-1}$ HCl 和 $2mol \cdot L^{-1}$ NaOH 溶液作用，写出反应方程式，并解释。

（2）钙、钡氢氧化物的生成和溶解度的比较

在两支试管中，分别加入 0.5mL 饱和 CaCl$_2$ 和 0.5mL $0.5mol \cdot L^{-1}$ BaCl$_2$ 溶液，然后加入等量的新配制的 $2mol \cdot L^{-1}$ NaOH 溶液，观察反应产物的颜色和状态。比较两支试管中生成沉淀的量，写出反应方程式。

• 难溶盐的生成和性质

（1）硫酸盐的溶解度比较

在 3 支试管中，分别加入 1mL $0.5mol \cdot L^{-1}$ MgCl$_2$、饱和 CaCl$_2$、$0.5mol \cdot L^{-1}$ BaCl$_2$

溶液，然后各加入 1mL 0.5mol·L^{-1} Na$_2$SO$_4$ 溶液，观察反应产物的颜色和状态，分别将沉淀与浓 HNO$_3$ 作用，写出反应方程式。

另取两支试管，分别加入 1mL 饱和 CaCl$_2$ 和 0.5mol·L^{-1} BaCl$_2$ 溶液，然后各加入 3 滴饱和 CaSO$_4$ 溶液，观察现象（如无沉淀，可用玻璃棒摩擦试管内壁），写出反应方程式。

比较 MgSO$_4$、CaSO$_4$ 和 BaSO$_4$ 的溶解度大小。

（2）镁、钙、钡碳酸盐的生成和性质

取 3 支试管，分别加入 0.5mL 0.5mol·L^{-1} MgCl$_2$、BaCl$_2$ 和饱和 CaCl$_2$ 溶液，再各加 0.5mL 0.5mol·L^{-1} Na$_2$CO$_3$ 溶液，观察现象，产物对 2mol·L^{-1} HAc 溶液的作用，写出反应方程式。

用 2 滴氨-碳酸铵混合溶液［含 1mol·L^{-1} NH$_3$ 和 0.5mol·L^{-1} （NH$_4$）$_2$CO$_3$ 溶液］代替上面的 Na$_2$CO$_3$ 溶液，按上述步骤实验，观察现象。

（3）草酸钙的生成和性质

取 1 支试管加入 1mL 饱和 CaCl$_2$ 溶液，再加入 1mL 饱和 （NH$_4$）$_2$C$_2$O$_4$ 溶液，观察反应产物颜色和状态，然后把沉淀分成两份，分别将其与 1mol·L^{-1} HCl 和 6mol·L^{-1} HAc 作用，写出反应方程式。

• 焰色反应

取一顶端弯成小圈的镍铬丝，蘸以浓 HCl，在氧化焰中灼烧至无色，然后分别蘸以 1mol·L^{-1} LiCl 溶液、1mol·L^{-1} NaCl 溶液、1mol·L^{-1} KCl 溶液、0.5mol·L^{-1} SrCl$_2$ 溶液、0.5mol·L^{-1} BaCl$_2$ 溶液在氧化焰中灼烧，观察和比较它们的焰色有何不同。

【思考题】

① 比较金属钠和镁在空气中的燃烧反应有何不同，试设法加以证明。

② 在生成碳酸盐沉淀时，所用的氨-碳酸铵混合溶液［NH$_3$-（NH$_4$）$_2$CO$_3$］中必须有 NH$_3$ 的存在，原因是什么？

③ 钙、钡氢氧化物的生成和溶解度的比较中，为什么加入等量的新配制的 2mol·L^{-1} NaOH 溶液？

实验 4　p 区重要非金属元素——氧、硫、氮、磷

【实验目的】

① 掌握 H$_2$O$_2$ 的主要性质。

② 掌握 H$_2$S 的还原性、亚硫酸及其盐的性质、硫代硫酸及其盐的性质和 S$_2$O$_8^{2-}$。

③ 掌握铵盐、亚硝酸及其盐、硝酸及其盐的主要性质。

④ 了解磷酸盐的主要性质。

⑤ 学会 H$_2$O$_2$、S^{2-}、S$_2$O$_3^{2-}$、NH$_4^+$、NO$_2^-$、NO$_3^-$、PO$_4^{3-}$ 的鉴定方法。

【实验原理】

（1）O 和 S

氧和硫元素是元素周期表第ⅥA族中常见且重要的元素。

① H$_2$O$_2$ 中氧呈－1 氧化态，故 H$_2$O$_2$ 既有氧化性又有还原性。在酸性溶液中，H$_2$O$_2$

与 $Cr_2O_7^{2-}$ 反应生成蓝色的过氧化铬 $CrO(O_2)_2$，这一反应用于鉴定 H_2O_2。热、光照或有催化剂时会促使其分解，生成 H_2O 和 O_2。

② H_2S 中 S 的氧化态为 -2，为强还原剂，H_2S 是具有恶臭的剧毒气体。在含有 S^{2-} 的溶液中加入稀盐酸，生成的 H_2S 气体能使湿润的 $Pb(Ac)_2$ 试纸变黑。在碱性溶液中，S^{2-} 与 $[Fe(CN)_5(NO)]^{2-}$ 反应生成紫红色配合物：

$$S^{2-} + [Fe(CN)_5NO]^{2-} \longrightarrow [Fe(CN)_5NOS]^{4-}$$

这两种方法用于鉴定 S^{2-}。

③ SO_2 溶于水生成不稳定的亚硫酸 H_2SO_3。亚硫酸及其盐常用作还原剂，但遇到强还原剂时也起氧化作用。H_2SO_3 可与某些有机物发生加成反应生成无色加成物，所以具有漂白性，而加成物受热时往往容易分解。SO_3^{2-} 与 $[Fe(CN)_5(NO)]^{2-}$ 反应生成红色沉淀，加入饱和 $ZnSO_4$ 溶液和 $K_4[Fe(CN)_6]$ 溶液，会使红色明显加深。这种方法用于鉴定 SO_3^{2-}。

④ 硫代硫酸不稳定，因此硫代硫酸盐遇酸容易分解，硫代硫酸盐中 S 的平均氧化态为 +2，是一种中等强度的还原剂：与碘反应时，它被氧化为连四硫酸钠；与氯、溴等反应被氧化成硫酸盐。$Na_2S_2O_3$ 常用作还原剂，还能与某些金属离子形成配合物。$S_2O_3^{2-}$ 与 Ag^+ 反应能生成白色的 $Ag_2S_2O_3$ 沉淀：

$$2Ag^+ + S_2O_3^{2-} \longrightarrow Ag_2S_2O_3(s)$$

$Ag_2S_2O_3$ (s) 能迅速分解为 Ag_2S 和 H_2SO_4：

$$Ag_2S_2O_3(s) + H_2O \longrightarrow Ag_2S(s) + H_2SO_4$$

这一过程的颜色变化为：白色→黄色→棕色→黑色，这一方法用于鉴定 $S_2O_3^{2-}$。

⑤ 过二硫酸盐是强氧化剂，在酸性条件下能将 Mn^{2+} 氧化为 MnO_4^-，有 Ag^+（作催化剂）存在时，反应速率增大。

（2）N 和 P

N 和 P 元素是周期系 VA 族中常见且重要的元素。

① 铵盐是 NH_3 与酸所生成的化合物，在热稳定性方面，由于 NH_3 的挥发性和还原性，与其他金属离子盐相比，要不稳定得多。根据对应酸的性质，分解产物不同。若对应酸无氧化性则分解释放出 NH_3，如 NH_4Cl、$(NH_4)_2SO_4$、$(NH_4)_2HPO_4$、$(NH_4)_2MoO_4$ 等；若对应酸有氧化性，则分解氧化，一般放出 N_2、N_2O，如 NH_4NO_2、NH_4NO_3、$(NH_4)_2Cr_2O_7$、NH_4ClO_4 等。铵盐的溶解性与钾盐类似，易溶于水（酸式酒石酸盐、高氯酸盐除外）。由于 $NH_3 \cdot H_2O$ 是弱碱，故铵盐的水解一般呈酸性。

② N 与 O 生成的氧化物有 N_2O、NO、N_2O_3、NO_2、N_2O_5 等，其中 N_2O、NO 是中性氧化物，N_2O_3、NO_2、N_2O_5 则是酸性氧化物，对应的酸是 HNO_2、HNO_3。HNO_2 不稳定，常温下即会歧化分解：

$$2HNO_2 \longrightarrow NO(g) + NO_2(g) + H_2O$$

HNO_3 比 HNO_2 要稳定得多，分解需加热或光照：

$$4HNO_3 \longrightarrow 4NO_2(g) + O_2(g) + 2H_2O$$

HNO_2 既具有氧化性又具有还原性。HNO_3 只有氧化性，其还原产物与 HNO_3 的浓度和还原剂的强弱等有关。一般来说，对于非金属还原剂如 C、S、P、I_2 等，还原产物是 NO；对于金属还原剂，浓 HNO_3 的还原产物是 NO_2，稀 HNO_3 是 NO。随着 HNO_3 浓度的降低和金属还原性的增强，还原产物中 N 的氧化态降低而得到 N_2O、N_2，甚至 NH_4^+

（Zn 与极稀 HNO_3 作用生成 NH_4^+）。

③ P 可形成 +3、+5 两种氧化态的含氧化合物。单质磷燃烧得 P_4O_{10}，与冷水作用得偏磷酸，与热水作用（在 HNO_3 存在下）得正磷酸。正磷酸可形成 3 种盐，由于水解和电离作用的不同，在水溶液中的酸碱性不同，溶解性也不相同。另外，由于 P—O—P 键十分稳定，使得磷酸和磷酸盐很容易聚合而形成各种类型的多磷酸及多磷酸盐，如偏磷酸 $[(HPO_3)_n]$、焦磷酸（$H_4P_2O_7$）、三磷酸钠（$Na_5P_3O_{10}$）、格氏盐 $[(NaPO_3)_n]$ 等。由于它们与 Ag^+ 及蛋白质溶液作用的情形不同，因此可区别偏磷酸根、磷酸根和焦磷酸根离子。

磷酸盐与过量的钼酸铵在浓 HNO_3 溶液中反应，有黄色的磷钼酸铵晶体析出，这是鉴定 PO_4^{3-} 的特征反应。与镁铵试剂作用生成白色的磷酸镁铵沉淀，此法也可以鉴定 PO_4^{3-} 的存在。

【仪器与试剂】

仪器：离心机、水浴锅、点滴板、电子天平、铁架台、铁夹、表面皿、pH 试纸、Pb$(Ac)_2$ 试纸、蓝色石蕊试纸、红色石蕊试纸、酚酞试纸。

试剂：H_2SO_4（浓，$1mol \cdot L^{-1}$）、HNO_3（浓，$2mol \cdot L^{-1}$、$6mol \cdot L^{-1}$）、$2mol \cdot L^{-1}$ HCl、$6mol \cdot L^{-1}$ HAc、$0.1mol \cdot L^{-1}$ H_3PO_4、40% NaOH、1% $Na_2[Fe(CN)_5NO]$、$0.1mol \cdot L^{-1}$ $K_2Cr_2O_7$、$KMnO_4$（$0.01mol \cdot L^{-1}$、$0.1mol \cdot L^{-1}$）、$0.1mol \cdot L^{-1}$ Na_2SO_3、$0.1mol \cdot L^{-1}$ $Na_2S_2O_3$、$0.1mol \cdot L^{-1}$ $K_4[Fe(CN)_6]$、$0.1mol \cdot L^{-1}$ $MnSO_4$、$0.1mol \cdot L^{-1}$ $AgNO_3$、$0.1mol \cdot L^{-1}$ Na_2S、$0.1mol \cdot L^{-1}$ $FeCl_3$、饱和 $ZnSO_4$、$0.1mol \cdot L^{-1}$ KI、NH_4Cl（s，$0.1mol \cdot L^{-1}$）、$NaNO_2$（饱和，$0.5mol \cdot L^{-1}$、$2mol \cdot L^{-1}$）、$0.5mol \cdot L^{-1}$ $FeSO_4$、$0.1mol \cdot L^{-1}$ Na_3PO_4、$0.1mol \cdot L^{-1}$ NaH_2PO_4、$0.1mol \cdot L^{-1}$ Na_2HPO_4、$0.1mol \cdot L^{-1}$ $(NH_4)_2MoO_4$、$(NH_4)_2S_2O_8$（s）、NH_4NO_3（s）、$(NH_4)_2SO_4$（s）、饱和 H_2S 溶液、3% H_2O_2、碘水（饱和，$0.01mol \cdot L^{-1}$）、锌粒、硫粉、铜片、饱和 SO_2 溶液、饱和氨水、品红溶液、戊醇、淀粉试液、奈斯勒试剂、对氨基苯磺酸、α-萘胺。

【实验内容】

• H_2O_2 的性质

① 制备少量的 PbS 沉淀，离心分离，弃去清液，水洗沉淀后，加入 3% H_2O_2 溶液，观察现象。写出相关的反应方程式。

② 在试管中加入 3% H_2O_2 溶液和戊醇各 0.5mL，再滴加 $1mol \cdot L^{-1}$ H_2SO_4 溶液和 1 滴 $0.1mol \cdot L^{-1}$ $K_2Cr_2O_7$ 溶液，振荡后观察现象。写出反应方程式。

• H_2S 的还原性和 S^{2-} 的鉴定

① 取几滴 $0.01mol \cdot L^{-1}$ $KMnO_4$ 溶液，用稀 H_2SO_4 酸化后，再滴加饱和 H_2S 溶液，观察现象，写出反应方程式。

② 观察 $0.1mol \cdot L^{-1}$ $FeCl_3$ 溶液与饱和 H_2S 溶液的反应现象，写出反应方程式。

③ 在点滴板上加 1 滴 $0.1mol \cdot L^{-1}$ Na_2S 溶液，再加 1 滴 1% $Na_2[Fe(CN)_5NO]$ 溶液，观察现象，写出反应方程式。

④ 在试管中加入几滴 $0.1mol \cdot L^{-1}$ Na_2S 溶液和 $2mol \cdot L^{-1}$ HCl 溶液，用湿润的 Pb$(Ac)_2$ 试纸检查逸出的气体。写出相关的反应方程式。

- **多硫化物的生成和性质**

在试管中加入几滴 $0.1mol \cdot L^{-1}$ Na_2S 溶液和少量硫粉，加热数分钟，观察溶液颜色的变化。吸取清液于另一试管中，加入 $2mol \cdot L^{-1}$ HCl 溶液，观察现象，并用湿润的 $Pb(Ac)_2$ 试纸检查逸出的气体。写出相关的反应方程式。

- **亚硫酸的性质和 SO_3^{2-} 的鉴定**

① 取几滴饱和碘水，加 1 滴淀粉试液，再加数滴饱和 SO_2 溶液，观察现象，写出反应方程式。

② 取几滴饱和 H_2S 溶液，滴加饱和 SO_2 溶液，观察现象，写出反应方程式。

③ 取 1mL 品红溶液，加入 1～2 滴饱和 SO_2 溶液，振荡后静置片刻，观察溶液颜色的变化。

④ 在点滴板上加饱和 $ZnSO_4$ 溶液和 $0.1mol \cdot L^{-1}$ $K_4[Fe(CN)_6]$ 溶液各 1 滴，再加 1 滴 $1\%Na_2[Fe(CN)_5NO]$ 溶液，最后加 1 滴 $0.1mol \cdot L^{-1}$ Na_2SO_3 溶液，用玻璃棒搅拌，观察现象。

- **硫代硫酸及其盐的性质**

① 在试管中滴加 $0.1mol \cdot L^{-1}$ $Na_2S_2O_3$ 溶液和 $2mol \cdot L^{-1}$ HCl 溶液，振荡片刻，观察现象，并用湿润的蓝色石蕊试纸检验逸出气体，写出反应方程式。

② 取几滴 $0.01mol \cdot L^{-1}$ 碘水，加 1 滴淀粉试液，逐滴加入 $0.1mol \cdot L^{-1}$ $Na_2S_2O_3$ 溶液，观察现象，写出反应方程式。

③ 取几滴饱和氨水，滴加 $0.1mol \cdot L^{-1}$ $Na_2S_2O_3$ 溶液，观察现象并检验是否有 SO_4^{2-} 生成。

④ 在点滴板上加 1 滴 $0.1mol \cdot L^{-1}$ $Na_2S_2O_3$ 溶液，再滴加 $0.1mol \cdot L^{-1}$ $AgNO_3$ 溶液至生成白色沉淀，观察颜色的变化，写出反应方程式。

- **过硫酸盐的性质**

取几滴 $0.1mol \cdot L^{-1}$ $MnSO_4$ 溶液，加入 $2.0mL 1mol \cdot L^{-1}$ H_2SO_4 溶液和 1 滴 $0.1mol \cdot L^{-1}$ $AgNO_3$ 溶液，再加入少量 $(NH_4)_2S_2O_8$ 固体，在水浴中加热片刻。观察溶液颜色的变化，写出反应方程式。

- **铵盐的性质**

(1) 铵盐的热分解

① 称取 0.5g NH_4Cl 固体置于干燥的试管中，将试管固定在铁架台的铁夹上，用润湿的 pH 试纸横放在管口（管口要干净）。加热，检验逸出的气体，观察试纸颜色的变化；继续加热，pH 试纸又有何变化（如果试纸颜色不改变，可用玻璃棒把试纸送进试管内一段距离，再观察）。同时观察试管壁上发生的现象，解释原因，写出反应方程式。

② 取少量 NH_4NO_3 固体，放在干燥试管内，加热，观察现象。

③ 用少量 $(NH_4)_2SO_4$ 固体，进行同样实验。

通过上述实验，总结铵盐热分解的规律。

(2) NH_4^+ 的鉴定

① 气室法。将 2～3 滴 $0.1mol \cdot L^{-1}$ NH_4Cl 溶液滴入表面皿中心，再加入 3 滴 40%NaOH 溶液，混匀。在另一个较小的表面皿中心黏附一条湿的红色石蕊试纸（或酚酞试

纸），把它盖在大的表面皿上做成气室。将此气室放在水浴上微热 2min，若石蕊试纸变蓝色（或酚酞试纸变红色），则表示有 NH_4^+ 存在。

② 奈氏法。将 1 滴 $0.1mol \cdot L^{-1}$ NH_4Cl 溶液滴入点滴板中，然后滴入 2 滴奈斯勒试剂，即生成红棕色沉淀，其反应灵敏度约为 $0.1\mu g \cdot mL^{-1}$，写出反应方程式。

- **亚硝酸和亚硝酸盐的性质**

注意：亚硝酸及其盐有毒，实验中切勿进入口中

（1）亚硝酸的生成和分解

在试管中加入 10 滴饱和 $NaNO_2$ 溶液，放在冰水中冷却，然后滴加 10 滴 $1mol \cdot L^{-1}$ H_2SO_4 溶液，使之混合均匀，观察反应现象。将试管从冰水中取出，放置片刻，观察又有何现象发生（现象不明显时可微热）。解释现象，写出反应方程式。

（2）亚硝酸的氧化性

向 10 滴饱和 $NaNO_2$ 溶液中滴入 2 滴 $0.1mol \cdot L^{-1}$ KI 溶液，观察现象。再滴入 5 滴 $1mol \cdot L^{-1}$ H_2SO_4 溶液，又有何现象（现象不明显时可微热）？如何检验反应产物？写出反应方程式。

（3）亚硝酸的还原性

向 10 滴饱和 $NaNO_2$ 溶液中滴入 2 滴 $0.1mol \cdot L^{-1}$ $KMnO_4$ 溶液，观察现象。再滴入 5 滴 $1mol \cdot L^{-1}$ H_2SO_4 溶液，又有何现象？写出反应方程式。

（4）NO_2^- 的鉴定

取 1 滴 $0.5mol \cdot L^{-1}$ $NaNO_2$ 溶液于试管中，滴入 9 滴蒸馏水，再滴入 2 滴 $6mol \cdot L^{-1}$ HAc 酸化，然后加入 3～4 滴对氨基苯磺酸和 1 滴 α-萘胺，溶液即显红色。此方法的灵敏度高，选择性也好。

- **硝酸和硝酸盐的性质**

（1）硝酸的氧化性

① 取两支试管，各放入 1 粒锌粒，然后分别加入 1mL $2mol \cdot L^{-1}$ HNO_3 溶液和 1mL 浓 HNO_3，观察两支试管中反应产物和反应速率的差别。分别写出化学反应方程式，并检验锌与稀 HNO_3 的反应产物中是否有 NH_4^+ 生成。

② 用铜片代替锌粒分别与浓 HNO_3 和 $2mol \cdot L^{-1}$ HNO_3 溶液反应，观察并记录实验结果。比较活泼金属和不活泼金属与稀 HNO_3 反应产物的差异。

（2）NO_3^- 的鉴定——棕色环实验

在小试管中注入 10 滴新配制的 $0.5mol \cdot L^{-1}$ $FeSO_4$ 溶液，再加入 5 滴 $2mol \cdot L^{-1}$ $NaNO_2$ 溶液，摇匀，然后斜持试管，沿着管壁注入 1 滴管浓 H_2SO_4（注意：注入时要使液流成线并连续加入，不要振荡试管）。由于浓 H_2SO_4 的密度较上述液体大，流入试管底部形成两层液体，这时两层液体界面上有一个棕色环，写出反应方程式。

- **磷酸盐的酸碱性**

取 3 支试管，各加入 10 滴 $0.1mol \cdot L^{-1}$ Na_3PO_4、$0.1mol \cdot L^{-1}$ NaH_2PO_4、$0.1mol \cdot L^{-1}$ Na_2HPO_4 溶液，用 pH 试纸检验其酸碱性。然后向 3 支试管中各滴入 10 滴 $0.1mol \cdot L^{-1}$ $AgNO_3$，观察现象，再用 pH 试纸检验各溶液的 pH 值，将实验结果填入表 4.2 中。

表 4.2　磷酸盐的性质

磷酸盐(0.1mol·L^{-1})	pH 值	加 AgNO$_3$	
		现象	pH 值
Na$_3$PO$_4$			
NaH$_2$PO$_4$			
Na$_2$HPO$_4$			

- **PO$_4^{3-}$** 鉴定——磷钼酸铵沉淀法

取 3 滴溶液（可以是 Na$_3$PO$_4$、NaH$_2$PO$_4$、Na$_2$HPO$_4$、H$_3$PO$_4$），滴入 3～4 滴 6mol·L^{-1} HNO$_3$ 和 8～10 滴 0.1mol·L^{-1} (NH$_4$)$_2$MoO$_4$ 溶液，微热至 313～323K，必要时用玻璃棒摩擦管壁，即有黄色沉淀产生，写出反应方程式。

注意：由于磷钼酸铵可溶于过量的磷酸盐生成可溶性配阴离子，因此必须加入过量的沉淀剂。

【思考题】

① 实验室长期放置的 H$_2$S 溶液、NaS 溶液和 Na$_2$SO$_3$ 溶液会发生什么变化？

② 鉴定 S$_2$O$_3^{2-}$ 时，AgNO$_3$ 溶液应过量，否则会出现什么现象？为什么？

③ 怎样检验亚硫酸中的 SO$_4^{2-}$？怎样检验硫酸盐中的 SO$_3^{2-}$？

④ 有 NaNO$_3$ 和 NaNO$_2$ 两瓶溶液，试设计区别它们的方案。

⑤ 试用最简单的方法鉴别以下固体：Na$_2$SO$_4$、NaHSO$_4$、Na$_2$CO$_3$、NaHCO$_3$、Na$_3$PO$_4$、NaH$_2$PO$_4$、Na$_2$HPO$_4$。

实验 5　p 区重要非金属元素——卤素

【实验目的】

① 掌握卤素单质的氧化性。

② 掌握卤素含氧酸盐的氧化性。

③ 了解卤化氢的制备方法，比较它们的还原性。

④ 学会 Cl$^-$、Br$^-$、I$^-$ 的鉴定方法。

【实验原理】

卤素为第ⅦA族元素，包括 F、Cl、Br、I、At，其价电子构型为 ns^2np^5，因此元素的氧化态通常为 -1，但在一定条件下，也可以形成氧化态为 $+1$、$+3$、$+5$、$+7$ 的化合物。卤素单质在化学性质上表现为强氧化性，其还原性较弱。氧化性由大到小顺序为：F$_2$＞Cl$_2$＞Br$_2$＞I$_2$。

氯气的水溶液为氯水，在氯水中存在下列平衡：

$$Cl_2 + H_2O \longrightarrow HCl + HClO$$

HX (X＝F、Cl、Br、I) 皆为无色有刺激性气味的气体。还原性由大到小顺序为：HI＞HBr＞HCl＞HF，热稳定性由大到小顺序为：HF＞HCl＞HBr＞HI。如 HI 可将浓 H$_2$SO$_4$ 还原为 H$_2$S，HBr 可将浓 H$_2$SO$_4$ 还原为 SO$_2$，而 HCl 则不能还原浓 H$_2$SO$_4$。

卤素的含氧酸有多种形式，如 HXO、HXO$_2$、HXO$_3$、HXO$_4$（X＝Cl、Br、I）。随着卤素氧化态的升高，其热稳定性增大，酸性增强，氧化性减弱。如氯酸盐在中性溶液中没有明显的强氧化性，但在酸性介质中表现出强氧化性，顺序为：$BrO_3^- > ClO_3^- > IO_3^-$。次氯酸及其盐具有强氧化性。

Br^- 能被 Cl_2 氧化为 Br_2，在 CCl_4 中呈棕黄色。I^- 能被 Cl_2 氧化为 I_2，在 CCl_4 中呈紫色，当 Cl_2 过量时，I_2 被氧化为无色的 IO_3^-。Cl^-、Br^-、I^- 与 Ag^+ 反应分别生成 $AgCl$、$AgBr$、AgI 沉淀，它们的溶度积依次减小，都不溶于稀 HNO_3。$AgCl$ 能溶于稀氨水或 $(NH_4)_2CO_3$ 溶液，生成 $[Ag(NH_3)_2]^+$，再加入稀 HNO_3 时，$AgCl$ 会重新沉淀出来，由此可以鉴定 Cl^- 的存在。$AgBr$ 和 AgI 不溶于稀氨水或 $(NH_4)_2CO_3$ 溶液，它们在 HAc 介质中能被还原为 Ag，可使 Br^- 和 I^- 转入溶液中，再用氯水将其氧化，可以鉴定 Br^- 和 I^- 的存在。

【仪器与试剂】

仪器：离心机、水浴锅、点滴板、烧杯、pH 试纸、淀粉-KI 试纸、$Pb(Ac)_2$ 试纸。

试剂：H_2SO_4（2mol·L^{-1}，1+1，浓）、2mol·L^{-1} HNO_3、HCl（2mol·L^{-1}，浓）、6mol·L^{-1} HAc、2mol·L^{-1} $NaOH$、$NH_3\cdot H_2O$（2mol·L^{-1}，浓）、0.1mol·L^{-1} KBr、0.1mol·L^{-1} $NaHSO_3$、0.1mol·L^{-1} $NaCl$、0.1mol·L^{-1} $AgNO_3$、0.1mol·L^{-1} KIO_3、饱和 $KClO_3$、KI（0.1mol·L^{-1}、0.01mol·L^{-1}）、12%（$NH_4)_2CO_3$、$NaCl$（s）、KBr（s）、KI（s）、锌粒（s）、饱和氯水、品红溶液、CCl_4、淀粉试液。

【实验内容】

（1）卤素单质的氧化性

在试管中加入 10 滴 0.1mol·L^{-1} KBr 溶液，2 滴 0.01mol·L^{-1} KI 溶液和 0.5mL CCl_4，混匀后逐滴加入氯水，边滴边振荡试管，仔细观察 CCl_4 层中的颜色变化，直至 CCl_4 层呈无色。通过以上实验总结卤素单质的氧化性及递变规律。

（2）卤化氢的还原性

在 3 支干燥的试管中分别加入米粒大小的 $NaCl$、KBr 和 KI 固体，再分别加入 2~3 滴浓 H_2SO_4，观察现象，分别用湿润的 pH 试纸、淀粉-KI 试纸和 $Pb(Ac)_2$ 试纸检验逸出的气体（应在通风橱内进行实验，并立即清洗试管）。

（3）氯、溴、碘含氧酸盐的氧化性

① 取氯水 2mL，逐滴加入 2mol·L^{-1} $NaOH$ 溶液，直至溶液呈弱碱性，然后将溶液分装在 3 支试管中。在第一支试管中加入 2mol·L^{-1} HCl 溶液，用湿润的淀粉-KI 试纸检验逸出的气体；在第二支试管中加入 0.1mol·L^{-1} KI 溶液及淀粉试液 1 滴；在第三支试管中滴加品红溶液。观察现象，写出相关的反应方程式。

② 取几滴饱和 $KClO_3$ 溶液，加入几滴浓 HCl，检验逸出的气体，写出反应方程式。

③ 取 0.1mol·L^{-1} KI 溶液 2~3 滴，加入 4 滴饱和 $KClO_3$ 溶液，再逐滴加入（1+1）H_2SO_4 溶液，不断振荡，观察溶液颜色变化，写出每一步的反应方程式。

④ 取几滴 0.1mol·L^{-1} KIO_3 溶液，酸化后加数滴 CCl_4，再滴加 0.1mol·L^{-1} $NaHSO_3$ 溶液，振荡，观察现象，写出反应方程式。

（4）Cl^-、Br^- 和 I^- 的鉴定

① 取 2 滴 0.1mol·L^{-1} $NaCl$ 溶液，加入 1 滴 2mol·L^{-1} HNO_3 溶液和 2 滴 0.1mol·

L^{-1} $AgNO_3$，观察现象。在沉淀中加入数滴 $2mol \cdot L^{-1}$ $NH_3 \cdot H_2O$ 溶液，振荡使沉淀溶解，再加数滴 $2mol \cdot L^{-1}$ HNO_3 溶液，观察现象，写出反应方程式。

② 取 2 滴 $0.1mol \cdot L^{-1}$ KBr 溶液，加 1 滴 $2mol \cdot L^{-1}$ H_2SO_4 溶液和 $0.5mL$ CCl_4，再逐滴加入饱和氯水，边加边振荡，观察 CCl_4 层颜色变化，写出反应方程式。

③ 用 $0.1mol \cdot L^{-1}$ KI 溶液代替 KBr 重复上述实验。

(5) Cl^-、Br^- 和 I^- 的分离与鉴定

取 $0.1mol \cdot L^{-1}$ NaCl 溶液、KBr 溶液和 KI 溶液各 2 滴，混匀。设计方法将其分离并鉴定。给定试剂为：$2mol \cdot L^{-1}$ HNO_3 溶液、$0.1mol \cdot L^{-1}$ $AgNO_3$ 溶液、12% $(NH_4)_2CO_3$ 溶液、锌粒、CCl_4、$6mol \cdot L^{-1}$ HAc 和饱和氨水，观察现象，写出反应方程式。

【思考题】

① Br_2 能从含有 I^- 的溶液中置换出 I_2，而 I_2 又能从 $KBrO_3$ 的溶液中置换出 Br_2，两者有无矛盾？试说明之。

② 酸性条件下，$KBrO_3$ 溶液与 KBr 溶液会发生什么反应？$KBrO_3$ 溶液与 KI 溶液又会发生什么反应？

③ 鉴定 Cl^- 时，为什么要先加稀 HNO_3？而鉴定 Br^- 和 I^- 时，为什么先加稀 H_2SO_4 而不加稀 HNO_3？

④ 某溶液中含有 Cl^-、Br^- 和 I^-，怎样分离它们？写出实验步骤和原理。

实验 6　p 区重要金属元素——锡、铅、锑、铋

【实验目的】

① 掌握锡、铅、锑、铋氢氧化物的酸碱性。
② 掌握锡（Ⅱ）、锑（Ⅲ）、铋（Ⅲ）盐的水解性。
③ 掌握锡（Ⅱ）的还原性和铅（Ⅳ）、铋（Ⅴ）的氧化性。
④ 掌握锡、铅、锑、铋硫化物的溶解性。
⑤ 掌握 Sn^{2+}、Pb^{2+}、Sb^{3+}、Bi^{3+} 的鉴定方法。

【实验原理】

锡、铅是元素周期表第ⅣA族元素，其原子的价层电子结构为 ns^2np^2，它们能形成氧化态为 +2 和 +4 的化合物。

$Sn(OH)_2$、$Pb(OH)_2$、$Sb(OH)_2$ 都是两性氢氧化物，溶于碱的反应是

$$Sn(OH)_2 + 2OH^- =\!=\!= [Sn(OH)_4]^{2-}$$

$$Pb(OH)_2 + OH^- =\!=\!= [Pb(OH)_3]^-$$

$$Sb(OH)_3 + 3OH^- =\!=\!= [Sb(OH)_6]^{3-}$$

$Bi(OH)_3$ 呈碱性。$\alpha\text{-}H_2SnO_3$ 既能溶于酸，也能溶于碱；而 $\beta\text{-}H_2SnO_3$ 既不溶于酸，也不溶于碱。

Sn^{2+}、Sb^{3+}、Bi^{3+} 在水溶液中发生显著的水解反应，例如：

$$SnCl_2 + H_2O \xrightarrow{\hspace{1cm}} Sn(OH)Cl\downarrow（白）+ HCl$$
$$BiCl_3 + H_2O \xrightarrow{\hspace{1cm}} BiOCl\downarrow（白）+ 2HCl$$

加入相应的酸可以抑制它们的水解。

Sn（Ⅱ）的化合物具有较强的还原性。Sn^{2+} 与 $HgCl_2$ 反应可用于鉴定 Sn^{2+} 或 Hg^{2+}：
$$SnCl_2 + 2HgCl_2 \xrightarrow{\hspace{1cm}} SnCl_4 + Hg_2Cl_2\downarrow（白）$$
$$SnCl_2 + Hg_2Cl_2 \xrightarrow{\hspace{1cm}} SnCl_4 + 2Hg\downarrow（黑）$$

碱性溶液中 $[Sn(OH)_4]^{2-}$（或 SnO_2^{2-}）与 Bi^{3+} 反应可用于鉴定 Bi^{3+}。Pb（Ⅳ）和 Bi（Ⅴ）的化合物都具有强氧化性。PbO_2 和 $NaBiO_3$ 都是强氧化剂，在酸性溶液中它们都能与 Mn^{2+}、Cl^- 等弱还原剂发生反应：
$$5PbO_2 + 2Mn^{2+} + 5SO_4^{2-} + 4H^+ \xrightarrow{\hspace{1cm}} 5PbSO_4 + 2MnO_4^- + 2H_2O$$
$$5NaBiO_3 + 2Mn^{2+} + 14H^+ \xrightarrow{\hspace{1cm}} 2MnO_4^- + 5Bi^{3+} + 5Na^+ + 7H_2O$$

Sb^{3+} 可以被 Sn 还原为单质 Sb，这一反应可用于鉴定 Sb^{3+}。

SnS、SnS_2、PbS、Sb_2S_3、Bi_2S_3 都有颜色，它们都难溶于水和稀盐酸，但能溶于较浓的盐酸和稀 HNO_3 中。例如：
$$PbS + 4HCl（浓）\xrightarrow{\hspace{1cm}} H_2[PbCl_4] + H_2S$$
$$3PbS + 8HNO_3 \xrightarrow{\hspace{1cm}} 3Pb(NO_3)_2 + 2NO\uparrow + 3S\downarrow + 4H_2O$$

SnS_2 和 Sb_2S_3 还能溶于 NaOH 溶液或 Na_2S 溶液。Sn（Ⅳ）和 Sb（Ⅲ）的硫代硫酸盐遇酸分解为 H_2S 和相应的硫化物沉淀。

铅的很多盐溶于水，$PbCl_2$ 能溶于热水中。利用 Pb^{2+} 和 CrO_4^{2-} 的反应可以鉴定 Pb^{2+}。

【仪器与试剂】

仪器：离心机、点滴板。

试剂：HCl（$2mol \cdot L^{-1}$，$6mol \cdot L^{-1}$，浓）、HNO_3（$2mol \cdot L^{-1}$，$6mol \cdot L^{-1}$，浓）、浓 H_2SO_4、饱和 H_2S、NaOH（$2mol \cdot L^{-1}$，$6mol \cdot L^{-1}$）、$0.1mol \cdot L^{-1}$ $SnCl_2$、$0.2mol \cdot L^{-1}$ $SnCl_4$、$0.1mol \cdot L^{-1}$ $Pb(NO_3)_2$、$0.1mol \cdot L^{-1}$ $SbCl_3$、$0.1mol \cdot L^{-1}$ $BiCl_3$、$0.1mol \cdot L^{-1}$ $HgCl_2$、$0.1mol \cdot L^{-1}$ $MnSO_4$、$0.1mol \cdot L^{-1}$ $AgNO_3$、$0.1mol \cdot L^{-1}$ Na_2S_x、饱和 NH_4Ac、$0.1mol \cdot L^{-1}$ K_2CrO_4、NaS（$0.1mol \cdot L^{-1}$，$0.5mol \cdot L^{-1}$）、$SnCl_2 \cdot 2H_2O(s)$、$PbO_2(s)$、$NaBiO_3(s)$、锡粒、锡片、$NH_3 \cdot H_2O$。

【实验内容】

• 锡、铅、锑、铋氢氧化物酸碱性

① 制取少量 $Sn(OH)_2$、$\alpha-H_2SnO_3$、$Pb(OH)_2$、$Sb(OH)_3$ 和 $Bi(OH)_3$ 沉淀，观察其颜色，并选择适当的试剂分别检验它们的酸碱性，写出反应方程式。

② 在两支试管中各加入一粒金属锡，再各加几滴浓 HNO_3，微热（在通风橱中进行），观察现象，写出反应方程式。将反应产物用去离子水洗涤两次，在沉淀中分别加入 $2mol \cdot L^{-1}$ HCl 溶液和 $2mol \cdot L^{-1}$ NaOH 溶液，观察沉淀是否溶解。

• Sn（Ⅱ）、Sb（Ⅲ）和 Bi（Ⅲ）盐的水解性

① 取少量 $SnCl_2 \cdot 2H_2O$ 晶体放入试管中，加 1~2mL 去离子水，观察现象。再加入 $6mol \cdot L^{-1}$ HCl 溶液，观察有何变化，写出反应方程式。

② 取少量 $0.1mol \cdot L^{-1}$ $SbCl_3$ 溶液和 $0.1mol \cdot L^{-1}$ $BiCl_3$ 溶液，分别加水稀释，观察现象，再分别加入 $6mol \cdot L^{-1}$ HCl 溶液，观察试管内有何变化，写出反应方程式。

• **锡、铅、锑、铋化合物的氧化还原性**

（1）Sn(Ⅱ) 的还原性

① 取 $0.1mol \cdot L^{-1}$ $HgCl_2$ 溶液 $1\sim2$ 滴，然后逐滴加入 $0.1mol \cdot L^{-1}$ $SnCl_2$ 溶液，观察现象。写出反应方程式。

② 自制少量 $Na_2[Sn(OH)_4]$ 溶液，然后滴加 $0.1mol \cdot L^{-1}$ $BiCl_3$ 溶液，观察现象，写出反应方程式。

（2）PbO_2 氧化性

取少量 PbO_2 固体，加入 $1mL$ $6mol \cdot L^{-1}$ HNO_3 溶液和 1 滴 $0.1mol \cdot L^{-1}$ $MnSO_4$ 溶液，微热后静置片刻，观察现象，写出反应方程式。

（3）Sb(Ⅲ) 的氧化还原性

① 在点滴板上放一小块光亮的锡片，然后滴 1 滴 $0.1mol \cdot L^{-1}$ $SbCl_3$ 溶液，观察锡片表面的变化，写出反应方程式。

② 分别制取少量 $[Ag(NH_3)_2]^+$ 溶液和 $[Sb(OH)_4]^-$ 溶液，然后将两种溶液混合，观察现象，写出反应的离子方程式。

（4）$NaBiO_3$ 的氧化性

取 $0.1mol \cdot L^{-1}$ $MnSO_4$ 溶液 1 滴，加入 $1mL$ $6mol \cdot L^{-1}$ HNO_3 溶液，加入少量固体 $NaBiO_3$，微热，观察现象，写出反应的离子方程式。

• **锡、铅、锑、铋硫化物的生成和溶解**

① 在两支试管中各加入 1 滴 $0.1mol \cdot L^{-1}$ $SnCl_2$ 溶液，加入饱和 H_2S 溶液，观察现象。离心分离，弃去上清液。再分别加入少量 $6mol \cdot L^{-1}$ HCl 溶液、$0.1mol \cdot L^{-1}$ Na_2S_x 溶液，观察现象，写出反应的离子方程式。

② 制取两份 PbS 沉淀，观察颜色。分别加入 $6mol \cdot L^{-1}$ HCl 溶液和 $6mol \cdot L^{-1}$ HNO_3 溶液，观察现象，写出反应的离子方程式。

③ 制取 3 份 SnS_2 沉淀，观察颜色。分别加入 $2mol \cdot L^{-1}$ $NaOH$ 溶液、浓 HCl 和 $0.1mol \cdot L^{-1}$ Na_2S 溶液，观察现象，写出反应的离子方程式。在 SnS_2 与 Na_2S 反应的溶液中加入 $2mol \cdot L^{-1}$ HCl 溶液，观察有何变化，写出反应的离子方程式。

④ 制取 3 份 Sb_2S_3 沉淀，观察颜色。分别加入 $6mol \cdot L^{-1}$ HCl 溶液、$2mol \cdot L^{-1}$ $NaOH$ 溶液、$0.5mol \cdot L^{-1}$ Na_2S 溶液，观察现象。在 Sb_2S_3 与 Na_2S 反应的溶液中加入 $2mol \cdot L^{-1}$ HCl 溶液，观察有何变化，写出反应的离子方程式。

⑤ 制取 Bi_2S_3 沉淀，观察其颜色。加入 $6mol \cdot L^{-1}$ HCl 溶液，观察有何变化。

• **铅（Ⅱ）难溶盐的生成与溶解**

① 制取少量的 $PbCl_2$ 沉淀，观察其颜色。分别试验其在热水和浓 HCl 中的溶解情况。

② 制取少量的 $PbSO_4$ 沉淀，观察其颜色。分别试验其在浓 H_2SO_4 和 NH_4Ac 饱和溶液中的溶解情况。

③ 制取少量的 $PbCrO_4$ 沉淀，观察其颜色。分别试验其在 $6mol \cdot L^{-1}$ $NaOH$ 溶液、浓 HNO_3 和 $2mol \cdot L^{-1}$ HNO_3 中的溶解情况。

- **Sn^{2+}与Pb^{2+}的鉴别**

有 A、B 两种溶液，一种含有 Sn^{2+}，另一种含有 Pb^{2+}。试根据它们的特征反应，设计实验方法加以区分。

- **Sb^{3+}与Bi^{3+}的分离和鉴定**

取 $0.1mol \cdot L^{-1}$ $SbCl_3$ 溶液和 $0.1mol \cdot L^{-1}$ $BiCl_3$ 溶液各 3 滴混合在一起，试设计方法加以分离和鉴定。图示分离、鉴定步骤，观察现象，写出反应的离子方程式。

【思考题】

① 检验 $Pb(OH)_2$ 碱性时，应用什么酸？为什么不能用稀盐酸或稀硫酸？

② 怎样制取亚锡酸钠溶液？

③ 用 PbO_2 和 $MnSO_4$ 溶液反应时为什么用硝酸酸化而不用盐酸酸化？

④ 配制 $SnCl_2$ 溶液时，为什么要加入盐酸和锡粒？

实验 7 d 区金属元素——铬、锰、铁、钴、镍

【实验目的】

① 熟悉 d 区主要元素氢氧化物的酸碱性和氧化还原性。

② 掌握 d 区元素的各主要氧化态物质之间的转化条件及其重要化合物的性质。

③ 掌握 Fe(Ⅱ)、Co(Ⅱ)、Ni(Ⅱ) 化合物的还原性和 Fe(Ⅲ)、Co(Ⅲ) 化合物的氧化性及其变化规律。

④ 掌握 Fe、Co、Ni 主要配位化合物的性质及其在定性分析中的应用。

⑤ 掌握 Cr、Mn、Fe、Co、Ni 离子分离、鉴定的原理和方法。

【实验原理】

Cr、Mn 和铁系元素 Fe、Co、Ni 为第四周期的 ⅥB、ⅦB、Ⅷ元素，它们的重要化合物性质如下。

（1）Cr 重要化合物的性质

$Cr(OH)_3$（蓝绿色）是典型的两性氢氧化物，$Cr(OH)_3$ 与过量的 NaOH 反应得到绿色的 $Na[Cr(OH)_4]$，即

$$Cr(OH)_3 + NaOH =\!=\!= Na[Cr(OH)_4]$$

$Na[Cr(OH)_4]$溶液加热煮沸，可完全水解为水合氧化铬（Ⅲ）沉淀，即

$$2Na[Cr(OH)_4] + (x-3)H_2O \xrightarrow{\triangle} Cr_2O_3 \cdot xH_2O + 2OH^- + 2Na^+$$

$Na[Cr(OH)_4]$还具有还原性，易被 H_2O_2 氧化成黄色的 Na_2CrO_4，反应方程式为

$$2Na[Cr(OH)_4] + 3H_2O_2 + 2NaOH =\!=\!= 2Na_2CrO_4 + 8H_2O$$

铬酸盐与重铬酸盐可以相互转化，溶液中存在下列平衡关系：

$$2CrO_4^{2-} + 2H^+ =\!=\!= Cr_2O_7^{2-} + H_2O$$

酸性溶液中，$Cr_2O_7^{2-}$ 与 H_2O_2 反应时，产生蓝色的过氧化铬 $CrO(O_2)_2$，反应方程式为

$$Cr_2O_7^{2-} + 4H_2O_2 + 2H^+ =\!=\!= 2CrO(O_2)_2 + 5H_2O$$

蓝色 $CrO(O_2)_2$ 在有机试剂乙醚中较稳定。

利用上述一系列反应，可以鉴定 Cr^{3+}、CrO_4^{2-} 和 $Cr_2O_7^{2-}$。

$BaCrO_4$、Ag_2CrO_4、$PbCrO_4$ 均为难溶盐，其 $K_{sp}^{\ominus}$ 值分别为 1.17×10^{-10}、1.12×10^{-12} 和 2.80×10^{-13}。

因 CrO_4^{2-} 和 $Cr_2O_7^{2-}$ 在溶液中存在平衡关系，且 Ba^{2+}、Ag^+、Pb^{2+} 的重铬酸盐的溶解度比铬酸盐溶解度大，故向 $Cr_2O_7^{2-}$ 溶液中加入 Ba^{2+}、Ag^+、Pb^{2+} 时，可得到铬酸盐沉淀。

$$2Ba^{2+} + Cr_2O_7^{2-} + H_2O \xrightarrow{\hspace{1cm}} 2BaCrO_4 \downarrow (柠檬黄色) + 2H^+$$
$$4Ag^+ + Cr_2O_7^{2-} + H_2O \xrightarrow{\hspace{1cm}} 2Ag_2CrO_4 \downarrow (砖红色) + 2H^+$$
$$2Pb^{2+} + Cr_2O_7^{2-} + H_2O \xrightarrow{\hspace{1cm}} 2PbCrO_4 \downarrow (铬黄色) + 2H^+$$

这些难溶盐可溶于强酸。（为什么？）

在酸性条件下，$Cr_2O_7^{2-}$ 具有强氧化性，可与一些还原性物质（如 Na_2SO_3）发生氧化还原反应：

$$Cr_2O_7^{2-} + 3SO_3^{2-} + 8H^+ \xrightarrow{\hspace{1cm}} 2Cr^{3+} + 3SO_4^{2-} + 4H_2O$$

（2）Mn 重要化合物的性质

$Mn(OH)_2$（白色）是中强碱，具有还原性，易被空气中 O_2 氧化，反应方程式为

$$2Mn(OH)_2 + O_2 \xrightarrow{\hspace{1cm}} 2MnO(OH)_2 (褐色)$$

$MnO(OH)_2$ 不稳定，分解生成 MnO_2 和 H_2O。

在酸性溶液中，Mn^{2+} 很稳定，与强氧化剂（如 $NaBiO_3$、PbO_2、$S_2O_8^{2-}$ 等）作用时可生成紫色的 MnO_4^-，即

$$2Mn^{2+} + 5NaBiO_3 + 14H^+ \xrightarrow{\hspace{1cm}} 2MnO_4^- + 5Bi^{3+} + 5Na^+ + 7H_2O$$

此反应可用来鉴定 Mn^{2+}。

MnO_4^{2-}（绿色）能稳定存在于强碱溶液中，而在中性或微碱性溶液中易发生歧化反应：

$$3MnO_4^{2-} + 2H_2O \xrightarrow{\hspace{1cm}} 2MnO_4^- + MnO_2 \downarrow + 4OH^-$$

MnO_4^- 具有强氧化性，它的还原产物与溶液的酸碱性有关，在酸性、中性或弱碱性、强碱性介质中分别被还原为 Mn^{2+}、MnO_2、MnO_4^{2-}，如与 Na_2SO_3 反应：

$$2MnO_4^- + 5SO_3^{2-} + 6H^+ \xrightarrow{\hspace{1cm}} 2Mn^{2+} + 5SO_4^{2-} + 3H_2O (酸性介质)$$
$$2MnO_4^- + 3SO_3^{2-} + H_2O \xrightarrow{\hspace{1cm}} 2MnO_2 \downarrow + 3SO_4^{2-} + 2OH^- (中性介质或弱碱性介质)$$
$$2MnO_4^- + SO_3^{2-} + 2OH^- \xrightarrow{\hspace{1cm}} 2MnO_4^{2-} + SO_4^{2-} + H_2O (碱性介质)$$

（3）Fe、Co、Ni 重要化合物性质

$Fe(OH)_2$（白色）和 $Co(OH)_2$（粉色）除具有碱性外，均具有还原性，易被空气中的 O_2 氧化为

$$4Fe(OH)_2 + O_2 + 2H_2O \xrightarrow{\hspace{1cm}} 4Fe(OH)_3 (褐色)$$
$$4Co(OH)_2 + O_2 + 2H_2O \xrightarrow{\hspace{1cm}} 4Co(OH)_3 (黑色)$$

$Co(OH)_3$ 和 $Ni(OH)_3$（黑色）具有强氧化性，可将盐酸中的 Cl^- 氧化成 Cl_2，反应式为

$$2M(OH)_3 + 6HCl(浓) \xrightarrow{\hspace{1cm}} 2MCl_2 + Cl_2 \uparrow + 6H_2O$$

铁系元素是良好的配合物形成体，能形成多种配合物，常见的有氨的配合物，Fe^{2+}、Co^{2+}、Ni^{2+} 与氨能形成配离子，它们的稳定性依次递增。

在无水状态下，$FeCl_2$ 与液态 NH_3 形成 $[Fe(NH_3)_6]Cl_2$，此配合物不稳定，遇水即分解，即

$$4[Fe(NH_3)_6]Cl_2 + O_2 + 10H_2O \Longrightarrow 4Fe(OH)_3 \downarrow + 16NH_3 \uparrow + 8NH_4Cl$$

Co^{2+} 与过量的 $NH_3 \cdot H_2O$ 生成黄色的 $[Co(NH_3)_6]^{2+}$ 配离子，反应式为

$$Co^{2+} + 6NH_3 \cdot H_2O \Longrightarrow [Co(NH_3)_6]^{2+} + 6H_2O$$

$[Co(NH_3)_6]^{2+}$ 配离子不稳定，放置在空气中就被氧化成橙黄色的 $[Co(NH_3)_6]^{3+}$，即

$$4[Co(NH_3)_6]^{2+} + O_2 + 2H_2O \Longrightarrow 4[Co(NH_3)_6]^{3+} + 4OH^-$$

Ni^{2+} 与过量 $NH_3 \cdot H_2O$ 反应，生成浅蓝色 $[Ni(NH_3)_6]^{2+}$ 配离子，反应式为

$$Ni^{2+} + 6NH_3 \cdot H_2O \Longrightarrow [Ni(NH_3)_6]^{2+} + 6H_2O$$

铁系元素还有一些配合物，不仅很稳定，而且具有特殊颜色。根据这些特征，可以用来鉴定铁系元素离子。如 Fe^{3+} 与黄血盐 $K_4[Fe(CN)_6]$ 溶液反应，生成深蓝色配合物沉淀。

$$K^+ + Fe^{3+} + [Fe(CN)_6]^{4-} \Longrightarrow [KFe(CN)_6Fe] \downarrow （普鲁士蓝）$$

Fe^{2+} 与赤血盐 $K_3[Fe(CN)_6]$ 溶液反应，生成深蓝色配合物沉淀：

$$K^+ + Fe^{2+} + [Fe(CN)_6]^{3-} \Longrightarrow [KFe(CN)_6Fe] \downarrow （滕氏蓝）$$

Co^{2+} 与 SCN^- 作用，生成宝石蓝色配离子：

$$Co^{2+} + 4SCN^- \xrightarrow{\text{丙酮}} [Co(SCN)_4]^{2-}$$

$[Co(SCN)_4]^{2-}$ 在水溶液中不稳定，但在丙酮萃取下能稳定存在。

当 Co^{2+} 溶液中混有少量 Fe^{3+} 时，干扰 Co^{2+} 的检出，原因是 Fe^{3+} 与 SCN^- 作用生成血红色配离子。

$$Fe^{3+} + nSCN^- \Longrightarrow [Fe(SCN)_n]^{3-n} (n = 1 \sim 6)$$

可采用加掩蔽剂 NH_4F（或 NaF）的方法，F^- 与 Fe^{3+} 形成更稳定且无色的配离子 $[FeF_6]^{3-}$ 将 Fe^{3+} 掩蔽起来，从而消除 Fe^{3+} 的干扰。

$$[Fe(SCN)_n]^{3-n} + 6F^- \Longrightarrow [FeF_6]^{3-} + nSCN^-$$

Ni^{2+} 在 $NaAc$ 溶液中与丁二酮肟反应生成鲜红色螯合物沉淀。

利用铁系元素所形成化合物的特征颜色可鉴定 Fe^{2+}、Fe^{3+}、Co^{2+}、Ni^{2+}。

【仪器与试剂】

仪器：试管、点滴板、水浴锅、pH 试纸。

试剂：$MnO_2(s)$、$FeSO_4$（$0.5mol \cdot L^{-1}$）、$(NH_4)_2S_2O_8(s)$、$(NH_4)_2Fe(SO_4)_2 \cdot 6H_2O$（$s$）；$H_2SO_4$（$1.0mol \cdot L^{-1}$，$3.0mol \cdot L^{-1}$）、浓 HCl、$NaOH$（$6.0mol \cdot L^{-1}$，40%）、$NH_3 \cdot H_2O$（$2.0mol \cdot L^{-1}$，$6.0mol \cdot L^{-1}$）；Na_2SO_3、$KSCN$、KI、$KMnO_4$、$AgNO_3$、$BaCl_2$、$Pb(NO_3)_2$、K_2CrO_4、$K_2Cr_2O_7$、$CrCl_3$、$MnSO_4$ 均为 $0.1mol \cdot L^{-1}$；$CoCl_2$（$0.1mol \cdot L^{-1}$）、$NiSO_4$（$0.1mol \cdot L^{-1}$，$1.0mol \cdot L^{-1}$）；$FeO(OH)$ 沉淀、H_2O_2（3%）、乙醚、1%丁二肟、Br_2 水、CCl_4、（Cr^{3+}、Mn^{2+}、Fe^{3+}、Co^{2+}、Ni^{2+}）混合液。

【实验内容】

• Cr 的化合物

（1）$Cr(OH)_3$ 的生成和性质

制备适量的沉淀，并验证 $Cr(OH)_3$ 的两性。$Cr(OH)_3$ 热稳定性差，加热易发生完全水解，生成水合氧化铬，写出对应的离子反应方程式。

（2）Cr 的氧化性和还原性

① 在试管中加入少量 0.1mol · L^{-1} CrCl$_3$ 溶液和 6.0mol · L^{-1} NaOH，生成〔Cr(OH)$_4$〕$^-$（碱量加到什么程度合适），然后加入适量的 3％H$_2$O$_2$ 溶液，微热，观察溶液颜色的变化，写出对应的离子反应方程式。（保留溶液供步骤⑤实验用）

② 在试管中加入 1～2 滴 0.1mol · L^{-1} CrCl$_3$ 溶液，用 3.0mol · L^{-1} H$_2$SO$_4$ 酸化，然后加入适量的 3％H$_2$O$_2$ 溶液，微热，观察溶液颜色的变化。

③ 在试管中加入 1～2 滴 0.1mol · L^{-1} CrCl$_3$ 溶液，用几滴水稀释，加入少量固体 (NH$_4$)$_2$S$_2$O$_8$，微热，观察溶液颜色的变化，写出对应的离子反应方程式。

根据实验比较 Cr(Ⅲ) 被氧化为 CrO$_4^{2-}$、Cr$_2$O$_7^{2-}$ 的条件以及 Cr^{3+}、〔Cr(OH)$_4$〕$^-$ 还原性的强弱。

④ 选择合适的还原剂，验证 K$_2$Cr$_2$O$_7$ 在酸性介质中才有强氧化性。（所选还原剂被氧化后的产物以无色或浅色为宜，为什么？酸化时能否用稀 HCl？为什么？）

⑤ 双过氧化铬的生成——鉴定 Cr^{3+}。取步骤①实验所制的溶液，加入 0.5mL 乙醚，用 3.0mol · L^{-1} H$_2$SO$_4$ 酸化，然后滴加 3％H$_2$O$_2$ 溶液，摇动试管，观察乙醚层颜色的变化，写出离子反应方程式。

（3）难溶铬酸盐的生成

① 用 AgNO$_3$、BaCl$_2$、Pb(NO$_3$)$_2$、K$_2$CrO$_4$ 溶液制备适量 Ag$_2$CrO$_4$、BaCrO$_4$、PbCrO$_4$ 沉淀，观察各沉淀物的颜色，写出各有关反应的离子反应方程式。

② 在点滴板上用 pH 试纸测定 K$_2$Cr$_2$O$_7$ 溶液的 pH 值，然后在其中分别加入 AgNO$_3$、BaCl$_2$、Pb(NO$_3$)$_2$ 溶液，观察沉淀颜色，并测定溶液 pH 值，写出离子反应方程式。解释溶液 pH 值变化的原因。

· Mn 的化合物

（1）Mn(OH)$_2$ 的生成和性质

用 0.1mol · L^{-1} MnSO$_4$ 溶液制备 2 份适量 Mn(OH)$_2$ 沉淀。一份在空气中放置一段时间后，观察沉淀颜色的变化，写出离子反应方程式；另一份滴加 3％H$_2$O$_2$ 溶液，观察沉淀颜色的变化，写出离子反应方程式。将上述 2 份溶液用 1.0mol · L^{-1} H$_2$SO$_4$ 酸化，再继续滴加 3％H$_2$O$_2$ 溶液，充分振摇，观察现象，写出离子反应方程式。解释现象。

（2）Mn(Ⅱ) 的还原性和 Mn(Ⅳ)、Mn(Ⅶ) 的氧化性

用固体 MnO$_2$、浓 HCl、0.1mol · L^{-1} KMnO$_4$ 溶液、0.1mol · L^{-1} MnSO$_4$ 溶液设计一组实验，验证 MnO$_2$、KMnO$_4$ 的氧化性，写出对应的离子反应方程式。

（3）MnO$_4^{2-}$ 盐的生成和性质

① 取 0.1mol · L^{-1} KMnO$_4$ 溶液 5mL，加入数滴 40％NaOH，再加入一小匙固体 MnO$_2$，观察溶液颜色的变化。离心分离，保留溶液供下面实验使用。写出对应的离子反应方程式。

② 取上述实验所得溶液，分盛于两支试管中。在一支试管中加少量水，另一支试管用 3.0mol · L^{-1} H$_2$SO$_4$ 酸化，观察现象，写出离子反应方程式。说明 MnO$_4^{2-}$ 稳定存在的条件。

（4）MnO$_4^-$ 盐的氧化性

取 3 支试管，各加入少量 KMnO$_4$ 溶液，然后分别加入 3.0mol · L^{-1} H$_2$SO$_4$ 酸化、

H_2O 和 $6.0mol \cdot L^{-1}$ NaOH 溶液，再向各试管中滴加 $0.1mol \cdot L^{-1}$ Na_2SO_3 溶液，观察溶液颜色变化，写出离子反应方程式。（滴加介质及还原剂顺序是否影响产物的不同，为什么？）

- **Fe（Ⅱ）、 Co（Ⅱ）、 Ni（Ⅱ）化合物的还原性**

（1）Fe(Ⅱ) 化合物的还原性

① 取 $0.1mol \cdot L^{-1}$ $KMnO_4$ 溶液 1～2 滴，用 $3.0mol \cdot L^{-1}$ H_2SO_4 酸化，然后滴加 $0.5mol \cdot L^{-1}$ $FeSO_4$ 溶液，观察溶液颜色的变化，写出对应的离子反应方程式。

② 在一支试管中加入 10mL 蒸馏水和数滴稀硫酸，煮沸赶走空气（为什么？），待冷却后，加入少量 $(NH_4)_2Fe(SO_4)_2 \cdot 6H_2O$ 固体，制得 $(NH_4)_2Fe(SO_4)_2$ 溶液。

在另一试管中加入 $6.0mol \cdot L^{-1}$ NaOH 溶液 3mL，煮沸赶走空气。待冷却后，用滴管吸取 NaOH 溶液，插入 $(NH_4)_2Fe(SO_4)_2$ 溶液（至试管底部），慢慢放出（注意整个操作都要避免将空气引入溶液）。观察沉淀颜色的变化，写出离子反应方程式。

（2）Co(Ⅱ) 化合物的还原性

在试管中加入 $0.1mol \cdot L^{-1}$ $CoCl_2$ 溶液 0.5mL，煮沸（为什么？）。滴加本小节（1）②中赶去空气的 NaOH 溶液数滴，观察现象。将此沉淀分盛于两支试管中，一支放置片刻，观察颜色变化；另一支加入数滴 $3\%H_2O_2$ 溶液，观察沉淀颜色的变化（保留供下一小节②使用），写出离子反应方程式。

（3）Ni(Ⅱ) 化合物的还原性

在两支试管中分别加入 $0.1mol \cdot L^{-1}$ $NiSO_4$ 溶液和数滴 NaOH 溶液，在一支加入数滴 $3\%H_2O_2$ 溶液，另一支加入数滴 Br_2 水溶液，观察现象有何不同（沉淀保留供 4.7.4.4③使用），写出离子反应方程式。

- **Fe（Ⅲ）、 Co（Ⅲ）、 Ni（Ⅲ）化合物的氧化性**

① 自制少许 FeO(OH) 沉淀，加入浓 HCl，观察现象。再加入 0.5mL CCl_4 和 1～2 滴 $0.1mol \cdot L^{-1}$ KI 溶液，观察 CCl_4 层颜色的变化，写出离子反应方程式。

② 用上一小节（2）制得的 CoO(OH) 沉淀，加入浓 HCl，观察现象，并检验所产生的气体，写出离子反应方程式。

③用上一小节（3）制得的 NiO(OH) 沉淀，加入浓 HCl，观察现象，并检验所产生的气体，写出离子反应方程式。

根据实验比较 $Fe(OH)_2$、$Co(OH)_2$、$Ni(OH)_2$ 还原性的强弱和 FeO(OH)、CoO(OH)、NiO(OH) 氧化性的强弱。

- **Fe、 Co、 Ni 的配合物**

① 设计一组利用生成配合物的反应的实验来鉴定 Fe^{2+}、Fe^{3+} 和 Co^{2+} 混合溶液中的 Co^{2+} 离子。

提示：利用生成 $[Co(SCN)_4]^{2-}$ 来鉴定 Co^{2+} 时，应如何除去 Fe^{3+} 的存在对 Co^{2+} 鉴定的干扰？由于 $[Co(SCN)_4]^{2-}$ 在水溶液中不稳定，鉴定时要加饱和 KSCN 溶液或固体 KSCN，并加乙醚萃取，使 $[Co(SCN)_4]^{2-}$ 更稳定，蓝色更显著。写出离子反应方程式。

② 在点滴板中加入一滴 $0.1mol \cdot L^{-1}$ $NiSO_4$ 溶液，一滴 $2.0mol \cdot L^{-1}$ $NH_3 \cdot H_2O$，一滴 1%丁二肟，观察鲜红色沉淀的生成。

③ 制备 Co、Ni 的氨配合物。

a. 在试管中，加入 $0.1mol \cdot L^{-1}$ $CoCl_2$ 溶液 $0.5mL$，加入过量 $6.0mol \cdot L^{-1}$ $NH_3 \cdot H_2O$，观察现象，静置片刻，再观察现象，写出离子反应方程式。

b. 在试管中加入 $1.0mol \cdot L^{-1}$ $NiSO_4$ 溶液 $0.5mL$，加入过量 $6.0mol \cdot L^{-1}$ $NH_3 \cdot H_2O$，观察现象，静置片刻，再观察现象，写出离子反应方程式。

根据实验比较 $[Co(NH_3)_6]^{2+}$、$[Ni(NH_3)_6]^{2+}$ 氧化还原稳定性的相对大小。

- 分离并鉴定 Cr^{3+}、 Mn^{2+}、 Fe^{3+}、 Co^{2+}、 Ni^{2+} 的混合液

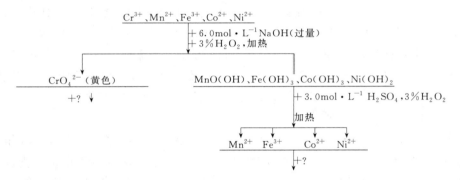

① 写出鉴定各离子所选用的试剂及浓度，完成流程图。

② 写出各步分离与鉴定的反应方程式。

【思考题】

① 为什么铬酸洗液能洗涤仪器？红色的洗液使用一段时间后变为绿色后就失效了，为什么？

② 能否用 $KMnO_4$ 与浓 H_2SO_4 的混合液作洗液？为什么？

③ 如 $KMnO_4$ 溶液中有 Mn^{2+} 或 MnO_2 存在时，对其稳定性有何影响？

④ 试判断下列哪一对物质能共存于弱酸性溶液中？

MnO_4^- 和 Mn^{2+}　　　　　　CrO_4^{2-} 和 $Cr_2O_7^{2-}$　　　　　　$Cr_2O_7^{2-}$ 和 Ag^+

⑤ 为什么制取 $Fe(OH)_2$ 所用的蒸馏水和 NaOH 溶液都需要煮沸赶走空气？

⑥ 制取 $Co(OH)_2$ 时，$CoCl_2$ 溶液为什么在加 NaOH 溶液前加热？

⑦ $FeCl_3$ 的水溶液呈黄色，当它与什么物质作用时，会呈现下列现象：

a. 棕红色沉淀　b. 血红色　c. 无色　d. 深蓝色沉淀

$0.9984g \cdot mL^{-1}$，20℃时密度为 $0.9972g \cdot mL^{-1}$。故 20℃时溶液的体积为：

$$V_{20} = 25.00 \times \frac{0.9984}{0.9972} = 25.03(mL)$$

【仪器与试剂】

仪器：电子天平、酸式滴定管（50mL）、移液管（25mL）、容量瓶（250mL）、温度计（0～50℃或0～100℃）、洗耳球、锥形瓶（100mL）。

【实验内容】

（1）酸式滴定管的校准

取一支干净且外部干燥的 100mL 锥形瓶，准确称取其质量，精确至小数点后第二位（0.01g）。将去离子水装满欲校准的酸式滴定管，调节液面至 0.00 刻度处，记录水温，然后按每分钟约 10mL 的流速，放出 10mL（要求在 10mL±0.1mL 范围内）水于已称量的锥形瓶中，盖上瓶塞，再称其质量，两次质量之差即为放出水的质量。用同样方法称量滴定管中从 10mL 到 20mL、20mL 到 30mL……刻度间水的质量。用实验温度时水的密度除每次得到的水的质量，即可得到滴定管各部分的实际容积。

（2）容量瓶与移液管的相对校准

用 25mL 移液管吸取蒸馏水注入洁净并干燥的 250mL 容量瓶中（操作时切勿让水碰到容量瓶的磨口）。重复 10 次，然后观察溶液弯月面最低处是否与刻度线相切，若不相切，另做新标记，经相对校准后的容量瓶与移液管均做上相同记号，可配套使用。

【结果及处理】

滴定管校准见表5.4。

表 5.4　滴定管校准表

| 水的温度25℃,水的密度为 0.9961 $g \cdot mL^{-1}$ | | | | | | |
滴定管读数	容积/mL	瓶与水的质量/g	水的质量/g	实际容积/mL	校准值	累积校准值

例如，25℃时由滴定管放出 10.10mL 水，其质量为 10.08g，这一段滴定管的实际体积为：

$$V_{25} = \frac{10.08}{0.9961} = 10.12(mL)$$

故滴定管这段容积的校准值为 10.12－10.10＝＋0.02（mL）。

【思考题】

① 称量水的质量时，为什么只要精确至 0.01g？

② 为什么要进行容量器皿的校准？影响容量器皿体积刻度不准确的主要因素有哪些？

③ 利用称量水法进行容量器皿校准时，为何要求水温和室温一致？若两者稍有差异时，以哪个为准？

④ 从滴定管放蒸馏水到称量的锥形瓶内时，应注意哪些问题？

⑤ 滴定管有气泡存在时对滴定有何影响？应如何除去滴定管中的气泡？

⑥ 使用移液管的操作要领有哪些？为什么液体要垂直流下？为什么放完液体后，要停留一段时间？最后留于管尖的液体如何处理，为什么？

实验 10　溶液的配制

【实验目的】

① 学习移液管、容量瓶的使用方法。

② 掌握溶液的质量分数、质量摩尔浓度、物质的量浓度等一般配制方法和基本操作。

③ 了解特殊溶液的配制。

【实验原理】

在化学实验中，常需要配制各种溶液来满足不同实验的要求。如果实验对溶液浓度的准确性要求不高，一般使用托盘天平、量筒、烧杯等低准确度的仪器配制即可。如实验对溶液浓度的准确性要求较高，如定量分析实验，必须使用电子天平、移液管、容量瓶等高准确度的仪器。对于易水解的物质，在配制溶液时还应考虑先以相应的酸溶解易水解的物质，再加水稀释。无论是粗配还是准确配制一定体积、一定浓度的溶液，首先要计算所需试剂的用量，包括固体试剂的质量或液体试剂的体积，然后再进行配制。

不同浓度的溶液在配制时的具体计算及配制步骤如下。

● **固体试剂配制溶液**

（1）一定质量分数的溶液

$$\because w = \frac{m_{溶质}}{m_{溶液}}$$

$$\therefore m_{溶质} = \frac{w m_{溶剂}}{1-w} = \frac{w \rho_{溶剂} V_{溶剂}}{1-w}$$

如溶剂为水：

$$m_{溶质} = \frac{w V_{溶剂}}{1-w}$$

式中　$m_{溶质}$——固体试剂的质量，g；

　　　　w——溶质质量分数；

　　　$m_{溶剂}$——溶剂质量，g；

　　　$\rho_{溶剂}$——溶剂的密度，3.98℃时，水的 $\rho = 1.0000$ g·mL^{-1}；

　　　$V_{溶剂}$——溶剂体积，mL。

计算出配制一定质量分数的溶液所需固体试剂质量，用电子天平称取，倒入烧杯，再倒入用量筒量取所需的蒸馏水，玻璃棒搅拌，使固体全部溶解，即得所需溶液。将溶液倒入试剂瓶中，贴上标签备用。

（2）一定质量摩尔浓度的溶液

$$\because \qquad b = \frac{n_{溶质}}{m_{溶剂}} = \frac{m_{溶质} \times 1000}{M_{溶质} \, m_{溶剂}}$$

∴
$$m_{溶质}=\frac{M_{溶质}\,bm_{溶剂}}{1000}=\frac{M_{溶质}\,b\rho_{溶剂}\,V_{溶剂}}{1000}$$

如溶剂为水：

$$m_{溶质}=\frac{M_{溶质}\,bV_{溶剂}}{1000}$$

式中　b——质量摩尔浓度，$mol \cdot kg^{-1}$；

$M_{溶质}$——固体试剂的摩尔质量，$g \cdot mol^{-1}$。

其他符号说明同上。

① 粗略配制。计算出配制一定体积溶液所需固体试剂的质量，用托盘天平称取，倒入烧杯中，加少量蒸馏水，搅拌使固体全部溶解，用蒸馏水稀释至刻度，即得所需溶液。将溶液转入试剂瓶中，贴上标签，备用。

② 准确配制。先算出配制给定体积、准确浓度溶液所需固体试剂的用量，在电子天平上准确称量后，倒入干净烧杯中，加适量蒸馏水使其全部溶解。将溶液转移至容量瓶（与所配溶液体积相应）中，用少量蒸馏水洗涤烧杯 2～3 次，洗涤液一并转移至容量瓶中，加蒸馏水至刻度线，振荡，摇匀，即得所需溶液，然后将溶液转入试剂瓶中，贴上标签，备用。

- **液体（或浓溶液）试剂配制溶液**

（1）一定质量分数的溶液

① 由两种已知浓度的溶液混合，配制所需浓度溶液的计算方法是：把所需的溶液浓度放在两条直线交叉点上（即中间位置），已知溶液浓度放在两条直线左端（较大的在上，较小的在下）。然后每条直线上两个数字相减，差额写在同一条直线另一端（右边的上、下），就可得到所需已知浓度溶液的分数。例如，将 85％和 40％的溶液混合，制备 60％的溶液，需取用 20 份 85％的溶液和 25 份 40％的溶液混合。

② 用溶剂稀释原液制成所需浓度的溶液，在计算时只需将左下角较小的浓度写成 0，表示纯溶剂即可。例如，用水把 35％的水溶液稀释成 25％的溶液，取 25 份 35％的溶液加 10 份的水，即可得到 25％的溶液。

配制时应先加水或稀溶液，然后加浓溶液。搅拌均匀，将溶液转移至试剂瓶中，贴上标签，备用。

（2）一定物质的量浓度的溶液

① 计算。

a. 由已知物质的量浓度溶液稀释。

$$V_1 = \frac{c_2 V_2}{c_1}$$

式中　c_1——原溶液的物质的量浓度，mol·L^{-1}；

　　　V_1——取原溶液的体积，mL；

　　　c_2——稀释后溶液的物质的量浓度，mol·L^{-1}；

　　　V_2——稀释后溶液体积，mL。

　　b. 由已知质量分数的浓溶液配制稀溶液。

$$c_{浓} = \frac{\rho w}{M}, V_{浓} = \frac{c_{稀} V_{稀}}{c_{浓}}$$

式中　M——溶质的摩尔质量，g·mol^{-1}；

　　　ρ——液体试剂（或浓溶液）的密度，g·mL^{-1}。

　　② 配制方法。

　　a. 粗略配制。先算出配制一定浓度的溶液所需液体（或浓溶液）体积，用量筒量取所需的液体（或浓溶液），倒入装有少量水的烧杯中混合，如果溶液放热，需冷却至室温后，用水稀释至刻度。搅拌使其均匀，然后转移至试剂瓶中，贴上标签，备用。

　　b. 准确配制。当用较浓的准确浓度的溶液配制较稀的准确浓度的溶液时，先计算，然后用移液管吸取所需溶液，转入给定体积的容量瓶中，加蒸馏水至刻度线，振荡，摇匀，贴上标签，备用。

【仪器与试剂】

　　仪器：托盘天平、电子天平、称量瓶、烧杯、量筒、玻璃棒、容量瓶、移液管、试剂瓶。

　　试剂：硫酸铜晶体、浓硫酸、NaCl、KCl、CaCl$_2$、NaHCO$_3$。

【实验内容】

　　① 用硫酸铜晶体粗略配制 50mL 0.2 mol·L^{-1} CuSO$_4$ 溶液。

　　② 准确配制 100mL 质量分数为 0.90% 的生理盐水。按 NaCl、KCl、CaCl$_2$、NaHCO$_3$ 质量之比＝45：2.1：1.2：1 的比例，在 NaCl 溶液中加入 KCl、CaCl$_2$、NaHCO$_3$，经消毒后即得 0.90% 的生理盐水。

　　③ 用浓硫酸配制 50mL 3mol·L^{-1} 的 H$_2$SO$_4$ 溶液。

【思考题】

　　① 配制硫酸溶液时，烧杯中先加水还是先加酸？为什么？

　　② 由已知准确浓度为 2.00mol·L^{-1} 的乙酸溶液配制 50mL 0.200mol·L^{-1} 乙酸溶液，应如何配制？

　　③ 配制 50mL 0.100mol·L^{-1} SbCl$_3$ 溶液，应如何配制？在配制 SbCl$_3$ 溶液时，如何防止水解？

　　④ 用容量瓶配制溶液时，是否需要把容量瓶干燥？是否需要用被稀释溶液润洗？为什么？

　　⑤ 怎样洗涤移液管？水洗净后的移液管在使用前是否需要用待吸取的溶液润洗？为

值约为 8.35，此时为第一计量点。反应式为：

$$NaOH + HCl = NaCl + H_2O$$
$$Na_2CO_3 + HCl = NaHCO_3 + NaCl$$

记下此时用去 HCl 的体积为 V_1，再加入甲基橙指示剂，继续用 HCl 标准溶液滴定至甲基橙由黄色变为橙色，此时 $NaHCO_3$ 完全被中和，生成 H_2CO_3，后者分解为 CO_2 和 H_2O，pH 值约为 3.9，此时为第二计量点，记下此时用去 HCl 的体积为 V_2。反应式为：

$$NaHCO_3 + HCl = NaCl + H_2O + CO_2\uparrow$$

根据 V_1 和 V_2 的大小，可判断出混合碱的组成，并计算出各组分的质量分数。

① 当 $V_1 > V_2 > 0$ 时，试样为 $NaOH$ 和 Na_2CO_3 的混合物，其含量分别为：

$$w_{Na_2CO_3} = \frac{c_{HCl}V_2 M_{Na_2CO_3} \times 10^{-3} L \cdot mL^{-1}}{m} \times 100\%$$

$$w_{NaOH} = \frac{c_{HCl}(V_1 - V_2) M_{NaOH} \times 10^{-3} L \cdot mL^{-1}}{m} \times 100\%$$

② 当 $V_2 > V_1 > 0$ 时，试样为 Na_2CO_3 和 $NaHCO_3$ 的混合物，其含量分别为：

$$w_{Na_2CO_3} = \frac{c_{HCl}V_1 M_{Na_2CO_3} \times 10^{-3} L \cdot mL^{-1}}{m} \times 100\%$$

$$w_{NaHCO_3} = \frac{c_{HCl}(V_2 - V_1) M_{NaHCO_3} \times 10^{-3} L \cdot mL^{-1}}{m} \times 100\%$$

式中　w——质量分数；

　　　c_{HCl}——HCl 标准溶液浓度，$mol \cdot L^{-1}$；

　V_1、V_2——两次滴定消耗 HCl 标准溶液的体积，mL；

　　　M——摩尔质量，$g \cdot mol^{-1}$；

　　　m——混合碱样品的质量，g。

另外，双指示剂中的酚酞若用甲酚红和百里酚蓝混合指示剂代替，可使第一计量点的变色更加敏锐。其中甲酚红的变色范围为 6.7（黄）～8.4（红），百里酚蓝的变色范围为 8.0（黄）～9.6（蓝），混合后的变色点是 8.3，酸色呈黄色，碱色呈紫色，在 pH 8.2 时为樱桃色，变色非常敏锐。

【仪器与试剂】

仪器：酸式滴定管（25mL）、烧杯、锥形瓶（250mL）、容量瓶、电子天平、铁架台。

试剂：混合碱样品、HCl 标准溶液（0.1 $mol \cdot L^{-1}$）、酚酞指示剂（0.1%）、甲基橙指示剂（0.1%）。

【实验内容】

准确称取 0.15～0.2g 混合碱样品于 250mL 锥形瓶中，加入 50mL 蒸馏水搅拌使其完全溶解后，加入 2～3 滴酚酞指示剂，用 0.1$mol \cdot L^{-1}$ 盐酸标准溶液滴定至溶液由红色恰好褪至无色，记下所消耗 HCl 标准溶液的体积 V_1，再加入 2～3 滴甲基橙指示剂，继续用盐酸标准溶液滴定至溶液由黄色恰好变为橙色，消耗 HCl 的体积记为 V_2。平行滴定 3 次，根据 V_1、V_2 的大小判断混合碱的组成，计算出各组分的质量分数。

【结果及处理】

分析数据记录及处理见表 5.7。

表 5.7 分析数据记录及处理

项目	次数		
	1	2	3
混合碱质量 m/g			
V_1/mL			
V_2/mL			
$w_{Na_2CO_3}$/%			
$w_{Na_2CO_3}$/%			
w_{NaHCO_3}/%			
w_{NaHCO_3}/%			
相对平均偏差/%			

【注意事项】

① 在第一计量点前，溶液是由 Na_2CO_3 与 $NaHCO_3$ 组成的缓冲溶液。第二计量点前，溶液是由 $NaHCO_3$ 与 H_2CO_3 组成的缓冲溶液。所以，在化学计量点附近的滴定突跃范围小，指示剂变色不敏锐，滴定速度一定要慢且充分振荡。

② 达到第一计量点后，不能在滴定管中再加盐酸标准溶液，应连续滴定。

③ 若滴到第一计量点后加甲基橙，溶液已呈橙色或只滴 1 滴盐酸标准溶液后溶液便呈橙色，可认为，混合碱试液是 NaOH 溶液。

④ 若被测液加入酚酞后已呈无色或只滴 1 滴盐酸标准溶液后溶液便为无色，可认为，混合碱试液是 $NaHCO_3$ 溶液。

【思考题】

① 为什么可以用双指示剂测定混合碱组分？

② 双指示剂法中，达到第二计量点时为什么不用加热除去 CO_2？

③ 测定一批混合碱样品时，若出现：a. $V_2 > V_1 > 0$；b. $V_1 = V_2 > 0$；c. $V_1 > V_2 > 0$；d. $V_1 = 0$，$V_2 \neq 0$；e. $V_1 \neq 0$，$V_2 = 0$ 五种情况时，各样品的组成有何差别？

实验 14 KMnO₄ 标准溶液的配制与标定

【实验目的】

① 了解 $KMnO_4$ 标准溶液的配制方法和保存条件。

② 掌握用 $Na_2C_2O_4$ 作为基准物质标定 $KMnO_4$ 的原理、方法及滴定条件。

③ 学习使用自身指示剂判断滴定终点。

【实验原理】

市售 $KMnO_4$ 试剂中常含有少量杂质，如 MnO_2、硫酸盐、氯化物及硝酸盐等。$KMnO_4$ 氧化性强，还易和水中的有机物、空气中的尘埃及氨等还原性物质作用，析出 $MnO_2 \cdot H_2O$ 沉淀，而 MnO_2 还能促进高锰酸钾溶液的分解。故不能用高锰酸钾试剂直接配制标准溶液。

$KMnO_4$ 溶液不够稳定，能慢慢自行分解，其分解反应如下：

$$4KMnO_4 + 2H_2O \longrightarrow 4MnO_2 \downarrow + 4KOH + 3O_2 \uparrow$$

分解速率随溶液 pH 值而改变。在中性溶液中分解很慢，但 Mn^{2+} 和 MnO_2 能加速其分解，见光则分解更快。因此 $KMnO_4$ 溶液的配制不像配酸碱溶液那样简单，必须正确地配制和保存。

为配制较稳定的 $KMnO_4$ 溶液，可称取稍多于理论量的 $KMnO_4$ 溶于一定体积的水，加热煮沸，冷却后贮于棕色瓶中，在暗处放置数天，让其充分作用，待溶液趋于稳定后，过滤除去析出的 MnO_2 沉淀，再用基准物质进行标定。提高溶液酸度或光照都会加速 $KMnO_4$ 的分解，$KMnO_4$ 溶液应保持中性，并置于棕色瓶中保存。处理和保存得当的 $KMnO_4$ 溶液数月后浓度大约只降低 0.5%，但如果长期使用，仍应定期进行标定。

标定 $KMnO_4$ 的基准物质有 $Na_2C_2O_4$、$H_2C_2O_4 \cdot 2H_2O$、As_2O_3、纯铁丝等。以 $Na_2C_2O_4$ 最常用，其性质稳定，不含结晶水，容易提纯，没有吸湿性。在酸性溶液中，$KMnO_4$ 与 $Na_2C_2O_4$ 的反应式如下：

$$2MnO_4^- + 5C_2O_4^{2-} + 16H^+ \Longrightarrow 10CO_2 \uparrow + 2Mn^{2+} + 8H_2O$$

由于该反应进行得很慢，必须将溶液加热到 $75 \sim 85℃$。但温度不能太高，若超过 $90℃$，则会使 $H_2C_2O_4$ 分解。

$$H_2C_2O_4 \Longrightarrow CO_2 \uparrow + CO \uparrow + H_2O$$

该反应可用 MnO_4^- 本身的颜色指示滴定终点。

$KMnO_4$ 浓度的计算公式为：

$$c_{KMnO_4} = \frac{\frac{2}{5}m_{Na_2C_2O_4}}{M_{Na_2C_2O_4}V_{KMnO_4} \times 10^{-3}}$$

式中　c_{KMnO_4}——$KMnO_4$ 标准溶液的浓度，$mol \cdot L^{-1}$；

$m_{Na_2C_2O_4}$——$Na_2C_2O_4$ 的质量，g；

$M_{Na_2C_2O_4}$——$Na_2C_2O_4$ 的摩尔质量，$g \cdot mol^{-1}$；

V_{KMnO_4}——消耗的 $KMnO_4$ 标准溶液的体积，mL。

【仪器与试剂】

仪器：酸式滴定管（25mL）、锥形瓶（250mL）、称量瓶、洗瓶、量筒、表面皿、抽滤装置一套。

试剂：$KMnO_4$（固体，A.R.）、$Na_2C_2O_4$（固体，A.R. 或 G.R.）、H_2SO_4（$3mol \cdot L^{-1}$）。

【实验内容】

（1）$0.02\ mol \cdot L^{-1}\ KMnO_4$ 溶液的配制

称取 $KMnO_4$ 约 $1.6 \sim 1.7g$ 溶解于 $500mL$ 水中，盖上表面皿，加热煮沸并保持微沸状态 1h，并注意随时加水以补充因蒸发而损失的水。冷却并放置数天（$7 \sim 10d$）后过滤，除去 MnO_2 沉淀后，将滤液保存在磨口棕色瓶中，摇匀备用。

（2）$KMnO_4$ 标准溶液的标定

① 准确称取 $0.10 \sim 0.12g$（准确至 $0.0001g$）$Na_2C_2O_4$ 于锥形瓶中，加 40mL 蒸馏水使之溶解。

② 加入 10mL 3mol·L⁻¹ H_2SO_4，加热至 75～85℃（即溶液开始冒出蒸气，但不能热至沸腾），趁热用 $KMnO_4$ 溶液滴定。因为是自催化反应，开始滴定时反应速率很慢，应在第 1 滴 $KMnO_4$ 红色褪去后，滴第 2 滴，待溶液中产生 Mn^{2+} 后，反应速率加快，但滴定时仍必须逐滴加入，滴定至溶液呈微红色，且在 30s 内不褪色为终点。根据滴定中 $Na_2C_2O_4$ 的质量和消耗的 $KMnO_4$ 溶液的体积，计算 $KMnO_4$ 浓度。

③ 平行 3 次实验，记录实验数据并处理。

【结果及处理】

分析数据记录及处理见表 5.8。

表 5.8 分析数据记录及处理

项目	次数		
	1	2	3
$m_{Na_2C_2O_4}$/g			
V_{KMnO_4}（初）/mL			
V_{KMnO_4}（终）/mL			
ΔV_{KMnO_4}/mL			
c_{KMnO_4} /（mol·L⁻¹）			
$\bar{c}_{KMnO_4}$ /（mol·L⁻¹）			
绝对偏差			
相对偏差/%			
相对平均偏差/%			

【注意事项】

① 该反应需在酸性介质中进行，通常用 H_2SO_4 控制溶液酸度。因为盐酸中 Cl^- 具有还原性，可与 MnO_4^- 作用，而 HNO_3 具有氧化性，可能氧化被滴定的还原性物质。为使反应定量进行，溶液酸度宜控制在 0.5～1 mol·L⁻¹。

② 该反应为自催化反应，反应生成的 Mn^{2+} 有自催化作用。因此滴定开始时不宜太快，应逐滴加入，当加入的第 1 滴 $KMnO_4$ 颜色褪去后，方可加入第 2 滴。否则加入的 $KMnO_4$ 溶液来不及与 $C_2O_4^{2-}$ 反应，就在热的酸性溶液中分解，导致结果偏低。其反应式为：

$$4MnO_4^- +12H^+ ===5O_2 \uparrow +4Mn^{2+} +6H_2O$$

③ 接近终点时，加入的 $KMnO_4$ 颜色褪去很慢，应减慢滴定速度，同时充分摇匀，以防超过滴定终点。最后滴加半滴 $KMnO_4$ 溶液，在摇匀后半分钟内不褪色，即为滴定终点。长时间放置，空气中的还原性物质可与 MnO_4^- 作用而使溶液颜色褪去，这与滴定终点无关。

④ 由于 $KMnO_4$ 溶液颜色较深，不易观察弯月面的最低点，因此应该从液面最高处读数。

【思考题】

① $KMnO_4$ 标准溶液为什么不能用直接法配制？

② 配制 $KMnO_4$ 标准溶液时，为什么要将 $KMnO_4$ 溶液煮沸一定时间并放置数天？配好的 $KMnO_4$ 标准溶液为什么要过滤后才能保存？过滤时是否可以用滤纸？

③ 配制好的 $KMnO_4$ 标准溶液为什么要装在酸式滴定管中？

④ 在滴定时，$KMnO_4$ 标准溶液为什么要盛放在棕色试剂瓶中保存？

⑤ 用 $Na_2C_2O_4$ 标定 $KMnO_4$ 时，为什么必须在 H_2SO_4 介质中进行？酸度过高或过低

有何影响？可以用 HNO_3 或 HCl 调节酸度吗？为什么要加热至 75～85℃？溶液温度过高或过低有何影响？

⑥ 标定 $KMnO_4$ 溶液时，为什么第 1 滴 $KMnO_4$ 加入后溶液的红色褪去很慢，而以后红色褪去越来越快？

⑦ 盛放 $KMnO_4$ 溶液的锥形瓶放置较久后，其壁上常有棕色沉淀物，它是什么？此棕色沉淀物用通常方法不容易洗净，应怎样洗涤才能除去此沉淀？

实验 15　H_2O_2 含量的测定（高锰酸钾法）

【实验目的】

1. 掌握用 $KMnO_4$ 法测定 H_2O_2 含量的原理和方法。
2. 进一步熟练掌握移液管及容量瓶的使用方法。
3. 掌握滴定终点的判断。

【实验原理】

H_2O_2 又称双氧水，无色液体，医药上常用作消毒剂，市售的 H_2O_2 含量一般为 30%。双氧水见光易分解，在实验室中常装在塑料瓶中，置于阴暗处。H_2O_2 既可作为氧化剂，又可作为还原剂。在酸性溶液中 H_2O_2 是强氧化剂，但遇 $KMnO_4$ 时表现为还原剂。在稀硫酸溶液中及室温条件下，能定量地被 $KMnO_4$ 氧化，因此可用 $KMnO_4$ 法测定 H_2O_2 的含量，其反应式为：

$$5H_2O_2 + 2MnO_4^- + 6H^+ \Longrightarrow 2Mn^{2+} + 5O_2\uparrow + 8H_2O$$

开始反应时速率慢，滴入第一滴溶液不易褪色，待 Mn^{2+} 生成后，因 Mn^{2+} 的自催化作用，加快了反应速率。化学计量点后，稍微过量的滴定剂 $KMnO_4$（约 $10^{-6}\,mol\cdot L^{-1}$）呈现微红色，可指示终点的到达。根据 $KMnO_4$ 标准溶液的浓度和滴定所消耗的体积，可算出试样中 H_2O_2 的含量。

在生物化学中，常利用此方法间接测定过氧化氢酶的活性。例如，血液中存在的过氧化氢酶能使过氧化氢分解，所以用一定量的 H_2O_2 与其作用，然后在酸性条件下用标准 $KMnO_4$ 溶液滴定剩余的 H_2O_2，就可以测定酶的活性。

H_2O_2 的含量按下式计算：

$$\rho_{H_2O_2} = \frac{\frac{5}{2}c_{KMnO_4}V_{KMnO_4}M_{H_2O_2}}{V_{试样}}$$

式中　$\rho_{H_2O_2}$——H_2O_2 的含量，$g\cdot L^{-1}$。

c_{KMnO_4}——$KMnO_4$ 标准溶液的浓度，$mol\cdot L^{-1}$；

V_{KMnO_4}——消耗的 $KMnO_4$ 标准溶液的体积，L；

$M_{H_2O_2}$——H_2O_2 的摩尔质量，$g\cdot mol^{-1}$；

$V_{试样}$——H_2O_2 溶液的体积，L。

【仪器与试剂】

仪器：锥形瓶、移液管、酸式滴定管（25mL）、容量瓶（250mL）。

试剂：$0.02mol \cdot L^{-1}$ $KMnO_4$ 标准溶液、$3mol \cdot L^{-1}$ H_2SO_4 溶液、30％ H_2O_2。

【实验内容】

准确移取 10.00mL 30％双氧水于 250mL 容量瓶中，稀释至刻度线，摇匀。

移取 25.00mL 上述溶液于锥形瓶中，加 10mL $3mol \cdot L^{-1}$ H_2SO_4 溶液，用 $0.02mol \cdot L^{-1}$ $KMnO_4$ 标准溶液滴定至溶液呈粉红色，且 30s 不褪色，即为终点。

平行测定 3 次，根据 $KMnO_4$ 标准溶液的浓度和消耗的体积计算 H_2O_2 的含量。

【结果及处理】

分析数据记录及处理见表5.9。

表 5.9 分析数据记录及处理

项目	次数		
	1	2	3
$c_{KMnO_4}/(mol \cdot L^{-1})$			
V_{KMnO_4}(初)/mL			
V_{KMnO_4}(终)/mL			
$\Delta V_{KMnO_4}/mL$			
$\rho/(mol \cdot L^{-1})$			
$\bar{\rho}/(mol \cdot L^{-1})$			
绝对偏差			
相对偏差/％			
相对平均偏差/％			

【思考题】

1. 用 $KMnO_4$ 法测定 H_2O_2 时，溶液是否可以加热？能否用 HNO_3 或 HCl 控制酸度？

2. 在 $KMnO_4$ 法中，如果 H_2SO_4 用量不足，对结果有什么影响？

3. 测定 H_2O_2 含量时，为什么第 1 滴 $KMnO_4$ 的颜色褪得较慢，以后反而逐渐加快？

实验 16 EDTA 标准溶液的配制与标定

【实验目的】

① 学习 EDTA 标准溶液的配制和标定方法。

② 掌握配位滴定的原理，了解配位滴定的特点。

③ 熟悉钙指示剂的使用和滴定终点的判断。

【实验原理】

乙二胺四乙酸（简称 EDTA，常用 H_4Y 表示）为白色结晶粉末，无臭、无毒，难溶于水，常温下其溶解度为 $0.2g \cdot L^{-1}$（约 $0.0007mol \cdot L^{-1}$），在分析中通常使用其二钠盐配制标准溶液。乙二胺四乙酸二钠盐的溶解度为 $120g \cdot L^{-1}$，可配成 $0.3mol \cdot L^{-1}$ 以上的溶液，其水溶液的 $pH \approx 4.8$。用直接法配制 EDTA 二钠盐标准溶液时须先对试剂进行精制或烘干，步骤较繁琐，故常采用间接法配制标准溶液。

标定 EDTA 溶液常用的基准物质有 Zn、ZnO、$CaCO_3$、Bi、Cu、$MgSO_4 \cdot 7H_2O$、Hg、Ni、Pb 等。通常选用其中与被测物组分相同的物质作为基准物质，这样滴定条件较一致，可减小误差。

EDTA 溶液若用于测定石灰石或白云石中 CaO、MgO 的含量，则宜用 $CaCO_3$ 为基准物质。首先可加 HCl 溶液，其反应如下：

$$CaCO_3 + 2HCl \longrightarrow CaCl_2 + CO_2 \uparrow + H_2O$$

然后把溶液转移至容量瓶中并稀释，制成钙标准溶液。钙标准溶液可以与 EDTA 溶液形成稳定的配离子 CaY^{2-}，其反应如下：

$$Ca^{2+} + Y^{4-} \Longleftrightarrow CaY^{2-}$$

吸取一定量钙标准溶液，调节酸度至 pH ≥ 12，用钙指示剂，以 EDTA 溶液滴定至溶液由酒红色变纯蓝色，即为终点，其变色原理如下。

钙指示剂（常以 H_3Ind 表示）在水溶液中按下式离解：

$$H_3Ind \Longleftrightarrow 2H^+ + HInd^{2-}$$

在 pH ≥ 12 的溶液中，$HInd^{2-}$ 与 Ca^{2+} 形成比较稳定的配离子，反应如下：

$$HInd^{2-} + Ca^{2+} \Longleftrightarrow CaInd^- + H^+$$
$$\qquad 纯蓝色 \qquad\qquad 酒红色$$

在钙标准溶液中加入钙指示剂时，溶液呈酒红色。当用 EDTA 溶液滴定时，由于 EDTA 能与 Ca^{2+} 形成比 $CaInd^-$ 配离子更稳定的配离子，因此在滴定终点附近，$CaInd^-$ 配离子不断转化为较稳定的 CaY^{2-} 配离子，而钙指示剂则被游离出来，其反应可表示如下：

$$CaInd^- + H_2Y^{2-} + OH^- \Longleftrightarrow CaY^{2-} + HInd^{2-} + H_2O$$
$$\quad 酒红色 \qquad\qquad\qquad 无色 \qquad 纯蓝色$$

用此方法测定钙时，若有 Mg^{2+} 共存〔在调节溶液酸度为 pH ≥ 12 时，Mg^{2+} 将形成 $Mg(OH)_2$ 沉淀〕，则 Mg^{2+} 不仅不干扰钙的测定，而且使终点比 Ca^{2+} 单独存在时更敏锐。当 Ca^{2+}、Mg^{2+} 共存时，终点由酒红色到纯蓝色，当 Ca^{2+} 单独存在时则由酒红色到紫蓝色。所以测定单独存在的 Ca^{2+} 时，常常加入少量 Mg^{2+}。

EDTA 溶液若用于测定 Pb^{2+}、Bi^{3+}，则宜以 ZnO 或金属锌为基准物质，以二甲酚橙为指示剂。在 pH ≈ 5～6 的溶液中，二甲酚橙指示剂本身显黄色，与 Zn^{2+} 形成的配合物呈紫红色。EDTA 与 Zn^{2+} 形成更稳定的配合物，因此用 EDTA 溶液滴定至近终点时，二甲酚橙被游离了出来，溶液由紫红色变为黄色。

配位滴定中所用的水，应不含 Fe^{3+}、Al^{3+}、Cu^{2+}、Mg^{2+} 等杂质离子。

【仪器与试剂】

仪器：酸式滴定管（25mL）、锥形瓶（250mL）、称量瓶、容量瓶（250mL）、移液管（25mL）、烧杯、洗瓶、电子天平。

试剂：乙二胺四乙酸二钠（固体，A.R.）。

（1）以 $CaCO_3$ 为基准物质时所用试剂

$CaCO_3$（固体，G.R. 或 A.R.）、HCl（1:1）、NaOH 溶液（10%）、钙指示剂（固体指示剂）。

（2）以 ZnO 为基准物质时所用试剂

ZnO（G.R. 或 A.R.）、HCl（1:1）、$NH_3 \cdot H_2O$（1:3）、二甲酚橙指示剂、六亚甲基

四胺溶液（20％）。

【实验内容】

• 0.02 mol·L^{-1}EDTA 溶液的配制

准确称取乙二胺四乙酸二钠 3.8g（准确至 0.0001g），溶解于 150～200mL 水中，稀释至 0.5L，滤去浑浊，转移至细口瓶中，摇匀备用。

• 以 CaCO$_3$ 为基准物质标定 EDTA 溶液

（1）0.02 mol·L^{-1} Ca^{2+} 标准溶液的配制

将 CaCO$_3$ 基准物置于称量瓶中，在 110℃干燥 2h，准确称取 0.5～0.6g CaCO$_3$ 于小烧杯中，盖上表面皿，加少量蒸馏水润湿，再从杯嘴边逐滴加入（1∶1）HCl[1]（为什么?）至完全溶解，用水淋洗表面皿及杯壁，转移至 250mL 容量瓶中稀释至刻度，摇匀备用。计算 Ca^{2+} 标准溶液的准确浓度。

（2）标定

用移液管准确移取 25.00mL Ca^{2+} 标准溶液于 250mL 锥形瓶中，再加入 25mL 蒸馏水、5mL 10％ NaOH 溶液及约 10mg（绿豆大小）钙指示剂，摇匀，用 EDTA 溶液滴定至溶液由酒红色变为纯蓝色，即为终点。平行测定 3 次，记下消耗的 EDTA 溶液的体积，计算 EDTA 溶液的准确浓度。

以 CaCO$_3$ 为基准物质标定时的计算公式为：

$$c_{EDTA} = \frac{\dfrac{m_{CaCO_3}/M_{CaCO_3}}{250mL} \times 25mL}{V_{EDTA} \times 10^{-3} L \cdot mL^{-1}}$$

式中　c_{EDTA}——EDTA 标准溶液的浓度，mol·L^{-1}；

m_{CaCO_3}——CaCO$_3$ 的质量，g；

M_{CaCO_3}——CaCO$_3$ 的摩尔质量，g·mol^{-1}；

V_{EDTA}——消耗的 EDTA 的体积，mL。

• 以 ZnO 为基准物质标定 EDTA 溶液

（1）Zn^{2+} 标准溶液的配制

准确称取 0.35～0.45g 基准物质 ZnO[2]，在 800～1000℃ 灼烧 20min 以上，置于 100mL 烧杯中，用少量水润湿，然后逐滴加入（1∶1）HCl，边加边搅拌至完全溶解，再定量转移至 250mL 容量瓶中，稀释至刻度，摇匀。计算 Zn^{2+} 标准溶液的准确浓度。

（2）标定

准确移取 25.00mL Zn^{2+} 标准溶液于 250mL 锥形瓶中，加入约 30mL 水、2～3 滴二甲酚橙指示剂，加（1∶3）（体积比）氨水至溶液由黄色变为橙色（不可多加），然后滴加 20％六亚甲基四胺溶液，呈稳定的紫红色后再多加 2mL[3]，用 EDTA 标准溶液滴定至溶液由紫红色变为亮黄色，即为终点。平行测定 3 次，计算 EDTA 溶液的准确浓度。

以 ZnO 为基准物质标定时的计算公式为：

$$c_{EDTA} = \frac{\dfrac{m_{ZnO}/M_{ZnO}}{250mL} \times 25mL}{V_{EDTA} \times 10^{-3} L \cdot mL^{-1}}$$

式中 c_{EDTA}——EDTA 标准溶液的浓度，$mol \cdot L^{-1}$；

        m_{ZnO}——ZnO 的质量，g；

        M_{ZnO}——ZnO 的摩尔质量，$g \cdot mol^{-1}$；

        V_{EDTA}——消耗的 EDTA 的体积，mL。

【结果及处理】

$CaCO_3$ 作基准物质的分析数据记录及处理见表 5.10。

表 5.10 $CaCO_3$ 作基准物质的分析数据记录及处理

项目	次数		
	1	2	3
m_{CaCO_3}/g			
V_{EDTA}（初）/mL			
V_{EDTA}（终）/mL			
$\Delta V_{EDTA}/mL$			
$c_{EDTA}/(mol \cdot L^{-1})$			
$\bar{c}_{EDTA}/(mol \cdot L^{-1})$			
绝对偏差			
相对偏差/%			
相对平均偏差/%			

ZnO 作基准物质的分析数据记录及处理见表 5.11。

表 5.11   ZnO 作基准物质的分析数据记录及处理

项目	次数		
	1	2	3
m_{ZnO}/g			
V_{EDTA}（初）/mL			
V_{EDTA}（终）/mL			
$\Delta V_{EDTA}/mL$			
$c_{EDTA}/(mol \cdot L^{-1})$			
$\bar{c}_{EDTA}/(mol \cdot L^{-1})$			
绝对偏差			
相对偏差/%			
相对平均偏差/%			

【注意事项】

① 配位反应进行的速度较慢（不像酸碱反应能在瞬间完成），故滴定时加入 EDTA 溶液的速度不能太快，在室温低时，尤其要注意。特别是近终点时，应逐滴加入，并充分振摇。

② 配位滴定中，加入指示剂的量是否适当对终点的观察十分重要，宜在实践中总结经验加以掌握。若指示剂用量太少，溶液颜色太浅，不易观察终点；若指示剂用量过多，溶液底色太深，颜色变化也不鲜明。

【注释】

［1］目的是防止反应过于剧烈而产生 CO_2 气体，使 $CaCO_3$ 飞溅损失。

［2］也可用金属锌作基准物质。

［3］此处六亚甲基四胺用作缓冲剂。它在酸性溶液中能生成 $(CH_2)_6N_4H^+$，此共轭酸与过量的 $(CH_2)_6N_4$ 构成缓冲溶液，从而使溶液的酸度稳定在 pH 5～6 范围内。先加入氨水调节酸度是为了节约六亚甲基四胺，因六亚甲基四胺的价格较昂贵。

【思考题】

① 为什么通常使用乙二胺四乙酸二钠配制 EDTA 标准溶液，而不用乙二胺四乙酸？

② 以 HCl 溶液溶解 $CaCO_3$ 基准物质时，操作中应注意些什么？

③ 配位滴定法与酸碱滴定法相比有哪些不同？操作中应注意哪些问题？

实验 17　天然水总硬度的测定

【实验目的】

① 了解水的硬度测定意义和常用硬度的表示方法。

② 掌握 EDTA 法测定水的硬度的原理和方法。

③ 熟悉铬黑 T 和钙指示剂的性质、应用及终点时颜色的变化。

【实验原理】

水的硬度是饮用水、工业用水的重要指标之一。一般含有钙、镁盐类的水叫硬水。硬度有暂时硬度和永久硬度之分。

暂时硬度是指钙、镁的酸式碳酸盐，即遇热能以碳酸盐形式沉淀下来的钙、镁离子。其反应如下：

$$Ca(HCO_3)_2 \xrightarrow{\triangle} CaCO_3（完全沉淀）+ H_2O + CO_2 \uparrow$$

$$Mg(HCO_3)_2 \xrightarrow{\triangle} MgCO_3（完全沉淀）+ H_2O + CO_2 \uparrow$$
$$\downarrow + H_2O$$
$$Mg(OH)_2 \downarrow + CO_2 \uparrow$$

凡水中含有钙、镁的硫酸盐、氯化物、硝酸盐等所形成的硬度称为永久硬度。暂时硬度和永久硬度的总和称为总硬度。由 Mg^{2+} 形成的硬度称为镁硬度，由 Ca^{2+} 形成的硬度称为钙硬度。

水的硬度表示方法有多种，随各国的习惯而有所不同，常用的有两种：一种是将测得的 Ca^{2+} 和 Mg^{2+} 总量折算成 $CaCO_3$ 的质量（mg）表示，这种表示方法美国使用较多；另一种是用德国度（°dH）表示，是折算成 CaO 的质量，以每升水中含 10mg CaO 为 1 度，我国目前常用这种方法表示。天然水按硬度大小可分为以下几类：0~4°dH 称为极软水，4~8°dH 称为软水，8~16°dH 称为中等硬水，16~30°dH 称为硬水，30°dH 以上称为极硬水。一般认为，硬度在 8°dH 以上为硬水，我国生活饮用水水质标准规定不应超过 25°dH。

两种硬度的计算公式如下：

$$总硬度（德国度,10mg\ CaO \cdot L^{-1}）= \frac{c_{EDTA}V_{EDTA} \times 56.08g \cdot mol^{-1} \times 1000mg \cdot g^{-1}}{V_{水样}} \div 10$$

$$总硬度（以\ CaCO_3\ 计,mg \cdot L^{-1}）= \frac{c_{EDTA}V_{EDTA} \times 100g \cdot mol^{-1} \times 1000mg \cdot g^{-1}}{V_{水样}}$$

式中　c_{EDTA}——EDTA 标准溶液的浓度，$mol \cdot L^{-1}$；

　　　V_{EDTA}——消耗的 EDTA 标准溶液的体积，L；

　　　$V_{水样}$——水样的体积，L。

测定水的总硬度，一般采用配位滴定法，即在 pH=10 的 NH_3-NH_4Cl 缓冲溶液中，以铬黑 T（EBT）为指示剂，用 EDTA 标准溶液直接滴定。滴定前，EBT 先与 Ca^{2+}、Mg^{2+}

生成紫红色配合物：

$$Me(Ca^{2+}, Mg^{2+}) + EBT \xrightleftharpoons{pH \approx 10} Me\text{-}EBT$$

$$\text{蓝色} \qquad\qquad \text{紫红色}$$

滴定开始后，滴入的 EDTA 首先与溶液中未配位的 Ca^{2+}、Mg^{2+} 生成配合物：

$$Me(Ca^{2+}, Mg^{2+}) + H_2Y^{2-} \rightleftharpoons MeY^{2-} + 2H^+$$

当反应接近化学计量点时，由于 CaY^{2-} 和 MgY^{2-} 的稳定性远高于 Me-EBT，继续滴入的 EDTA 将夺取 Me-EBT 中的 Ca^{2+} 和 Mg^{2+}，EBT 释放出来，溶液由紫红色转变为蓝色。

$$Me\text{-}EBT + H_2Y^{2-} \rightleftharpoons MeY^{2-} + EBT + 2H^+$$

$$\text{紫红色} \qquad\qquad\qquad \text{蓝色}$$

Ca^{2+} 含量的测定：另取等体积的水样，调节 pH＝12～13，加少量钙指示剂，用 EDTA 滴定，这时 Mg^{2+} 以 $Mg(OH)_2$ 沉淀析出，不干扰 Ca^{2+} 的测定，终点时溶液由紫红色变为纯蓝色。

若水中含 Cu^{2+}、Zn^{2+}、Mn^{2+}、Fe^{3+}、Al^{3+} 等离子，则会影响测定结果。可加入 1％ Na_2S 溶液 1mL 使 Cu^{2+}、Zn^{2+} 等生成硫化物沉淀，过滤。Fe^{3+}、Al^{3+} 的干扰可加三乙醇胺掩蔽，Mn^{2+} 的干扰可加盐酸羟胺消除。

【仪器与试剂】

仪器：酸式滴定管（25mL）、锥形瓶（250mL）、移液管、量筒。

试剂：0.02mol·L^{-1} EDTA 标准溶液、NH_3-NH_4Cl 缓冲溶液（pH＝10）、铬黑 T 指示剂、（1∶1）三乙醇胺溶液、5％ Na_2S 溶液、（1∶1）HCl 溶液、水样、10％ NaOH 溶液、钙指示剂。

【实验内容】

（1）Ca^{2+}、Mg^{2+} 总量的测定

准确移取 100.00mL[1] 水样于 250mL 锥形瓶中，加入 1～2 滴（1∶1）HCl 溶液使之酸化，煮沸数分钟除去 CO_2，冷却后依次加入（1∶1）三乙醇胺溶液 3mL、pH＝10 NH_3-NH_4Cl 缓冲溶液 5mL[2]、5％ Na_2S 溶液 1mL、2～3 滴铬黑 T 指示剂，摇匀后用 EDTA 标准溶液滴定至溶液由紫红色变为蓝色即为终点[3]，平行测定 3 次，记下 EDTA 标准溶液的用量 V_1 mL，计算水的总硬度。

（2）Ca^{2+} 含量的测定

准确移取 100.00mL 水样于 250mL 锥形瓶中，加入三乙醇胺溶液 2mL，10％ NaOH 溶液 2mL[4]，摇匀，再加约 10mg（绿豆大小）钙指示剂，用 EDTA 标准溶液滴定至溶液由紫红色变为纯蓝色，即为终点。平行测定 3 次，记录 EDTA 标准溶液的用量 V_2 mL，计算钙硬度。

$$\text{镁硬度(德国度)} = \text{总硬度} - \text{钙硬度}$$

【结果及处理】

总硬度的测定见表 5.12。

表 5.12　总硬度的测定

项目	次数		
	1	2	3
c_{EDTA}/(mol·L^{-1})			
$V_{水样}$/mL			

项目	次数		
	1	2	3
V_1/mL			
总硬度			
总硬度的平均值			
绝对偏差			
相对偏差/%			
相对平均偏差/%			

钙硬度的测定见表 5.13。

表 5.13 钙硬度的测定

项目	次数		
	1	2	3
c_{EDTA}/(mol·L^{-1})			
$V_{水样}$/mL			
V_2/mL			
钙硬度			
钙硬度的平均值			
绝对偏差			
相对偏差/%			
相对平均偏差/%			

镁硬度 _____

【注释】

[1] 若水的硬度较大，取样量可适当减小。若水样不澄清，必须过滤，过滤所用的仪器和滤纸必须是干燥的。

[2] 若水中 HCO_3^- 含量较高，加缓冲溶液（或 NaOH）后可能有 $CaCO_3$ 沉淀析出，使测定结果偏低，并且终点拖长，变色不敏锐，这时可在滴定前加几滴（1∶1）HCl 酸化（刚果红试纸变蓝），并煮沸 1~2min，除去 CO_2。

[3] EDTA 的配位反应速率较慢，因此滴定速度也应慢一些。临近终点更应注意，每加 1 滴 EDTA，要摇动几秒，否则容易过量。温度太低时，要加热使溶液温度在 30~40℃。终点前出现的紫色是 Mg^{2+}-铬黑 T 与铬黑 T 的混合色。

[4] 当 Mg^{2+} 含量较高时，生成的 $Mg(OH)_2$ 沉淀将吸附 Ca^{2+}，使 Ca^{2+} 测定结果偏低。在水样中加入少量蔗糖（或糊精），可减少沉淀对 Ca^{2+} 的吸附。若水中 Ca^{2+}、Mg^{2+} 含量较多，也可少取水样稀释后测定，从而减小沉淀的干扰。

【思考题】

① 什么是水的硬度？水的硬度有哪些表示方法？
② 用 EDTA 配位滴定法测定水的硬度时，哪些离子的存在有干扰？应如何消除？
③ 配位滴定中常加入缓冲溶液，其作用有哪些？

实验 18 Na$_2$S$_2$O$_3$ 标准溶液的配制与标定

【实验目的】

① 了解 Na$_2$S$_2$O$_3$ 溶液的配制方法和保存条件。

② 掌握标定 $Na_2S_2O_3$ 溶液浓度的原理和方法。

③ 掌握碘量瓶的使用方法。

④ 学习淀粉指示剂的变色原理及变色过程。

【实验原理】

市售的分析纯硫代硫酸钠试剂（$Na_2S_2O_3 \cdot 5H_2O$），一般均含有少量 S、Na_2SO_3、Na_2SO_4、Na_2CO_3 及 NaCl 等杂质，同时还容易风化和潮解。$Na_2S_2O_3$ 溶液易受空气和微生物等作用而分解，因此不能直接配制标准溶液。$Na_2S_2O_3$ 在中性或碱性溶液中较稳定，在 pH 9 ～10 之间 $Na_2S_2O_3$ 溶液最稳定，当 pH＜4.6 时极不稳定。溶液中含有 CO_2 时，会促进 $Na_2S_2O_3$ 分解。为减少溶解在水中的 CO_2 和杀死水中微生物，应用新煮沸冷却的蒸馏水配制溶液并加少量 Na_2CO_3（浓度约为 0.02%），以防止 $Na_2S_2O_3$ 分解。日光能促进 $Na_2S_2O_3$ 溶液分解，所以 $Na_2S_2O_3$ 溶液应储存于棕色试剂瓶中，放置暗处，经 7～14d 再标定。

标定 $Na_2S_2O_3$ 溶液的基准物质有 I_2、$KBrO_3$、KIO_3、$K_2Cr_2O_7$ 和纯铜等。

① 以 $K_2Cr_2O_7$ 作基准物标定 $Na_2S_2O_3$ 溶液。$K_2Cr_2O_7$ 先与 KI 反应析出 I_2：

$$Cr_2O_7^{2-} + 6I^- + 14H^+ \longrightarrow 2Cr^{3+} + 3I_2 + 7H_2O$$

析出的 I_2 再用标准 $Na_2S_2O_3$ 溶液滴定：

$$I_2 + 2S_2O_3^{2-} \longrightarrow S_4O_6^{2-} + 2I^-$$

根据称取的 $K_2Cr_2O_7$ 的质量和滴定中消耗的 $Na_2S_2O_3$ 溶液体积，按下式计算 $Na_2S_2O_3$ 标准溶液的浓度：

$$c(Na_2S_2O_3) = \frac{6m(K_2Cr_2O_7) \times 1000}{M(K_2Cr_2O_7)V(Na_2S_2O_3)} \times \frac{25.00}{250.00}$$

② 以 $KBrO_3$ 作为基准物标定 $Na_2S_2O_3$ 溶液浓度：

$$BrO_3^- + 6I^- + 6H^+ \longrightarrow Br^- + 3I_2 + 3H_2O$$

$$I_2 + 2S_2O_3^{2-} \longrightarrow S_4O_6^{2-} + 2I^-$$

根据称取的 $KBrO_3$ 的质量和滴定中消耗的 $Na_2S_2O_3$ 溶液体积，按下式计算 $Na_2S_2O_3$ 标准溶液的浓度：

$$c(Na_2S_2O_3) = \frac{6m(KBrO_3) \times 1000}{M(KBrO_3)V(Na_2S_2O_3)} \times \frac{25.00}{250.00}$$

【仪器与试剂】

仪器：电子天平、烧杯、量筒、棕色试剂瓶、移液管、锥形瓶、酸式滴定管（25mL）、容量瓶（250mL）。

试剂：$Na_2S_2O_3 \cdot 5H_2O$(A.R.)、Na_2CO_3(A.R.)、5%KI 溶液、0.5%可溶性淀粉溶液（0.5g 淀粉，加少量水调成糊状，倒入 100mL 煮沸的蒸馏水中，煮沸 5min，冷却）、$K_2Cr_2O_7$（A.R. 或基准试剂，在 150～180℃烘干 2h）、2mol·L^{-1} HCl 溶液。

【实验内容】

（1）0.02mol·L^{-1} $Na_2S_2O_3$ 溶液的配制

称取 5g $Na_2S_2O_3 \cdot 5H_2O$ 于 500mL 烧杯中，加入适量新煮沸已冷却的蒸馏水，待完全溶解后，加入 0.2g Na_2CO_3，防止 $Na_2S_2O_3$ 分解，然后用蒸馏水稀释至 1L，贮于棕色瓶中，在暗处放置 7~14d 后标定。

（2）用 $K_2Cr_2O_7$ 标准溶液标定 $Na_2S_2O_3$ 溶液浓度

准确称取 0.2~0.3g 已烘干的 $K_2Cr_2O_7$ 于 100mL 烧杯中，加入适量蒸馏水溶解后转入 250mL 容量瓶中，加水稀释至刻度线，摇匀。用移液管移取 25.00mL $K_2Cr_2O_7$ 溶液于 250mL 锥形瓶中，再加入 10mL 5% KI 溶液和 10mL $2mol \cdot L^{-1}$ HCl 溶液，振荡摇匀，防止 I_2 挥发损失。置于暗处 5min，然后用 50mL 蒸馏水稀释，用 $Na_2S_2O_3$ 标准溶液滴定至浅黄绿色，加入 0.5%淀粉溶液 2mL，继续滴定至蓝色刚好消失（呈 Cr^{3+} 的绿色），即为终点。平行滴定 3 次，根据 $K_2Cr_2O_7$ 的质量及消耗的 $Na_2S_2O_3$ 溶液体积，计算 $Na_2S_2O_3$ 溶液浓度。

【注意事项】

① $Cr_2O_7^{2-}$ 和 I^- 的反应不是立刻完成，在稀溶液中进行得更慢。所以应待反应完成后加水稀释，在上述条件下，大约需 5min 反应才能完成。

② $Cr_2O_7^{2-}$ 还原后所生成的 Cr^{3+} 呈绿色，妨碍终点的观察。滴定前预先稀释可使 Cr^{3+} 浓度降低，绿色变浅，到达终点时，溶液由蓝色到绿色的转变容易观察。同时，稀释可降低酸度，以降低溶液中过量 I^- 被空气氧化的速率，避免引起误差。

③ 淀粉指示剂不宜过早加入，否则大量 I_2 与淀粉结合生成蓝色配合物，配合物中的 I_2 不易与 $Na_2S_2O_3$ 溶液作用。

④ 滴定到终点的溶液，经过一些时间后会变蓝色。如果不是很快变蓝，那是由于空气中氧化作用所造成的。但如果很快变蓝，而且又不断加深，那就说明溶液稀释得太早，$K_2Cr_2O_7$ 和 KI 的反应在滴定前进行得不完全，在这种情况下，实验应重做。

【思考题】

① 如何配制和保存浓度比较稳定的 I_2 和 $Na_2S_2O_3$ 标准溶液？

② 用 $K_2Cr_2O_7$ 作基准物标定 $Na_2S_2O_3$ 溶液时，为什么要加入过量的 KI 和 HCl 溶液？为什么放置一定时间后才加水稀释？

③ $Na_2S_2O_3$ 溶液为什么要预先配制？为什么配制时要用新煮沸并已冷却的蒸馏水？为什么配制时要加少量的 Na_2CO_3？

实验 19 粗盐中氯含量的测定（莫尔法）

【实验目的】

① 学习 $AgNO_3$ 标准溶液的配制和标定方法。

② 掌握莫尔法测定 Cl^- 的方法原理及测定条件。

③ 掌握沉淀滴定法滴定终点的判断方法。

【实验原理】

莫尔法是在中性或弱碱性（pH＝6.5~10.5）溶液中，以 K_2CrO_4 为指示剂，用 $AgNO_3$ 标准溶液直接进行滴定。反应方程式如下：

$$Ag^+ + Cl^- \Longrightarrow AgCl \downarrow（白色）\qquad K_{sp} = 1.8 \times 10^{-10}$$

$$2Ag^+ + CrO_4^{2-} \Longrightarrow Ag_2CrO_4 \downarrow（砖红色）\qquad K_{sp} = 2.0 \times 10^{-12}$$

由于 AgCl 的溶解度小于 Ag_2CrO_4，所以当 AgCl 定量沉淀后，微过量的 Ag^+ 即与 CrO_4^{2-} 反应生成砖红色的 Ag_2CrO_4 沉淀，它与白色的 AgCl 沉淀一起，使溶液略带橙红色，指示滴定终点。

凡是能与 Ag^+ 生成难溶化合物或配合物的阴离子，能与 CrO_4^{2-} 生成难溶化合物的阳离子都干扰测定。溶液中若大量存在 Cu^{2+}、Ni^{3+}、Co^{2+} 等有色离子，则影响终点的观察。在中性或弱碱性溶液中，若有高价金属离子存在，则易水解产生沉淀，影响试样中氯含量的测定。

氯的含量按下式计算：

$$w(Cl) = \frac{m(Cl)}{m} \times 100\% = \frac{c(V_1 - V_0)\frac{M(Cl)}{1000}}{m \times \frac{25.00}{250}} \times 100\%$$

式中　$m(Cl)$ ——测得的氯的质量，g；

　　　m ——粗盐的质量，g；

　　　$M(Cl)$ ——氯的摩尔质量，$g \cdot mol^{-1}$；

　　　c ——$AgNO_3$ 溶液的浓度，$mol \cdot L^{-1}$；

　　　V_0 ——空白试验中消耗的 $AgNO_3$ 溶液体积，mL；

　　　V_1 ——测定粗盐时消耗的 $AgNO_3$ 溶液体积，mL。

【仪器与试剂】

仪器：电子天平、烧杯、锥形瓶（250mL）、容量瓶（100mL、250mL）、移液管、酸式滴定管（25mL）。

试剂：NaCl 基准物（在 500～600℃ 马弗炉中灼烧 30min，置于干燥器中冷却）、5% K_2CrO_4 溶液、$AgNO_3$（A.R.）、粗盐。

【实验内容】

（1）配制 $0.10mol \cdot L^{-1}$ $AgNO_3$ 溶液

称取 $AgNO_3$ 晶体 8.5g 于小烧杯中，用少量蒸馏水溶解后，稀释至 500mL 摇匀，转入棕色试剂瓶中，置于暗处、备用。

（2）$0.10mol \cdot L^{-1}$ $AgNO_3$ 溶液的标定

准确称取 0.55～0.60g NaCl 基准物于小烧杯中，用水溶解完全后，定量转移至 100mL 容量瓶中，稀释至刻度，摇匀。准确移取 20.00mL 该溶液置于 250mL 锥形瓶中，加 20mL 蒸馏水和 1mL 5% K_2CrO_4 溶液，在不断摇动下，用 $AgNO_3$ 溶液滴定至溶液呈橙红色即为终点。平行测定 3 次，计算 $AgNO_3$ 溶液的准确浓度。

（3）空白试验

准确移取 25.00mL 蒸馏水按（2）中步骤同样操作，记下消耗的 $AgNO_3$ 溶液的体积。

（4）粗盐中氯含量的测定

准确称取粗盐 1.4g 左右于小烧杯中，加水溶解后，定量转入 250mL 容量瓶中，稀释至刻度，摇匀。准确移取该溶液 25.00mL 3 份，分别置于 250mL 锥形瓶中，分别加水 20mL 和 1mL 5% K_2CrO_4 溶液，在不断摇动下，用 $AgNO_3$ 溶液滴定至溶液呈橙红色即为终点。根据粗盐质量、$AgNO_3$ 标准溶液的浓度和滴定中消耗的体积，计算粗盐中氯的含量。

【结果及处理】

分析数据记录及处理见表 5.14。

表 5.14　分析数据记录及处理

项目	次数		
	1	2	3
m/g			
$c/(mol \cdot L^{-1})$			
V_0/mL			
V_1/mL			
$w/\%$			
$\bar{w}/\%$			
绝对偏差			
相对偏差/%			
相对平均偏差/%			

【注意事项】

① 滴定时要慢，并不断用力摇动。

② 酸度过低，产生 Ag_2O 沉淀；酸度过高，CrO_4^{2-} 部分转变成 $Cr_2O_7^{2-}$，使终点延后。若有 NH_4^+ 存在，为避免生成 $[Ag(NH_3)_2]^+$，滴定溶液 pH 应控制在 $6.5 \sim 7.2$。当 NH_4^+ 浓度大于 $0.1 mol \cdot L^{-1}$ 时，便不能直接用莫尔法测定 Cl^-。

【思考题】

① 配制好的 $AgNO_3$ 溶液要贮于棕色瓶中，并置于暗处，为什么？

② 滴定时溶液的 pH 为什么要控制在 $6.5 \sim 10.5$，过高或过低会有什么影响？

③ 空白试验有何意义？K_2CrO_4 溶液的浓度大小或用量多少对测定结果有何影响？

④ 滴定过程中为什么要用力、充分摇动溶液？

⑤ $AgNO_3$ 溶液应装在酸式滴定管还是碱式滴定管中？怎样洗涤装过 $AgNO_3$ 的滴定管？

⑥ 能否用莫尔法以 NaCl 标准溶液直接滴定 Ag^+？为什么？

实验 20　佛尔哈德法测定水中氯的含量

【实验目的】

① 学习 NH_4SCN 标准溶液的配制和标定方法。

② 了解佛尔哈德法沉淀滴定的原理和方法。

③ 掌握佛尔哈德法进行沉淀滴定的实验操作。

【实验原理】

在含 Cl^- 的酸性溶液中，加入一定量过量的 Ag^+ 标准溶液，定量生成 AgCl 沉淀后，过量的 Ag^+ 以铁铵矾 $[NH_4Fe(SO_4)_2]$ 为指示剂，用 NH_4SCN 标准溶液回滴，由 $[Fe(SCN)]^{2+}$ 配离子的红色来指示滴定终点。主要反应如下：

$$Ag^+ + Cl^- \Longrightarrow AgCl \downarrow （白色） \qquad K_{sp} = 1.8 \times 10^{-10}$$

$$Ag^+ + SCN^- \Longrightarrow AgSCN \downarrow （白色） \qquad K_{sp} = 1.8 \times 10^{-12}$$

$$Fe^{3+} + nSCN^- \Longrightarrow [Fe(SCN)_n]^{3-n}(红色) \qquad K = 138(n \leqslant 6)$$

由于生成的 AgCl 的溶解度比 AgSCN 大，在滴定终点后，过量的 SCN^- 将会与 AgCl 反应，使第 3 个反应向左移动：

$$nAgCl + [Fe(SCN)_n]^{3-n} \Longrightarrow nAgSCN + Fe^{3+} + nCl^-$$

红色会逐渐消失，这样就必须继续加入 NH_4SCN，从而引起较大的误差。因此常加入硝基苯或石油醚保护 AgCl 沉淀，使其与溶液中的 SCN^- 隔开，防止 AgCl 与 SCN^- 发生反应而消耗滴定剂。

滴定时控制 H^+ 的浓度为 $0.1 \sim 1mol \cdot L^{-1}$，剧烈摇动溶液。测定时，能与 SCN^- 生成沉淀、配合物或能氧化 SCN^- 的物质均有干扰。PO_4^{3-}、AsO_4^{3-}、CrO_4^{2-} 等离子，由于酸效应的作用而不影响测定。

NH_4SCN 试剂一般含有杂质，且易潮解，故 NH_4SCN 标准溶液必须进行标定。

NH_4SCN 标准溶液浓度的计算：

$$c(NH_4SCN) = \frac{c(AgNO_3) \times 25.00}{V_1}$$

式中　$c(NH_4SCN)$ ——NH_4SCN 标准溶液的浓度，$mol \cdot L^{-1}$；

　　　　$c(AgNO_3)$ ——$AgNO_3$ 标准溶液的浓度，$mol \cdot L^{-1}$；

　　　　25.00——标定 NH_4SCN 标准溶液时，加入的 $AgNO_3$ 标准溶液的体积，mL；

　　　　V_1 ——标定 NH_4SCN 标准溶液时，消耗 NH_4SCN 的体积，mL。

水样中氯离子含量的计算：

$$x = \frac{[c(AgNO_3) \times 10.00 - c(NH_4SCN)V_2]M(Cl)}{100.0 \times 10^{-3}}$$

式中　x——水样中氯离子的含量，$mg \cdot L^{-1}$；

　　10.00——测定水样时，加入的 $AgNO_3$ 标准溶液的体积，mL；

　　$M(Cl)$ ——Cl 的摩尔质量，$g \cdot mol^{-1}$；

　　　　V_2 ——测定水样时，消耗 NH_4SCN 的体积，mL；

　　100.0——被滴定的水样体积，mL。

【仪器与试剂】

仪器：电子天平、酸式滴定管（25mL）、洗瓶、棕色试剂瓶、烧杯、移液管（1mL，10mL、25mL、100mL）、玻璃棒、锥形瓶、碘量瓶。

试剂：NaCl(G.R.)、$AgNO_3$ 标准溶液、硝基苯、硝酸(1+1)、$NH_4SCN(A.R.)$、铁铵矾指示剂、水样。

【实验内容】

（1）NH_4SCN 标准溶液的配制

称取 0.38g NH_4SCN 于 100mL 烧杯中，蒸馏水溶解后，稀释至 500mL，转入试剂瓶中待用。

（2）NH_4SCN 标准溶液的标定

用移液管移取 $AgNO_3$ 标准溶液 25.00mL 于 250mL 锥形瓶中，加入（1+1）HNO_3 5mL，加铁铵矾指示剂 1.00mL。然后用 NH_4SCN 标准溶液滴定，在此过程中剧烈振荡溶液，当滴至溶液颜色变为淡红色并稳定不变时，即为终点。消耗 NH_4SCN 标准溶液 V_1。

（3）水中氯含量的测定

移取 100.0mL 水样于 250mL 碘量瓶中，加(1+1)HNO_3 5mL，加入 $AgNO_3$ 标准溶液 10.00mL 和硝基苯 5mL。塞住瓶口，剧烈振荡 30～60s，此时 AgCl 沉淀被硝基苯包裹起来。再加入铁铵矾指示剂 1.00mL。最后用 NH_4SCN 标准溶液滴定至出现淡红色并稳定不变时即为终点。消耗 NH_4SCN 标准溶液 V_2。

平行测定 3 次，计算试样中氯离子的含量（$mg \cdot L^{-1}$）及其相对平均偏差。

【结果及处理】

NH_4SCN 标准溶液的标定见表 5.15。

表 5.15　NH_4SCN 标准溶液的标定

次数	$AgNO_3$ 体积/mL	NH_4SCN 体积/mL
1		
2		

水中氯含量的测定见表 5.16。

表 5.16　水中氯含量的测定

次数	水样体积/mL	$AgNO_3$ 体积/mL	NH_4SCN 体积/mL
1			
2			
3			

【注意事项】

① 滴定时要不断剧烈摇动溶液。

② 测定水样加入 $AgNO_3$ 标准溶液时，生成白色 AgCl 沉淀，接近计量点时氯化银要凝聚，振荡溶液，再让其静置片刻，使沉淀沉降，然后加入几滴 $AgNO_3$ 到清液层，如不产生沉淀，说明 $AgNO_3$ 已过量，此时再适当过量 5～10mL 溶液即可。

【思考题】

① 本实验溶液为什么要用 HNO_3 酸化？可否用 HCl 或 H_2SO_4 酸化？为什么？

② 试讨论酸度对佛尔哈德法测定卤素离子含量的影响。

③ 佛尔哈德法测定氯时，为什么要加入硝基苯或石油醚？当用此测定 Br^-、I^- 时，还需加入硝基苯或石油醚吗？

④ 简述佛尔哈德法直接测定银合金中银的含量以及用返滴定法测定卤素离子时的方法原理。

实验 21　邻二氮杂菲分光光度法测定铁含量

【实验目的】

① 了解分光光度计的结构和正确的使用方法。

② 掌握用邻二氮杂菲分光光度法测定铁含量的原理和方法。

③ 学会吸收曲线的绘制，并选择测量铁的适宜波长。

【实验原理】

分光光度法可测定多种未知物的含量，是最常见的仪器分析方法，其原理基于有色溶液对光的选择性吸收，如果保持入射光强度不变，则溶液对光的吸收程度（吸光度）与溶液的浓度和液层的厚度成正比，即朗伯-比尔定律。通常是配制一系列标准有色溶液，在一定波长下分别测定其吸光度，用 Excel 绘制标准曲线。在同一条件下，测量待测液的吸光度，根据标准曲线计算其含量。

邻二氮杂菲（又称邻菲罗啉）是测定微量铁最常用和最灵敏的方法。此方法准确度高，重现性好，配合物十分稳定。在 pH＝2～9 的溶液中，Fe^{2+} 与邻二氮杂菲反应生成极稳定的橘红色配合物，反应方程式如下：

该配合物的最大吸收波长为 508nm，摩尔吸光系数 $\varepsilon=1.1\times10^4 L\cdot mol^{-1}\cdot cm^{-1}$。

由于 Fe^{3+} 也会与邻二氮杂菲反应生成淡蓝色配合物，故必须先将 Fe^{3+} 还原为 Fe^{2+}，再与邻二氮杂菲反应。一般用盐酸羟胺将 Fe^{3+} 还原为 Fe^{2+}，其反应方程式为：

$$2Fe^{3+}+2NH_2OH\cdot HCl\longrightarrow 2Fe^{2+}+N_2\uparrow+2H_2O+4H^++2Cl^-$$

测定时，控制溶液酸度在 pH 5 左右较为适宜。酸度高时，反应进行较慢；酸度太低，则 Fe^{2+} 水解，影响显色。

该方法不仅灵敏度高、稳定性好，而且选择性很高。相当于含铁量 40 倍的 Sn^{2+}、Al^{3+}、Ca^{2+}、Mg^{2+}、Zn^{2+}、SiO_3^{2-}；20 倍的 Cr^{3+}、Mn^{2+}、V(V)、PO_4^{3-}，5 倍的 Cu^{2+}、Co^{2+} 等均不干扰测定，量大时可用 EDTA 掩蔽或预先分离。

如果用盐酸羟胺还原溶液中的高价铁离子为亚铁离子，此方法还可测定总铁含量，从而求出高价铁离子的含量。

【仪器与试剂】

仪器：722s 型分光光度计、容量瓶(50mL)、比色皿(1cm)、吸量管、移液管。

试剂：0.15％邻二氮杂菲溶液、10％盐酸羟胺水溶液(此溶液只能稳定数日)、$1mol\cdot L^{-1}NaAc$ 溶液、$6mol\cdot L^{-1}HCl$ 溶液。

$10mg\cdot L^{-1}$ 铁标准溶液：准确称取 $0.8643g\ NH_4Fe(SO_4)_2\cdot12H_2O$ 置于烧杯中，加入 $30mL\ 6mol\cdot L^{-1}HCl$ 溶液，使其溶解后，转移至 250mL 容量瓶中，用蒸馏水稀释至刻度，摇匀。此溶液 Fe^{3+} 浓度为 $100mg\cdot L^{-1}$。吸取此溶液 25.00mL 于 250mL 容量瓶中，用蒸馏水稀释至刻度，摇匀。此溶液 Fe^{3+} 浓度为 $10mg\cdot L^{-1}$。

【实验内容】

（1）最大吸收波长的确定

用吸量管移取 0.0mL、1.0mL $10mg\cdot L^{-1}$ 铁标准溶液分别于 2 个 50mL 容量瓶中，用吸量管依次加入 10％盐酸羟胺溶液 1mL、邻二氮杂菲溶液 2mL、NaAc 溶液 5mL，稀释至刻度，摇匀。在分光光度计上用 1cm 比色皿，以试剂空白为参比溶液，在 440～560nm 间，每隔 10nm 测定一次吸光度，在最大吸光度处每隔 1nm 测定一次吸光度，以波长为横坐标、吸光度为纵坐标，绘制吸收曲线，找出最大吸收波长。

（2）标准曲线的绘制

在 6 个 50mL 容量瓶中，用吸量管分别加入 10mg·L^{-1} 的铁标准溶液 0.00mL、2.00mL、4.00mL、6.00mL、8.00mL 和 10.00mL，其他操作同上。在最大吸收波长下，用 1cm 比色皿，以试剂空白作参比溶液测其吸光度。以铁含量为横坐标、相对应的吸光度为纵坐标，绘制 A-Fe 含量标准曲线。

（3）总铁的测定

吸取 25.00mL 未知液代替标准溶液，置于 50mL 容量瓶中，其他步骤同上，测其吸光度，从标准曲线上求得未知液中 Fe 含量（mg·L^{-1}）。

（4）Fe^{2+} 的测定

操作步骤与总铁测定相同，但不加盐酸羟胺水溶液，测出吸光度，从标准曲线上查得 Fe^{2+} 含量（mg·L^{-1}）。

有了总铁量和 Fe^{2+} 含量，可求出 Fe^{3+} 含量。

【结果及处理】

标准曲线的绘制与铁含量的测定见表 5.17。

表 5.17　标准曲线的绘制与铁含量的测定

容量瓶号	标准溶液						未知液
	1	2	3	4	5	6	7
吸取体积/mL							
10%盐酸羟胺体积/mL							
NaAc 体积/mL							
邻二氮杂菲体积/mL							
含铁总量/(mg·L^{-1})							
吸光度 A							

【思考题】

① 加入盐酸羟胺的目的是什么？

② 为什么在分光光度法中必须使用参比溶液？如何选择参比溶液？

③ 本实验中哪些试剂在加入时要求其体积比较准确，而哪些试剂不必十分准确？为什么？

第 6 章

无机物的提纯和制备实验

实验 22　粗食盐的提纯

【实验目的】

① 学习氯化钠的提纯及纯度检验的方法。

② 学习加热、溶解、减压过滤、沉淀、蒸发浓缩、结晶、干燥等基本操作。

③ 了解食盐中 SO_4^{2-}、Ca^{2+}、Mg^{2+} 等离子的定性检验方法。

【实验原理】

化学试剂或医药用的 NaCl 都是以粗食盐为原料提纯的。粗食盐中常含有难溶性杂质如泥沙和一些可溶性杂质如 SO_4^{2-}、Ca^{2+}、K^+、Mg^{2+} 等离子。将粗食盐溶于水后，用过滤的方法可除去难溶性杂质，可溶性杂质则可通过化学方法除去。一般是先在粗食盐中加入稍过量的 $BaCl_2$ 溶液，可将溶液中的 SO_4^{2-} 转化为 $BaSO_4$ 沉淀而除去：

$$Ba^{2+} + SO_4^{2-} = BaSO_4 \downarrow$$

对于溶液中的 Ca^{2+}、Mg^{2+} 及多余的 Ba^{2+}，可加入 NaOH 和 Na_2CO_3 的混合液使其沉淀：

$$Ca^{2+} + CO_3^{2-} = CaCO_3 \downarrow$$
$$Ba^{2+} + CO_3^{2-} = BaCO_3 \downarrow$$
$$2Mg^{2+} + 2OH^- + CO_3^{2-} = Mg_2(OH)_2CO_3 \downarrow$$

在溶液中加入稀 HCl 调节 pH 至 2～3，可除去过量的 OH^-、CO_3^{2-} 离子：

$$OH^- + H^+ = H_2O$$
$$CO_3^{2-} + 2H^+ = CO_2 \uparrow + H_2O$$

少量可溶性杂质 KCl，由于含量少，且溶解度较大，在最后蒸发浓缩和结晶的过程中仍留在母液中，不会与 NaCl 同时结晶出来，从而达到提纯的目的。KCl 和 NaCl 在不同的温度下的溶解度见表 6.1。

表 6.1　KCl 和 NaCl 在不同温度下的溶解度　　　　单位：g/100g

盐	10℃	20℃	30℃	40℃	50℃	60℃	80℃	100℃
KCl	25.8	34.2	37.2	40.1	42.9	45.8	51.3	56.3
NaCl	35.7	35.8	36.0	36.2	36.7	37.1	38.0	39.2

【仪器与试剂】

仪器：电子天平、烧杯、蒸发皿、玻璃棒、石棉网、电炉、减压抽滤装置 1 套、表面皿、量筒、干燥箱、试管、pH 试纸。

试剂：粗食盐、HCl（$2mol \cdot L^{-1}$）、NaOH（$2mol \cdot L^{-1}$）、$BaCl_2$（$1mol \cdot L^{-1}$）、Na_2CO_3（$1mol \cdot L^{-1}$）、$(NH_4)_2C_2O_4$（$0.5mol \cdot L^{-1}$）、镁试剂（对硝基偶氮间苯二酚）、HAc（$2mol \cdot L^{-1}$）。

【实验内容】

• 粗食盐的提纯

（1）粗食盐的溶解

准确称取 8g 粗食盐，放入小烧杯中，加入 30mL 蒸馏水，加热、搅拌使其溶解（不溶性杂质沉于底部），抽滤。

（2）除去 SO_4^{2-}

加热滤液至近沸，边搅拌边逐滴加入 $1mol \cdot L^{-1}$ $BaCl_2$ 溶液约 1mL，待沉淀完全后，继续加热 3min，以使 $BaSO_4$ 颗粒长大易于沉降（防止溅出）。为检验 SO_4^{2-} 是否沉淀完全，将烧杯冷却，待沉淀沉降后，在上层清液中加入 $1\sim2$ 滴 $BaCl_2$ 溶液。如出现浑浊，表示 SO_4^{2-} 尚未除尽，需继续滴加 $BaCl_2$ 溶液，直到沉淀完全为止；如不浑浊，表示 SO_4^{2-} 已除尽，可用倾注法过滤。用少量蒸馏水洗涤沉淀 $2\sim3$ 次，收集滤液，弃去沉淀。

（3）Ca^{2+}、Mg^{2+}、Ba^{2+} 的去除

滤液中加入 1mL $2mol \cdot L^{-1}NaOH$ 和 3mL $1mol \cdot L^{-1}Na_2CO_3$ 溶液，直至不再有沉淀生成，煮沸 $3\sim4min$，静置。检验是否沉淀完全，方法同（2），沉淀完全后，用倾注法[1]过滤，收集滤液，弃去沉淀。

（4）除去 OH^- 和 CO_3^{2-}

滤液中逐滴加入 $2mol \cdot L^{-1}HCl$ 溶液，充分搅拌，调节溶液 pH 至 $2\sim3$(pH 试纸检测)。

（5）蒸发、浓缩和结晶

将溶液转移至蒸发皿中，小火加热，蒸发浓缩至溶液呈稀糊状（不要停止搅拌），一定不能把溶液蒸干。浓缩液冷却至室温，减压抽滤后，将晶体转移至事先称好的表面皿中，放入干燥箱干燥，冷却后称量，计算产率。

- 产品纯度的检验

称取粗食盐和提纯后的精盐各 1g，分别用 5mL 蒸馏水溶解，然后各分装在 3 支试管中组成 3 组，通过对照实验，检查产品纯度。

（1）SO_4^{2-} 的检验

在第一组溶液中，分别加入 2 滴 $2mol \cdot L^{-1}HCl$ 溶液和 2 滴 $1mol \cdot L^{-1}BaCl_2$ 溶液，观察比较两支试管中的现象。

（2）Ca^{2+} 的检验

在第二组溶液中，各加入 2 滴 $2mol \cdot L^{-1}HAc^{[2]}$ 使其呈酸性，再分别加入 2 滴 $0.5mol \cdot L^{-1}(NH_4)_2C_2O_4$ 溶液，观察比较两支试管中的现象。

（3）Mg^{2+} 的检验

在第三组溶液中，各加 2 滴 $2mol \cdot L^{-1}NaOH$ 溶液，使溶液呈碱性，再分别加入 2 滴镁试剂[3]，观察比较两支试管中的现象。

【结果及处理】

（1）产品纯度分析

产品纯度分析见表 6.2。

表 6.2 产品纯度分析

项目	粗食盐	精盐	说明
SO_4^{2-} 离子			
Ca^{2+} 离子			
Mg^{2+} 离子			

（2）产率

粗盐质量 = _____ g。

精盐质量 = _____ g。

产率 = _____ %。

【注释】

[1] 倾注法是待不溶物充分沉降后，先转移液体，后转移沉淀。

[2] Mg^{2+} 对此反应有干扰，也产生草酸盐沉淀。但 MgC_2O_4 溶于 HAc，故加 HAc 可排除 Mg^{2+} 的干扰。

[3] 镁试剂是对硝基偶氮间苯二酚，它在酸性溶液中呈黄色，在碱性溶液中呈红色或红紫色，被 $Mg(OH)_2$ 吸附后呈天蓝色。

【思考题】

① 能否用重结晶的方法提纯氯化钠？

② 在除去 Mg^{2+}、Ca^{2+}、SO_4^{2-} 时，为什么要先加入 $BaCl_2$ 溶液，然后依次加入 NaOH、Na_2CO_3 溶液？能否先加 Na_2CO_3 溶液？

③ Na_2CO_3 沉淀剂为什么要过量？为什么要用 HCl 中和至溶液呈微酸性？

实验 23　KNO_3 的制备与提纯

【实验目的】

① 学习利用不同温度下溶解度的差别及复分解反应制备无机盐类的一般原理和步骤。

② 掌握根据物质的溶解度进行的相关计算。

③ 进一步练习溶解、过滤、结晶等基本操作，学习用重结晶法提纯物质。

【实验原理】

氯化钾与硝酸钠在溶液中，可发生下列复分解反应：

$$KCl + NaNO_3 \Longrightarrow KNO_3 + NaCl$$

该反应是可逆的，因此可以改变反应条件使反应平衡向右移动。反应物及其产物都可溶于水而并存，但它们在水中溶解度随温度的变化有很大差别，可利用这一特点使之分离。工业上常用此方法制备 KNO_3、KCl 和其他无机盐。$NaNO_3$、KCl、NaCl、KNO_3 在不同温度下的溶解度（g/100g）如表 6.3 所示。

表 6.3　$NaNO_3$、KCl、NaCl、KNO_3 在不同温度下的溶解度　　单位：g/100g

盐	温度							
	0℃	10℃	20℃	30℃	40℃	60℃	80℃	100℃
$NaNO_3$	13.3	20.9	31.6	45.8	63.9	110.0	169	246
KCl	27.6	31.0	34.0	37.0	40.0	45.5	51.1	56.7
KNO_3	73	80	88	96	104	124	148	180
NaCl	35.7	35.8	36.0	36.3	36.6	37.3	38.4	39.8

根据表 6.3 绘制温度-溶解度曲线，如图 6.1 所示。

由图 6.1 可看出，4 种盐的溶解度在不同温度下的差别是非常显著的，NaCl 的溶解度随温度变化不大，而 KNO_3 的溶解度随温度的升高却迅速增大。因此，将一定量的固体硝

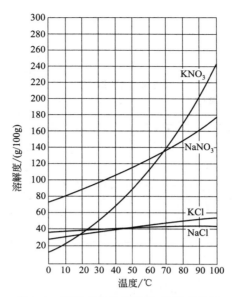

图 6.1　四种无机盐的温度-溶解度曲线

酸钾和氯化钠在较高温度溶解后加热浓缩时，由于 NaCl 的溶解度增加很少，随着浓缩，溶剂水减少，NaCl 晶体首先析出。而 KNO$_3$ 溶解度增加很多，达不到饱和，所以不析出。趁热减压抽滤，可除去 NaCl 晶体。然后将此滤液冷却至室温，KNO$_3$ 因溶解度急剧下降而析出，过滤后可得含少量 NaCl 等杂质的 KNO$_3$ 晶体。再经过重结晶提纯，可得 KNO$_3$ 纯品。KNO$_3$ 中的杂质 NaCl 利用 Cl$^-$ 和 Ag$^+$ 生成 AgCl 沉淀来检验。

【仪器与试剂】

　　仪器：电子天平、烧杯、量筒、玻璃棒、温度计、电炉、烘箱、抽滤装置一套、滤纸。
　　试剂：硝酸钠(A. R.)、氯化钾(A. R.)、0.1mol·L^{-1} 硝酸银溶液。

【实验内容】

　　(1) KNO$_3$ 的制备

　　① 准确称取 8.5g NaNO$_3$ 和 7.5g KCl 固体，倒入 100mL 烧杯中，加入 30mL 蒸馏水。

　　② 将盛有原料的烧杯放在电炉上加热，并不断搅拌，至固体全部溶解，记下烧杯中液面的位置。当溶液沸腾时用温度计测溶液此时的温度，并记录。

　　③ 继续加热并不断搅拌溶液，当加热至烧杯内溶液剩下原有体积的 2/3 时，已有晶体析出，趁热快速减压抽滤（布氏漏斗在沸水中预热）。

　　④ 将滤液转移至烧杯中，冷却后即有晶体析出。抽滤分离母液，得到 KNO$_3$ 晶体，在 120℃ 烘箱中干燥后称重 m_1，计算产率。

　　(2) KNO$_3$ 的提纯与纯度检验

　　① 留取绿豆颗粒大小的晶体，其余 KNO$_3$ 与水以 1∶1(质量比) 的比例溶于蒸馏水中，加热搅拌溶解固体，冷却至室温后抽滤，干燥箱烘干 15min 后称重 m_2。

　　② 将①中留取的粗产品和重结晶产品分别置于两支试管中，加入 2mL 蒸馏水，各加 2 滴 0.1mol·L^{-1} AgNO$_3$ 溶液，观察有无 AgCl 白色沉淀生成，比较二者的纯度。

【结果及处理】

（1）KNO₃ 的制备

数据记录见表 6.4。

表 6.4 数据记录

NaNO₃ 质量/g	KCl 质量/g	KNO₃ 质量/g	产率	提纯后产率

（2）产品组分的鉴定

产品组分的鉴定结果见表 6.5。

表 6.5 实验结果记录

项目	鉴定试剂	反应现象
硝酸钾(A.R.)	AgNO₃	
硝酸钾产物	AgNO₃	

【注意事项】

① 为了较精确地得到产率，可将加热溶解前的烧杯与溶液在电子天平上称重，在过滤前再次称重。若称重过程中沉淀增加，可再次加热后冷却，析出晶体。

② 本方法制得的硝酸钾中还有钠盐，所以还应做焰色反应，检验 Na^+。

③ 本方法制硝酸钾时，其纯度与加入的 $NaNO_3$、KCl 的摩尔比有关，也与加热浓缩的倍数有关。所以，不可浓缩过头。

【思考题】

① 蒸发结晶后为什么要趁热过滤？

② 溶液沸腾后为什么温度高达 $100℃$ 以上？

实验 24 硫酸亚铁铵的制备

【实验目的】

① 掌握制备复盐硫酸亚铁铵的方法，了解复盐的特性。

② 掌握水浴加热、蒸发、浓缩、过滤等基本操作。

③ 了解无机物制备的投料、产量、产率的有关计算，以及产品纯度的检验方法。

【实验原理】

硫酸亚铁铵$(NH_4)_2SO_4 \cdot FeSO_4 \cdot 6H_2O$ 俗名摩尔盐，为浅蓝绿单斜晶体，易溶于水，难溶于乙醇。一般亚铁盐在空气中容易被氧化，例如，硫酸亚铁在中性溶液中能被溶于水中的少量氧气氧化，进而与水作用，甚至析出棕黄色的碱式硫酸铁（或氢氧化铁）沉淀。但形成复盐后就比较稳定，不易被氧化，因此在定量分析中常用来配制 Fe^{2+} 的标准溶液。

$$4Fe^{2+} + 2SO_4^{2-} + O_2 + 6H_2O = 2[Fe(OH)_2]_2SO_4 + 4H^+$$

实验中常采用过量的铁屑与稀 H_2SO_4 反应生成 $FeSO_4$：

$$Fe + H_2SO_4 = FeSO_4 + H_2 \uparrow$$

若向硫酸亚铁溶液中加入等物质的量的硫酸铵，则生成复盐硫酸亚铁铵。像所有的复盐那样，硫酸亚铁铵在水中的溶解度比组成它的硫酸亚铁或硫酸铵的溶解度都小，三种盐的溶解度见表 6.6。因此，蒸发浓缩含 $FeSO_4$ 和 $(NH_4)_2SO_4$ 的溶液，可制得浅绿色的硫酸亚铁铵（六水合物）晶体。

$$FeSO_4 + (NH_4)_2SO_4 + 6H_2O \xrightarrow{\hspace{1cm}} (NH_4)_2SO_4 \cdot FeSO_4 \cdot 6H_2O$$

表 6.6　几种盐的溶解度　　　　　　单位：g/100g

盐	0℃	10℃	20℃	30℃	40℃	50℃	60℃
$FeSO_4 \cdot 7H_2O$	15.6	20.5	26.5	32.9	40.2	48.6	—
$(NH_4)_2SO_4$	70.6	73.0	75.4	78.0	81.0	—	88.0
$(NH_4)_2SO_4 \cdot FeSO_4 \cdot 6H_2O$	12.5	17.2	21.6	28.1	33.0	40.0	—

若溶液的酸性减弱，则亚铁盐中 Fe^{2+} 与水作用的程度将会增大。在制备硫酸亚铁铵过程中，为了使 Fe^{2+} 不与水作用，溶液需要保持足够的酸度。

用比色法可估计产品中所含杂质 Fe^{3+} 的量。Fe^{3+} 能与 SCN^- 生成红色物质 $[Fe(SCN)]^{2+}$，当红色较深时，产品含 Fe^{3+} 较多；当红色较浅时，产品中含 Fe^{3+} 较少。因此，用所制备的硫酸亚铁铵晶体与 KSCN 溶液在比色管中配成待测液，将其与含一定量的 Fe^{3+} 所配制的标准 $[Fe(SCN)]^{2+}$ 溶液的红色进行比较，根据红色的深浅程度即可知待测液中 Fe^{3+} 的含量，从而可确定产品的等级。

$(NH_4)_2SO_4 \cdot FeSO_4 \cdot 6H_2O$ 产率的计算公式：

$$x = \frac{m_3/M[(NH_4)_2SO_4 \cdot FeSO_4 \cdot 6H_2O]}{(m_1 - m_2)/M(Fe)}$$

式中　　　　　　m_1——铁粉的总质量，g；

　　　　　　　　m_2——未反应的铁粉的质量，g；

　　　　　　　　m_3——$(NH_4)_2SO_4 \cdot FeSO_4 \cdot 6H_2O$ 的质量，g；

　　　　　　$M(Fe)$——Fe 的摩尔质量，$g \cdot mol^{-1}$；

$M[(NH_4)_2SO_4 \cdot FeSO_4 \cdot 6H_2O]$——$(NH_4)_2SO_4 \cdot FeSO_4 \cdot 6H_2O$ 的摩尔质量，$g \cdot mol^{-1}$。

【仪器与试剂】

仪器：电子天平、水浴锅、烧杯、锥形瓶、量筒、干燥箱、电炉、减压抽滤装置一套、移液管、比色管（25mL，50mL）、pH 试纸、容量瓶（250mL）、酸式滴定管。

试剂：铁屑、硫酸铵（A. R.）、$2mol \cdot L^{-1}$ HCl 溶液、$3mol \cdot L^{-1}$ H_2SO_4 溶液、$0.5mol \cdot L^{-1}$ $K_3[Fe(CN)_6]$、$0.100mg \cdot mL^{-1}$ Fe^{3+} 标准溶液、$1mol \cdot L^{-1}$ KSCN 溶液、95% 乙醇、10% Na_2CO_3 溶液、$K_2Cr_2O_7(s)$、奈氏试剂、$1mol \cdot L^{-1}$ $BaCl_2$ 溶液、二苯胺磺酸钠指示剂。

【实验内容】

•铁屑去油

准确称取 3g 铁屑，放入小烧杯中，加入 10% Na_2CO_3 溶液 10mL，小火加热 10min，以除去铁屑上的油污，然后用倾注法除去碱液，蒸馏水洗至中性，备用。

•$FeSO_4$ 的制备

往盛有洁净铁屑的锥形瓶中加入 15mL $3mol \cdot L^{-1}$ H_2SO_4 溶液，置于水浴锅中加热（在通风橱中进行），加热过程中应不时补加少量蒸馏水，以补充被蒸发掉的水分，防止 $FeSO_4$ 提前结晶。同时控制溶液的 pH 值不大于 1，直至不再有气泡冒出为止。趁热减压过滤，滤液转移至蒸发皿中。

- **$(NH_4)_2SO_4 \cdot FeSO_4 \cdot 6H_2O$ 的制备**

按 $n[(NH_4)_2SO_4]:n[FeSO_4]=1:1$ 的比例称取 $(NH_4)_2SO_4$ 的用量，加到盛有上面制得的 $FeSO_4$ 溶液的蒸发皿中。电炉上加热，搅拌使 $(NH_4)_2SO_4$ 全部溶解，搅拌下蒸发浓缩至溶液表面刚出现晶膜。取下蒸发皿静置、冷却、结晶，即有 $(NH_4)_2SO_4 \cdot FeSO_4 \cdot 6H_2O$ 晶体析出(结晶过程中不宜搅动)。待冷至室温后，减压过滤，用少量乙醇洗去晶体表面的水分。将晶体取出，置于两张洁净的滤纸之间，并轻压吸干母液。观察晶体的颜色和形状，称量，计算产率。

- **产品检验**

(1) NH_4^+、Fe^{2+} 和 SO_4^{2-} 的检验

取少量晶体于试管中，加 5～6mL 蒸馏水，使其溶解，溶液分装于 3 个试管中。

① NH_4^+ 的检验

在一试管中加入奈氏试剂 2 滴，若有红棕色沉淀生成，示有 NH_4^+ 存在。

② Fe^{2+} 的检验

在一试管中加入 3 滴 $2mol \cdot L^{-1}HCl$ 溶液和 2 滴 $0.5mol \cdot L^{-1}K_3[Fe(CN)_6]$，若产生深蓝色沉淀，示有 Fe^{2+}。

③ SO_4^{2-} 的检验

在一试管中加入 3 滴 $2mol \cdot L^{-1}HCl$ 溶液，再加入 2 滴 $1mol \cdot L^{-1}BaCl_2$ 溶液，若析出白色沉淀，示有 SO_4^{2-}。

(2) Fe^{3+} 的限量分析

1.0g 产品于 25mL 比色管中，加 15mL 蒸馏水溶解，再加入 2mL $2mol \cdot L^{-1}HCl$ 和 1mL $1mol \cdot L^{-1}KSCN$ 溶液，用蒸馏水稀释至刻度，充分振荡。将所呈现的红色与下列标准溶液进行目视比色，确定 Fe^{3+} 含量及产品标准。

在 3 支 50mL 比色管中分别加入 2mL $2mol \cdot L^{-1}HCl$ 和 1mL $1mol \cdot L^{-1}KSCN$ 溶液，再用移液管分别加入 $0.100mg \cdot mL^{-1}Fe^{3+}$ 标准溶液 0.5mL、1mL 和 2mL，加蒸馏水稀释至刻度并摇匀。三支比色管中溶液的 Fe^{3+} 含量所对应的硫酸亚铁铵试剂规格分别为：含 Fe^{3+} 0.05mg 的符合一级标准；含 Fe^{3+} 0.10mg 的符合二级标准；含 Fe^{3+} 0.20mg 的符合三级标准。

(3) $(NH_4)_2SO_4 \cdot FeSO_4 \cdot 6H_2O$ 含量的测定

① $(NH_4)_2SO_4 \cdot FeSO_4 \cdot 6H_2O$ 的干燥

将制备的晶体在 100℃左右干燥 2～3h，脱去结晶水。冷却至室温后，置于干燥的称量瓶中。

② $K_2Cr_2O_7$ 标准溶液的配制

准确称取约 1.2g(准确至 0.1mg) $K_2Cr_2O_7$，放入 100mL 烧杯中，加少量蒸馏水溶解，定量转移至 250mL 容量瓶中，用蒸馏水稀释至刻度线，振荡、摇匀，计算 $K_2Cr_2O_7$ 标准溶液的准确浓度。

$$c(K_2Cr_2O_7)=\frac{m(K_2Cr_2O_7)}{M(K_2Cr_2O_7)\times250.0\times10^{-3}}$$

$$M(K_2Cr_2O_7)=294.18g \cdot mol^{-1}$$

③ 含量测定

准确称取 $0.3 \sim 0.4g$(准确至 $0.1mg$) 干燥后的 $(NH_4)_2SO_4 \cdot FeSO_4 \cdot 6H_2O$ 两份，分别放入 $250mL$ 锥形瓶中，各加入 $50mL$ 蒸馏水及 $10mL$ $3mol \cdot L^{-1} H_2SO_4$，加 $2.5mL$ 85% H_3PO_4，滴加 $3 \sim 4$ 滴二苯胺磺酸钠指示剂，用 $K_2Cr_2O_7$ 标准溶液滴定至溶液由深绿色变为紫色或蓝紫色即为终点。

$$w(Fe) = \frac{6c(K_2Cr_2O_7)V(K_2Cr_2O_7)\dfrac{M(Fe)}{1000}}{m_{样品}}$$

【结果及处理】

（1）$(NH_4)_2SO_4 \cdot FeSO_4 \cdot 6H_2O$ 的制备

数据记录见表 6.7。

表 6.7 数据记录

铁屑质量/g	$(NH_4)_2SO_4$ 质量/g	$(NH_4)_2SO_4 \cdot FeSO_4 \cdot 6H_2O$ 质量/g

（2）产品组分的检验

实验结果记录见表 6.8。

表 6.8 实验结果记录

项目	鉴定试剂	反应现象
NH_4^+ 的检验	奈氏试剂	
Fe^{2+} 的检验	$K_3[Fe(CN)_6]$	
SO_4^{2-} 的检验	$BaCl_2$	

【注意事项】

① $FeSO_4$ 的生成实验一定要在通风橱内进行，否则酸雾太大。

② 用此方法获得的产率不是真的产率，因为 $(NH_4)_2SO_4 \cdot FeSO_4 \cdot 6H_2O$ 的结晶中还有很多表面游离的水存在。若实验时间允许，应将产物在 $105℃$ 下烘干 $45 \sim 60min$ 后称重。由于实验时间所限，不能按正规的方法操作。

③ 蒸发和浓缩时，不要接近蒸干。蒸干后有可能使 $(NH_4)_2SO_4 \cdot FeSO_4 \cdot 6H_2O$ 的部分结晶水丢失，与本实验要求的产物不符。且接近蒸干时，H_2SO_4 成为浓硫酸，会使 Fe^{2+} 氧化为 Fe^{3+}，产物质量下降。这也不利于去除其他可溶性杂质。

④ 未反应完的少量铁屑粘在滤纸上，很难剥离称量。生产中可根据工艺过程加入原料，无须再称量未反应完的铁。

【思考题】

① 在此实验中，应保证铁过量还是硫酸过量？为什么？

② 为什么制备硫酸亚铁铵时要保持溶液有较强的酸性？

③ 为什么制备 $FeSO_4$ 要趁热过滤？

实验 25 碱式碳酸铜的制备

【实验目的】

① 了解碱式碳酸铜的制备原理和方法。

② 通过碱式碳酸铜制备条件的探求和生成物颜色、状态的分析，研究反应物的合理配料比，并确定制备反应适合的温度条件。

③ 练习碱式碳酸铜中 Cu^{2+} 含量的测定方法。

【实验原理】

碱式碳酸铜 $[Cu_2(OH)_2CO_3]$ 为绿色结晶性粉末，加热至 $200^{\circ}C$ 即分解，溶于稀酸、氨水和氰化钾溶液，难溶于冷水，在沸水中易分解。

$$2CuSO_4 + 2Na_2CO_3 + H_2O \xrightarrow{\quad\quad} Cu_2(OH)_2CO_3 \downarrow + 2Na_2SO_4 + CO_2 \uparrow$$

【仪器与试剂】

仪器：电子天平、烧杯、玻璃棒、抽滤装置一套、试管、移液管、锥形瓶、水浴箱、烘箱。

试剂：$CuSO_4 \cdot 5H_2O$（A. R.）、Na_2CO_3（A. R.）、0.2％淀粉、20％KI、$0.1mol \cdot L^{-1} Na_2S_2O_3$ 标准溶液、10％KSCN、$3mol \cdot L^{-1} H_2SO_4$。

【实验内容】

（1）反应物溶液配制

分别称取 12.5g $CuSO_4 \cdot 5H_2O$、5.3g Na_2CO_3 各配成 100mL $0.5mol \cdot L^{-1}$ 的溶液。

（2）制备反应条件的探求

① $CuSO_4$ 和 Na_2CO_3 溶液的合适配比

往 4 支试管内均加入 2.0mL $0.5mol \cdot L^{-1}$ $CuSO_4$ 溶液，再分别取 $0.5mol \cdot L^{-1}$ Na_2CO_3 溶液 1.6mL、2.0mL、2.4mL 及 2.8mL，依次加入另外 4 支编号的试管中，将 8 支试管放在 $75^{\circ}C$ 水浴中。几分钟后，依次将 $CuSO_4$ 溶液分别倒入 Na_2CO_3 溶液中，振荡，通过比较反应的速度、沉淀的多少、沉淀的颜色得出最佳物料比。

② 反应温度的探求

分别在 4 支试管中加入 2.0mL $0.5mol \cdot L^{-1}$ $CuSO_4$ 溶液，另取 4 支试管，各加入由上述实验得到的合适用量的 $0.5mol \cdot L^{-1}$ Na_2CO_3 溶液。从这两列试管中各取 1 支，分别置于室温、$50^{\circ}C$、$75^{\circ}C$、$100^{\circ}C$ 的恒温水浴锅中，数分钟后将 $CuSO_4$ 溶液倒入 Na_2CO_3 溶液中，振荡，由实验结果确定制备反应的合适温度。

（3）$Cu_2(OH)_2CO_3$ 的合成

取 60mL $0.5mol \cdot L^{-1}$ $CuSO_4$ 溶液，根据上面实验确定的反应物合适比例及适宜温度制取碱式碳酸铜。待沉淀完全后，用蒸馏水洗涤沉淀数次，直到沉淀中不含 SO_4^{2-} 为止，吸干。

将所得产品在烘箱中于 $100^{\circ}C$ 烘干，待冷至室温后称量，并计算产率。

（4）$Cu_2(OH)_2CO_3$ 中 Cu^{2+} 含量的检测

准确称取 0.2000～0.3000g $Cu_2(OH)_2CO_3$ 样品 3 份，分别加入 250mL 锥形瓶中，加入 5mL $3mol \cdot L^{-1} H_2SO_4$ 和 100mL 蒸馏水，溶解后，加入 20％KI 溶液 10mL，摇匀。置于暗处 10min 后，用 $0.1mol \cdot L^{-1} Na_2S_2O_3$ 标准溶液滴定析出的 I_2，当滴至溶液由棕红色变为土黄色，再变为浅黄色时，表示已接近终点。然后加入 0.2％淀粉溶液 2mL，这时溶液呈深蓝色。继续用 $Na_2S_2O_3$ 标准溶液滴定至浅蓝色，再加入 10％KSCN 溶液 10mL，混合后，溶液的蓝色又变深，再继续滴定至溶液的蓝色消失，即为终点。此时溶液有米色的 CuSCN 沉淀存在，使终点呈灰白色或浅肉色的悬浊液，记录消耗的 $Na_2S_2O_3$ 标准溶液的体积，计算 Cu^{2+} 含量。

【结果及处理】

实验结果及处理见表 6.9～6.11。

表 6.9　反应原料的配比对反应产物的影响

实验编号	$V(CuSO_4)$/mL	$V(Na_2CO_3)$/mL	沉淀颜色	沉淀数量	沉淀颗粒大小	沉淀完全沉降所需时间
1						
2						
3						
4						

表 6.10　反应温度对反应产物的影响

实验编号	温度	沉淀颜色	沉淀数量	沉淀颗粒大小	沉淀完全沉降所需时间
1	室温				
2	50℃				
3	75℃				
4	100℃				

表 6.11　$Cu_2(OH)_2CO_3$ 中 Cu^{2+} 含量的测定

项目	次数		
	1	2	3
$c(Na_2S_2O_3)$/(mol·L^{-1})			
$m[Cu_2(OH)_2CO_3]$/g			
$V(Na_2S_2O_3)$/mL			
$w(Cu)$/%			
$\overline{w}$/%			
绝对偏差			
相对偏差/%			
相对平均偏差/%			

【注意事项】

① 加入 KI 溶液后，应立即滴定，以防 CuI 沉淀对 I_2 的吸附太牢固。

② 淀粉不能太早加入，因滴定反应中产生大量的 CuI 沉淀，淀粉与 I_2 过早形成蓝色配合物，大量 I_3^- 被吸附，终点颜色呈较深的灰色，不好观察。

③ 加入 KSCN 不能过早，而且加入后要剧烈摇动，有利于沉淀的转化和释放出吸附的 I_3^-。

【思考题】

① 反应温度过高或过低对产物有什么影响？

② 碘量法测定铜时，为什么要在强酸性介质中进行？

实验 26　$CuSO_4·5H_2O$ 的制备与提纯

【实验目的】

① 了解以废铜和工业硫酸为主要原料制备 $CuSO_4·5H_2O$ 的原理和方法。

② 掌握灼烧、蒸发浓缩、结晶、减压过滤等基本操作。
③ 学习重结晶法提纯物质的原理和方法。

【实验原理】

$CuSO_4 \cdot 5H_2O$ 俗称蓝矾、胆矾或孔雀石，为蓝色透明三斜晶体，易溶于水，难溶于无水乙醇，在水中溶解度见表 6.12。

表 6.12 $CuSO_4 \cdot 5H_2O$ 在水中的溶解度

$T/℃$	0	20	40	60	80	100
溶解度/(g/100g)	23.1	32.0	44.6	61.8	83.8	114

$CuSO_4 \cdot 5H_2O$ 在干燥空气中缓慢风化，加热至 218℃ 以上失去全部结晶水而成为白色无水 $CuSO_4$。无水 $CuSO_4$ 易吸水变蓝，利用此性质可检验某些液态有机物中微量的水。$CuSO_4 \cdot 5H_2O$ 用途广泛，常用作棉及丝织品印染的媒染剂、农业杀虫剂、水的杀菌剂、木材防腐剂、铜的电镀剂等。同时，还大量用于有色金属选矿（浮选）工业、船舶油漆工业及其他化工原料的制造。

（1）$CuSO_4 \cdot 5H_2O$ 的制备

$CuSO_4 \cdot 5H_2O$ 的制备方法有多种，如电解液法、废铜法、氧化铜法、白冰铜法、二氧化硫法。本实验以废铜和工业硫酸为主要原料制备 $CuSO_4 \cdot 5H_2O$，先将铜粉灼烧成氧化铜，再将氧化铜溶于硫酸而制得。反应方程式如下：

$$2Cu + O_2 \xrightarrow{\text{灼烧}} 2CuO（黑色）$$

$$CuO + H_2SO_4 \xlongequal{\quad\quad} CuSO_4 \cdot H_2O$$

（2）硫酸铜提纯

由于废铜及工业硫酸不纯，制得的溶液中除生成硫酸铜外，还含有不溶性杂质和可溶性杂质。不溶性杂质可通过过滤除去，可溶性杂质 Fe^{2+} 和 Fe^{3+}，先用氧化剂 H_2O_2 将 Fe^{2+} 氧化成 Fe^{3+}，然后调节溶液的 pH 值在 3.5～4 之间，使 Fe^{3+} 水解成为 $Fe(OH)_3$ 沉淀而除去，反应式如下：

$$2Fe^{2+} + H_2O_2 + 2H^+ \xlongequal{\quad\quad} 2Fe^{3+} + 2H_2O$$

$$Fe^{3+} + 3H_2O \xlongequal{\quad\quad} Fe(OH)_3 \downarrow + 3H^+$$

溶液的 pH 值越高，Fe^{3+} 沉淀越完全；但 pH 值过高时，Cu^{2+} 会水解，特别是在加热的情况下，其水解程度更大。本实验控制 pH≈3。

将除去杂质的 $CuSO_4$ 溶液进行蒸发、冷却和结晶，减压过滤后得到蓝色 $CuSO_4 \cdot 5H_2O$ 晶体。

（3）硫酸铜的纯度检验

将提纯后的样品溶于蒸馏水中，加入过量的氨水使 Cu^{2+} 生成深蓝色的 $[Cu(NH_3)_4]^{2+}$，Fe^{3+} 形成 $Fe(OH)_3$ 沉淀。过滤后用 HCl 溶解 $Fe(OH)_3$，然后加 KSCN 溶液，Fe^{3+} 越多，血红色越深。反应式为：

$$Fe^{3+} + 3NH_3 \cdot H_2O \xlongequal{\quad\quad} Fe(OH)_3 \downarrow + 3NH_4^+$$

$$2Cu^{2+} + SO_4^{2-} + 2NH_3 \cdot H_2O \xlongequal{\quad\quad} Cu_2(OH)_2SO_4（浅蓝色）\downarrow + 2NH_4^+$$

$$Cu_2(OH)SO_4 + 2NH_4^+ + 6NH_3 \cdot H_2O \xlongequal{\quad\quad} 2[Cu(NH_3)_4]^{2+}（深蓝色）+ SO_4^{2-} + 8H_2O$$

$$Fe(OH)_3 + 3H^+ == Fe^{3+} + 3H_2O$$
$$Fe^{3+} + nSCN^- == [Fe(SCN)_n]^{3-n} \quad (n=1\sim6)$$

【仪器与试剂】

仪器：电子天平、瓷坩埚、泥三角、坩埚钳、酒精喷灯、烧杯、量筒、减压抽滤装置一套、蒸发皿、电炉、石棉网、三脚架。

试剂：$3mol \cdot L^{-1} H_2SO_4$、$3\% H_2O_2$、$CuCO_3$（A.R.）、$6mol \cdot L^{-1} NH_3 \cdot H_2O$、$1mol \cdot L^{-1} KSCN$、$2mol \cdot L^{-1} HCl$、废铜粉。

【实验内容】

（1）CuO 的制备

准确称取 3.0g 废铜粉，放入洁净的经充分灼烧干燥并冷却后的瓷坩埚中。将坩埚置于泥三角上，用酒精喷灯高温灼烧，并不断搅拌，直至 Cu 粉完全转化为黑色 CuO（约 20min），停止加热，冷却。

（2）粗 $CuSO_4$ 溶液的制备

将冷却后的 CuO 倒入 100mL 烧杯中，加入 20mL $3mol \cdot L^{-1} H_2SO_4$，再加 10mL 蒸馏水，微热使其溶解。

（3）$CuSO_4$ 溶液的精制

将粗 $CuSO_4$ 溶液加热，搅拌下滴加 2mL $3\% H_2O_2$ 溶液，使 Fe^{2+} 氧化成 Fe^{3+}，检验溶液中是否还存在 Fe^{2+}（如何检验）。当 Fe^{3+} 完全氧化后，慢慢加入 $CuCO_3$ 粉末，并不断搅拌直至溶液 pH＝3，再加热至沸（防止溶液溅出！），趁热抽滤，滤液转移至洁净的蒸发皿中。

（4）$CuSO_4 \cdot 5H_2O$ 晶体的制备

在精制的 $CuSO_4$ 溶液中，滴加 $3mol \cdot L^{-1} H_2SO_4$ 酸化，调节溶液 pH 值至 $1\sim2$，然后将蒸发皿小火加热，蒸发浓缩至液面出现晶膜时，即可停止加热。冷却至晶体析出，抽滤，用滤纸吸干晶体表面的水分。

（5）重结晶法提纯 $CuSO_4 \cdot 5H_2O$

按 $CuSO_4 \cdot 5H_2O ：H_2O = 1 ：1.2$ 的质量比，将 $CuSO_4 \cdot 5H_2O$ 溶于蒸馏水中，加热溶解，趁热抽滤。滤液转移至烧杯中，冷却至室温，待蓝色晶体析出后，抽滤，滤纸吸干水分后称重，计算产率。

（6）$CuSO_4 \cdot 5H_2O$ 晶体中铜含量的测定

采用间接碘量法进行测定，方法见实验 25 碱式碳酸铜的制备。

（7）$CuSO_4 \cdot 5H_2O$ 纯度的检验

① 称取 1g 提纯后的 $CuSO_4 \cdot 5H_2O$ 晶体，放入烧杯中，用 10mL 蒸馏水溶解，依次加入 1mL $3mol \cdot L^{-1} H_2SO_4$ 和 2mL $3\% H_2O_2$ 溶液，煮沸。

② 溶液冷却后，搅拌下加入 $6mol \cdot L^{-1} NH_3 \cdot H_2O$，直至生成的浅蓝色沉淀完全溶解，溶液变为深蓝色为止，此时 Fe^{3+} 转化为 $Fe(OH)_3$ 沉淀。抽滤，用少量蒸馏水洗涤滤纸上的沉淀物，直至蓝色洗去为止。

③ 将 3mL $2mol \cdot L^{-1}$ 热 HCl 滴在滤纸上，使 $Fe(OH)_3$ 沉淀溶解。

④ 在滤液中滴入 2 滴 $1mol \cdot L^{-1}$ KSCN 溶液，观察溶液颜色变化及深浅程度。

⑤ 称取 1g 分析纯 $CuSO_4 \cdot 5H_2O$ 晶体，重复①~④的操作，比较两种溶液血红色的深浅，评定产品的纯度。

【思考题】

① 在粗 $CuSO_4$ 溶液中 Fe^{2+} 杂质为什么要氧化为 Fe^{3+} 后除去？为什么要调节溶液的 pH=3？pH 值太大或太小有何影响？

② 为什么要在精制后的 $CuSO_4$ 溶液中调节 pH=1 使溶液呈强酸性？

③ 蒸发、浓缩、结晶时，为什么刚出现晶膜就要停止加热，而不能将溶液蒸干？

实验 27　净水剂聚合硫酸铁的制备

【实验目的】

① 了解聚合硫酸铁的净水原理。

② 掌握聚合硫酸铁的制备方法。

③ 掌握聚合硫酸铁主要性能的检测方法。

【实验原理】

目前，无机混凝剂因易得、制备简便、价格便宜，在水处理中应用最为广泛。典型的无机混凝剂有铝盐和铁盐两大类。但铝系混凝剂在某些场合应用不够理想，而且 Al^{3+} 在人体内有积蓄的潜在危害等，因此，铁系高分子混凝剂的开发应用也日益受到重视。

聚合硫酸铁是一种无机高分子净水混凝剂，其化学通式为 $[Fe_2(OH)_n(SO_4)_{3-n/2}]_m$，红褐色黏稠透明的液体。聚合硫酸铁作为水处理混凝剂具有明显的优点：

① 由于聚合硫酸铁中含 $[Fe_2(OH)_3]^{3+}$、$[Fe_3(OH)_6]^{3+}$、$[Fe_8(OH)_{20}]^{4+}$ 等多种聚合态铁配合物，因此具有优良的凝聚性能，而且由于水解产物胶粒的电荷高，有利于产生凝聚作用。

② 腐蚀性小，pH 适用范围广，残留铁量少，COD 去除率高，脱色效果好。

③ 无污染、无毒性，原料来源广泛，是一种有发展前途的净水混凝剂。

聚合硫酸铁以硫酸亚铁和硫酸为原料，可用钛白粉厂或钢铁厂酸洗废液和废酸为原料，在一定条件下经氧化、水解、聚合而制得。其反应包括两个过程：Fe^{2+} 氧化为 Fe^{3+}，为放热过程；Fe^{3+} 水解并聚合生成 $[Fe_2(OH)_n(SO_4)_{3-n/2}]_m$，为吸热过程。其反应方程式为：

$$6FeSO_4 + 3H_2SO_4 + KClO_3 = 3Fe_2(SO_4)_3 + KCl + 3H_2O$$
$$Fe_2(SO_4)_3 + nH_2O = Fe_2(OH)_n(SO_4)_{3-n/2} + n/2H_2SO_4$$
$$mFe_2(OH)_n(SO_4)_{3-n/2} = [Fe_2(OH)_n(SO_4)_{3-n/2}]_m$$

制备方法有直接氧化法和催化氧化法。直接氧化法常用的氧化剂有 $KClO_3$、H_2O_2、$NaClO$ 等；催化氧化法主要用 $NaNO_2$ 作催化剂，氧气或空气作氧化剂。

本实验采用 $KClO_3$ 为氧化剂的直接氧化法制备聚合硫酸铁。

【仪器与试剂】

仪器：烧杯、磁力搅拌器、恒温槽、比重计、酸度计、电炉、表面皿、蒸发皿、烘干箱。

试剂：$FeSO_4 \cdot 7H_2O$（s，96%）、$KClO_3$（s）、浓 H_2SO_4（93%，$\rho = 1.830 g \cdot mL^{-1}$）、$500 g \cdot L^{-1} KF$、$0.015 mol \cdot L^{-1} K_2Cr_2O_7$ 标准溶液、$0.01 mol \cdot L^{-1} KMnO_4$ 标准溶液、$0.1 mol \cdot L^{-1} KOH$ 标准溶液、1% 酚酞、盐酸。

【实验内容】

（1）制备

① 取 55.5g $FeSO_4$、100mL 蒸馏水于 250mL 烧杯中，加入 3~4mL 1mol·L^{-1} H_2SO_4 [按 $n(FeSO_4) : n(H_2SO_4) = 1 : 0.3$]，混合均匀。

② 称取 4.5g $KClO_3$ 固体加入混合溶液中，开启磁力搅拌器，转速控制在 120r/min，25℃下反应 2.5h，得到红褐色黏稠液体。

③ 将溶液倾入蒸发皿中，弃去沉淀，在电炉上蒸发浓缩，期间不断搅拌，当溶液变稠时，改用慢火加热，直至溶液非常黏稠搅拌困难为止。将半干的产品转移至已知质量的表面皿中，继续在 100℃下加热 45min，使其完全干燥，即得灰黄色的聚合硫酸铁固体。

（2）检测

参照《水处理剂聚合硫酸铁》（GB/T 14591—2016）分析方法进行主要指标的测定。

① 用比重计测定聚合硫酸铁液体的密度。

② 用 $K_2Cr_2O_7$ 法测定全铁含量。

③ 用 $KMnO_4$ 法测定全铁含量。

④ 盐基度的测定：在样品中加入定量盐酸溶液，再加入 KF 掩蔽铁，然后以酚酞为指示剂，用 KOH 标准溶液滴定。

⑤ 用酸度计测定 1% 聚合硫酸铁水溶液的 pH。

聚合硫酸铁的主要性能指标应满足表 6.13。

表 6.13　聚合硫酸铁的主要性能指标（GB/T 14591—2016）

项目	密度/(g·cm⁻³)	全铁含量/%	还原性物质含量(以 Fe²⁺ 计)/%	盐基度/%	pH(10g/L 的水溶液)
指标	≥1.45	≥11.0	≤0.10	8.0~16.0	1.5~3.0

【注意事项】

① 聚合硫酸铁质量好坏主要取决于全铁含量和盐基度，其中盐基度更为重要。盐基度越高，说明聚合度越大，混凝效果也越好。而影响聚合硫酸铁的盐基度高低的主要因素是 H_2SO_4 用量及反应温度，因而可选择不同的 H_2SO_4 用量及反应温度进行条件实验，得出聚合硫酸铁的最佳合成条件。

② H_2SO_4 在聚合硫酸铁的合成过程中有两个作用：a. 作为反应的原料参与了聚合反应；b. 决定体系的酸度，其用量直接影响产品性能。但 H_2SO_4 用量太大，Fe^{2+} 氧化不完全，样品颜色由红褐色变为黄绿色，且大部分 Fe^{3+} 没有参与聚合，导致盐基度很低，合成失败；H_2SO_4 用量不足，量越少，生成 $Fe(OH)_3$ 趋势越大，即溶液中 $c(OH^-)$ 相对较大。

【思考题】

① 制备聚合硫酸铁常用的方法有哪些？

② 为什么可以用聚合硫酸铁作为水处理混凝剂？还有哪些物质可用来净水？原理与聚合硫酸铁净水的原理是否一样？

实验 28 硫代硫酸钠的制备

【实验目的】

① 学习亚硫酸钠法制备硫代硫酸钠的原理和方法。

② 掌握蒸发、浓缩、结晶和减压过滤等基本操作。

【实验原理】

硫代硫酸钠（$Na_2S_2O_3 \cdot 5H_2O$）俗称大苏打或海波，无色透明单斜晶体。硫代硫酸钠易溶于水，不溶于乙醇，具有较强的还原性和配位能力。硫代硫酸钠有很大的实用价值，在分析化学中用来定量测定碘，在纺织工业和造纸工业中作脱氯剂，在摄影业中作定影剂，在医药中用作急救解毒剂。$Na_2S_2O_3 \cdot 5H_2O$ 在水中的溶解度见表 6.14。

表 6.14 $Na_2S_2O_3 \cdot 5H_2O$ 在水中溶解度

$T/℃$	0	10	20	25	35	45	75
溶解度/(g/100g)	50.15	59.66	70.07	75.90	91.24	120.9	233.3

硫代硫酸钠的制备方法有很多，其中亚硫酸钠法是工业和实验室中最主要的制备方法。将硫粉与亚硫酸钠溶液直接加热反应，然后经过滤、浓缩、结晶，得到 $Na_2S_2O_3 \cdot 5H_2O$ 晶体。

$$Na_2SO_3 + S + 5H_2O \Longrightarrow Na_2S_2O_3 \cdot 5H_2O$$

反应过程中常加入乙醇，能增加亚硫酸钠与硫黄的接触机会（硫在乙醇中的溶解度较大），增加反应速率，减少反应时间。$Na_2S_2O_3 \cdot 5H_2O$ 在 33℃以上的干燥空气中风化，于 40~45℃熔化，48℃分解。因此，在浓缩过程中应注意不能蒸发过度。

【仪器与试剂】

仪器：电子天平、电炉、烧杯、蒸发皿、抽滤装置一套。

试剂：固体 $Na_2S_2O_3$、硫黄粉、95%乙醇、活性炭、$0.1mol \cdot L^{-1} AgNO_3$ 溶液、酚酞指示剂、$0.1mol \cdot L^{-1} I_2$ 标准溶液、Na_2CO_3（s）、淀粉指示剂。

【实验内容】

• 硫代硫酸钠的制备

取 1.5g 硫黄粉于 100mL 烧杯中，加 3mL 乙醇搅拌均匀后，加入 5.0g $Na_2S_2O_3$ 和 50mL 蒸馏水，不断搅拌下，小火加热煮沸，至硫黄粉几乎全部反应（约 40min，注意补充水）。停止加热，待溶液稍冷后加 1g 活性炭，加热煮沸 2min。趁热过滤，滤液转移至蒸发皿中，小火蒸发浓缩至溶液呈微黄色浑浊（待滤液浓缩至刚有结晶开始析出时），冷却，结晶。减压过滤，晶体用乙醇洗涤，再用滤纸吸干（或在 40℃以下烘干），称重，计算产率。

• 产品检验

（1）定性鉴定

取少量 $Na_2S_2O_3 \cdot 5H_2O$ 晶体于试管中，蒸馏水溶解，加入两滴 $0.1mol \cdot L^{-1} AgNO_3$

溶液，观察生成的沉淀由白→黄→棕→黑的变化过程。

（2）含量测定

准确称取 0.5g $Na_2S_2O_3 \cdot 5H_2O$ 晶体，用少量蒸馏水溶解，加入 1～2 滴酚酞，如溶液无色，则加入少量 Na_2CO_3 使溶液呈微红色。以淀粉作指示剂，用 $0.1mol \cdot L^{-1}$ I_2 标准溶液进行滴定，滴至蓝色且 30s 内不褪色，即为终点。记录消耗的 I_2 标准溶液的体积，计算产率。

【思考题】

① 为什么硫代硫酸钠不能在高于 40℃ 的温度下干燥？

② 写出产品检验的反应方程式。

第 7 章

化学原理与物理常数的测定实验

实验 29　凝固点降低法测葡萄糖摩尔质量

【实验目的】

① 掌握凝固点降低法测定摩尔质量的原理和方法，加深对稀溶液依数性的理解；

② 巩固移液管和电子天平的使用，学习精密温度计的使用。

【实验原理】

溶液的凝固点低于纯溶剂的凝固点，其根本原因在于溶液的蒸气压下降。当溶液很稀时，难挥发非电解质稀溶液的凝固点降低值与溶质的质量摩尔浓度成正比。

$$\Delta T_f = T_f^* - T_f = K_f b \tag{7.1}$$

式中，K_f 为凝固点降低常数，$K \cdot kg \cdot mol^{-1}$；$\Delta T_f$ 为凝固点降低值，K；T_f^* 为纯溶剂的凝固点，K；T_f 为溶液的凝固点，K；b 为溶质的质量摩尔浓度，$mol \cdot kg^{-1}$。

其中

$$b = \frac{m_B}{M_B m_A} \times 1000 \tag{7.2}$$

式中，m_B 为溶质的质量，g；m_A 为溶剂的质量，g；M_B 为溶质的摩尔质量，$g \cdot mol^{-1}$。

将式(7-1) 代入式(7-2)，得

$$M_B = K_f \frac{1000 m_B}{\Delta T_f m_A} \tag{7.3}$$

根据已知的凝固点降低系数（水的 $K_f = 1.86 K \cdot kg \cdot mol^{-1}$）和溶质、溶剂的质量，只需要再测得 ΔT_f，即可求得溶质的摩尔质量 M_B。

凝固点的测定可采用过冷法。将纯溶剂逐渐降温至过冷，然后促其结晶。当晶体生成时，放出一定热量，使体系温度保持相对恒定，直到全部液体凝固后才会继续下降。相对恒定的温度即为该纯溶剂的凝固点，见图 7.1。

图 7.2 是溶液的冷却曲线，它与纯溶剂的冷却曲线有所不同。当溶液达到凝固点时，随着溶剂成为晶体从溶液中析出，溶液的浓度不断增大，其凝固点会不断下降，因此曲线的水平段向下倾斜。可将斜线反向延长使与过冷前的冷却曲线相交，交点的温度即为此溶液的凝固点。

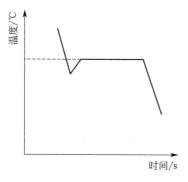

图 7.1　纯溶剂的冷却曲线

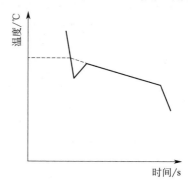

图 7.2　溶液的冷却曲线

为保证凝固点测定的准确性，每次测定要尽可能控制在相同的过冷程度。因稀溶液的凝固点降低值不大，温度的测量需要用精密的测温仪器，本实验用贝克曼温度计。

【仪器与试剂】

仪器：贝克曼温度计、电子天平、大试管、大烧杯、移液管（10mL）、洗耳球、金属丝搅拌器、单孔软木塞、铁架台。

试剂：葡萄糖(s)、食盐(s)、冰。

【实验内容】

（1）纯水凝固点的测定

按图 7.3 安装实验装置。准确移取 10.00mL 蒸馏水（质量近似为 10.00g）于干燥的大试管中，将插有温度计和搅拌器的软木塞塞好。调节温度计的高度，使其底部距离大试管底部 1cm 左右，记下蒸馏水的温度。然后将试管插入装有冰块、水和粗盐混合物的大烧杯中（注意：试管液面必须低于冰盐混合物的液面），用夹子固定住大试管。

开始记录时间，并上下移动试管中的金属丝搅拌器，搅拌器不要触碰温度计及管壁，每隔 30s 记录一次温度。当冷至比水的凝固点高出 1~2℃时，停止搅拌，待蒸馏水过冷至凝固点以下约 0.5℃左右再继续搅拌（当开始有结晶出现时，由于有热量放出，蒸馏水温度将略有上升），直至温度不再随时间变化为止。温度上升后所达到的最高温度（冷却曲线中水平部位对应的温度），即为蒸馏水的凝固点。

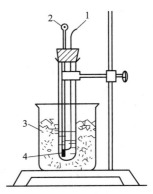

图 7.3　凝固点测定装置
1—搅拌棒；2—温度计；
3—水浴烧杯；4—试管

（2）葡萄糖-水溶液凝固点的测定

准确称取 0.2~0.5g 的葡萄糖，倒入装有 10.00mL 蒸馏水的大试管中，使其全部溶解。装上插有温度计和搅拌器的软木塞，按照上述实验方法和要求，测定葡萄糖-水溶液的凝固点。上升后的温度并不如纯水那样保持恒定，而是缓慢下降，一直记录到温度明显下降为止。

按照前面操作再次测定溶液的凝固点，取其平均值。

（3）冷却曲线的绘制

以温度为纵坐标、时间为横坐标，在坐标纸上作出冷却曲线图。纯水冷却曲线中相对恒定的温度即为凝固点。葡萄糖水溶液的冷却曲线中，将曲线凝固点斜线反向延长使之与过冷前的曲线相交，交点温度即为此葡萄糖水溶液的凝固点。

【结果及处理】

凝固点的测定见表 7.1 和表 7.2。

表 7.1　纯水凝固点的测定

时间/s	30	60	90	120	150	180	210	…
温度/℃								

表 7.2　葡萄糖-水溶液凝固点的测定

时间/s	30	60	90	120	150	180	210	…
温度/℃								

M（葡萄糖）=_____

【注意事项】

① 大试管均应预先洗涤并干燥。

② 温度计和金属丝搅拌器预先和软木塞配好。

③ 冰盐冷冻体系中，水不要放太多，冰块大小适中，使大试管适于插入水中，盐粒应尽量放在冰的上面。

【思考题】

① 为什么纯溶剂和溶液的冷却曲线不同？如何根据冷却曲线确定凝固点？

② 当液体温度在凝固点附近时为什么不能搅拌？

③ 实验中所配的溶液浓度太大或太小会给实验结果带来什么影响？

④ 冷却用的冰水混合物中加入粗盐的目的是什么？

实验 30　胶体溶液的性质

【实验目的】

① 学习胶体和乳浊液的制备方法。

② 熟悉胶体的光学、电学和动力学性质。

③ 了解固体吸附剂在溶液中的吸附现象。

【实验原理】

胶体溶液是一种高度分散的多相体系，是直径在 $1\sim100nm$ 的固体颗粒或高分子化合物分散在溶剂中所形成的溶液，分散剂大多数为水，少数为非水溶剂。胶体溶液具有很大的比表面积和表面能，故胶体是热力学不稳定体系。

胶体溶液具有光学、电学和动力学三个性质：丁达尔效应说明胶粒对光线产生散射作用、动力学性质表现为布朗运动、胶粒带有电荷使胶体溶液具有电泳现象。要制备比较稳定的胶体溶液，就要在加入稳定剂的条件下设法获得适当大小（$10^{-7}\sim10^{-5}cm$）的颗粒。在此原则上有两种方法：

① 凝聚法：即在一定条件下使分子或离子聚结为胶粒。

② 分散法：将大颗粒的分散相在一定条件下分散为胶粒。

在胶体溶液中加入电解质，使胶团扩散层变薄，胶体粒子合并变大，发生聚沉。此外，浓度、温度增高及两种带有相反电荷的溶胶相互混合等，都可克服胶团的电性排斥力，使溶胶聚沉。

固体吸附剂在溶液中可以吸附分子，也可以吸附离子。

【仪器与试剂】

仪器：烧杯(100mL)、量筒(10mL，50mL)、胶头滴管、聚光箱、铁架台、试管、洗瓶、酒精灯、漏斗、滤纸。

试剂：$2mol\cdot L^{-1}NH_3\cdot H_2O$、$1mol\cdot L^{-1}FeCl_3$、$2mol\cdot L^{-1}CuSO_4$、$5mol\cdot L^{-1}NaCl$、$0.05mol\cdot L^{-1}Na_2SO_4$、$0.005mol\cdot L^{-1}K_3[Fe(CN)_6]$、$2mol\cdot L^{-1}AlCl_3$、1%酒石酸锑钾、饱和 H_2S 水溶液、饱和 $(NH_4)_2SO_4$ 溶液、稀蛋白质溶液、1%明胶、苯、

活性炭、0.01%品红、肥皂水。

【实验内容】

• 溶胶的制备

(1) 凝聚法

复分解法制硫化亚锑溶胶：将 50mL 1% 的酒石酸锑钾溶液加入烧杯中，滴加饱和 H_2S 水溶液直至溶胶变成橙红色为止，留存备用。

水解法制备 $Fe(OH)_3$ 溶胶：加 30mL 蒸馏水于 100mL 烧杯中，加热至沸腾，逐滴加入 3mL 1mol·L^{-1} $FeCl_3$ 溶液，继续煮沸 1~2min，待溶液呈红棕色后停止加热，留存备用。

(2) 分散法制备 $Al(OH)_3$ 溶胶

在 1 支试管中加入 2mol·L^{-1} $AlCl_3$ 溶液，逐滴加入 2mol·L^{-1} NH_3·H_2O，使其完全沉淀。过滤沉淀，用适量的蒸馏水洗涤 2~3 次，将沉淀转入烧杯中，加 50mL 蒸馏水继续加热煮沸 20min 左右，取上清液，留存备用。

• 溶胶的光学性质——丁达尔效应

将上述制备的几种溶胶放入装有强光灯泡及聚光镜的聚光箱中（或用手电筒在暗处观察），观察溶胶中形成的光路，并与 2mol·L^{-1} $CuSO_4$ 溶液对照。

• 溶胶的聚沉

① 取三支试管，各加入 5mL $Fe(OH)_3$ 溶胶，第一支试管滴加 0.005mol·L^{-1} $K_3[Fe(CN)_6]$，第二支试管滴加 0.05mol·L^{-1} Na_2SO_4，第三支试管滴加 5mol·L^{-1} NaCl，每支试管均加至刚好出现浑浊为止。记录每种电解质溶液引起溶胶发生聚沉所需的最小量，通过估算聚沉值比较说明三种电解质对溶胶聚沉能力的大小，并解释原因。

② 将 5mL $Fe(OH)_3$ 溶胶和 5mL Sb_2S_3 溶胶混合在一起，振荡试管，观察现象并解释原因。

③ 取 Sb_2S_3 溶胶 5mL 于试管中，加热至微沸，冷却后观察现象，并解释原因。

④ 蛋白质溶液的聚沉作用。在 0.5mL 稀蛋白质溶液中加入饱和 $(NH_4)_2SO_4$ 溶液，当两者的体积大约相等时，观察有何变化。

• 高分子化合物对溶胶的保护作用

分别将 5mL $Fe(OH)_3$ 溶胶加入两支试管中，在第一支试管中加入 1mL 蒸馏水，第二支试管中加入 1mL 1% 明胶，振荡试管。在两支试管中各滴加几滴 0.05mol·L^{-1} Na_2SO_4 溶液，边滴边振荡，观察、比较聚沉所需电解质的量，并解释原因。

• 吸附现象

在一支试管中加入 2mL 0.01% 品红溶液和少量活性炭（颗粒状），振荡 5min 以上，过滤于另一支试管中，观察滤液的颜色，与 0.01% 品红溶液比较。通过实验现象解释活性炭对品红的吸附作用。

• 乳浊液的制备

取两支试管，第一支试管中加入 5mL 蒸馏水、1mL 苯和 1mL 肥皂水；第二支试管中加入 6mL 蒸馏水和 1mL 苯。同时振荡两支试管，静置观察、比较两支试管的现象，并解释原因。

【结果及处理】

胶体溶液的制备见表 7.3。

表 7.3　胶体溶液的制备

实验步骤		现象	解释(反应方程式)
溶胶的制备	① 凝聚法 a. 复分解法制硫化亚锑溶胶 b. 水解法制备 $Fe(OH)_3$ 溶胶		
	② 分散法 制备 $Al(OH)_3$ 溶胶		

【思考题】

① 电解质对溶胶的稳定性有何影响？

② 试举自然界和日常生活中的两例胶体聚沉的例子。

③ 由 $FeCl_3$ 溶液制备 $Fe(OH)_3$ 溶胶时，应注意哪些问题？

实验 31　化学反应速率和活化能的测定

【实验目的】

① 掌握测定 $K_2S_2O_8$ 与 KI 反应的反应速率的方法，并计算反应级数、反应速率常数和反应活化能。

② 加深浓度、温度和催化剂对化学反应速率影响的理解。

③ 进一步掌握控制变量的科学方法和利用作图、作表进行数据的表达和处理的方法。

【实验原理】

$K_2S_2O_8$（过二硫酸钾）和 KI 在水溶液中发生如下反应：

$$S_2O_8^{2-} + 3I^- = 2SO_4^{2-} + I_3^- \tag{7.4}$$

此反应的反应速率方程为：

$$v = k[S_2O_8^{2-}]^m[I^-]^n$$

式中，k 为速率常数；m 与 n 之和为反应级数。

若 $[S_2O_8^{2-}]$、$[I^-]$ 为起始浓度，则 v 表示起始速率。

实验测定的速率是一段时间 Δt 内反应的平均速率。如果在 Δt 时间内 $S_2O_8^{2-}$ 浓度的改变值为 $\Delta[S_2O_8^{2-}]$，则平均反应速率为：

$$\bar{v} = \frac{-\Delta[S_2O_8^{2-}]}{\Delta t}$$

由于本实验在 Δt 时间内反应物浓度 $\Delta[S_2O_8^{2-}]$ 的变化很小，即反应速率的变化也很小，所以可近似地用平均反应速率代替起始速率，则

$$v = -\frac{\Delta[S_2O_8^{2-}]}{\Delta t} = k[S_2O_8^{2-}]^m[I^-]^n$$

为能够测出在一定时间 Δt 内的浓度变化值 $\Delta[S_2O_8^{2-}]$，需要在混合 $K_2S_2O_8$ 和 KI 溶液的同时，加入一定体积的已知浓度的 $Na_2S_2O_3$ 溶液和淀粉。这样在（7.4）进行的同时，

还有以下反应发生：

$$2S_2O_3^{2-} + I_3^- \Longrightarrow S_4O_6^{2-} + 3I^- \qquad (7.5)$$

式(7.5)的速率比式(7.4)快得多，几乎瞬间完成。由反应式(7.4)生成的 I_3^- 立即与 $S_2O_3^{2-}$ 作用，生成无色的 I^- 和 $S_4O_6^{2-}$。因此在反应开始的一段时间内，看不到 I_2 与淀粉作用而显示的特有蓝色。一旦 $Na_2S_2O_3$ 耗尽，反应式(7.4)继续产生的 I_3^- 就立即与淀粉作用而呈现出特有的蓝色。

从反应开始到溶液蓝色出现，表示 $S_2O_3^{2-}$ 全部耗尽，所以从反应开始到溶液出现蓝色这段时间 Δt 内，$S_2O_3^{2-}$ 浓度的改变 $\Delta[S_2O_3^{2-}]$ 实际上就是 $Na_2S_2O_3$ 的起始浓度，所以：

$$\Delta[S_2O_3^{2-}] = 0 - [S_2O_3^{2-}]_{起始} = -[S_2O_3^{2-}]_{起始}$$

从式(7.4)和式(7.5)可以看出，$[S_2O_8^{2-}]$ 减少的量为 $[S_2O_3^{2-}]$ 减少量的一半，可得出如下关系：

$$\Delta[S_2O_8^{2-}] = \frac{\Delta[S_2O_3^{2-}]}{2}$$

在本实验中，每份混合液中 $Na_2S_2O_3$ 的起始浓度都是相同的，因而 $\Delta[S_2O_3^{2-}]$ 也是不变的。这样，只要准确记录从反应开始到溶液出现蓝色所需要的时间 Δt，则可计算平均反应速率：

$$v = \frac{\Delta[S_2O_8^{2-}]}{\Delta t} = \frac{\Delta[S_2O_3^{2-}]}{2\Delta t}$$

从不同浓度下测得的反应速率，即能计算出该反应的反应级数 m 和 n。对式 $v = k[S_2O_8^{2-}]^m[I^-]^n$ 两边取对数，得：

$$\lg v = m\lg[S_2O_8^{2-}] + n\lg[I^-] + \lg k$$

当 $[I^-]$ 不变时，以 $\lg v$ 对 $\lg[S_2O_8^{2-}]$ 作图，可得一直线，斜率即为 m。同理，当 $[S_2O_8^{2-}]$ 不变时，以 $\lg v$ 对 $\lg[I^-]$ 作图，可求得 n。将求得的 m 和 n 代入式 $v = k[S_2O_8^{2-}]^m[I^-]^n$，即可求得反应速率常数 k。

根据阿伦尼乌斯经验式，反应速率常数 k 与反应温度 T 一般有以下关系：

$$\lg k = A - \frac{E_a}{2.30RT}$$

式中，A 为频率因子或指前因子；E_a 为反应的活化能，$J \cdot mol^{-1}$；R 为气体常数，$8.314 J \cdot mol^{-1} \cdot K^{-1}$；$T$ 为热力学温度，K。

测出不同温度时的 k 值，以 $\lg k$ 对 $1/T$ 作图，可得一直线，直线斜率为 $-\dfrac{E_a}{2.30R}$，从所得斜率值可求得 E_a。

为了使每次实验的离子强度和总体积保持不变，在实验中所减少的 $K_2S_2O_8$ 或 KI 溶液量，分别用 KNO_3 或 K_2SO_4 溶液来补充。

【仪器与试剂】

仪器：秒表、温度计、恒温水浴锅、烧杯(50mL)、玻璃棒、量筒(10mL)。

试剂：$0.0050 \text{mol} \cdot \text{L}^{-1} \text{Na}_2\text{S}_2\text{O}_3$、$0.050 \text{mol} \cdot \text{L}^{-1} \text{K}_2\text{SO}_4$、$0.050 \text{mol} \cdot \text{L}^{-1} \text{K}_2\text{S}_2\text{O}_8$、$0.2\%$淀粉溶液、$0.40 \text{mol} \cdot \text{L}^{-1} \text{KNO}_3$、$0.40 \text{mol} \cdot \text{L}^{-1} \text{KI}$、$0.02 \text{mol} \cdot \text{L}^{-1} \text{Cu}(\text{NO}_3)_2$、冰块。

【实验内容】

（1）浓度对反应速率的影响

在室温下，按表7.4所示剂量分别用量筒把一定量的 KI、$\text{Na}_2\text{S}_2\text{O}_3$、$\text{KNO}_3$、$\text{K}_2\text{SO}_4$ 和淀粉溶液加入已编1~5号的50mL烧杯中，搅拌均匀，然后用量筒量取 $\text{K}_2\text{S}_2\text{O}_8$ 溶液，迅速加到已搅拌均匀的溶液中，同时启动秒表并不断搅拌。待溶液一出现蓝色时，立即按停秒表，并记录时间于表7.4中。

表 7.4　浓度对化学反应速率的影响　　　　　　室温：＿＿℃

	序号	1	2	3	4	5
试剂用量/mL	$0.050 \text{mol} \cdot \text{L}^{-1} \text{K}_2\text{S}_2\text{O}_8$	1.0	1.5	2.0	2.0	2.0
	$0.40 \text{mol} \cdot \text{L}^{-1} \text{KI}$	2.0	2.0	2.0	1.5	1.0
	$0.0050 \text{mol} \cdot \text{L}^{-1} \text{Na}_2\text{S}_2\text{O}_3$	0.6	0.6	0.6	0.6	0.6
	0.2%淀粉溶液	0.4	0.4	0.4	0.4	0.4
	$0.40 \text{mol} \cdot \text{L}^{-1} \text{KNO}_3$	0	0	0	0.5	1.0
	$0.050 \text{mol} \cdot \text{L}^{-1} \text{K}_2\text{SO}_4$	1.0	0.5	0	0	0
反应时间/s						

（2）温度对反应速率的影响

① 用量筒按表7.4中5号烧杯的剂量把 KI、$\text{Na}_2\text{S}_2\text{O}_3$、$\text{KNO}_3$、$\text{K}_2\text{SO}_4$ 和淀粉溶液加入一个50mL烧杯中，混合均匀，再用量筒量取 $0.050 \text{mol} \cdot \text{L}^{-1} \text{K}_2\text{S}_2\text{O}_8$ 溶液2.0mL加入另一个50mL烧杯中，然后将两个烧杯同时置于冰水浴中冷却，待试液冷却到0℃时，将混合溶液迅速加到 $\text{K}_2\text{S}_2\text{O}_8$ 溶液中，同时启动秒表并不断搅拌溶液，待溶液出现蓝色时，按停秒表并记录时间。

② 在40℃以下，再选择3个合适的温度点（相邻温度差在10℃左右），按上述①的操作进行实验，记录每次实验的温度与反应时间于表7.5中。

表 7.5　温度对化学反应速率的影响

序号	6	7	8	9
反应温度/℃				
反应时间/s				

（3）催化剂对化学反应速率的影响

按表7.4中任一编号的试剂用量，先往 KI、$\text{Na}_2\text{S}_2\text{O}_3$、$\text{KNO}_3$、$\text{K}_2\text{SO}_4$ 和淀粉混合溶液中滴加2滴 $0.02 \text{mol} \cdot \text{L}^{-1}$ 的 $\text{Cu}(\text{NO}_3)_2$ 溶液，搅匀后迅速加入相应量的 $\text{K}_2\text{S}_2\text{O}_8$ 试液，记录反应时间，与表7.4中相应编号的反应时间比较。

【结果及处理】

（1）计算反应级数和速率常数

计算表7.4中编号1~5的各个实验的平均反应速率，并将相应数据填入表7.6中。

表 7.6　计算反应级数和速率常数数据

实验序号		1	2	3	4	5
50mL 混合液中反应物的起始浓度/(mol·L^{-1})	$K_2S_2O_8$					
	KI					
	$Na_2S_2O_3$					
反应时间 $\Delta t/s$						
$v/(\text{mol}\cdot\text{L}^{-1}\cdot\text{s}^{-1})$						
$\lg v$						
$\lg[S_2O_8^{2-}]$						
$\lg[I^-]$						
m						
n						
$k/(\text{mol}^{1-m-n}\cdot\text{L}^{m+n-1}\cdot\text{s}^{-1})$						

当 $[I^-]$ 不变时，用编号 1、2、3 的 v 及 $[S_2O_8^{2-}]$ 的数据，以 $\lg v$ 对 $\lg[S_2O_8^{2-}]$ 作图，所得直线的斜率即为 m；同理，当 $[S_2O_8^{2-}]$ 不变时，以编号 3、4、5 的 $\lg v$ 对 $\lg[I^-]$ 作图，求得 n。

根据速率方程式 $v=k[S_2O_8^{2-}]^m[I^-]^n$，即可求得反应速率常数 k。

（2）求活化能

计算编号 6～9 四个不同温度实验的平均反应速率及速率常数 k，然后以 $\lg k$ 为纵坐标，$1/T$ 为横坐标作图。由所得直线的斜率求 E_a，将有关数据填入表 7.7 中。

表 7.7　求活化能数据

实验序号	6	7	8	9
反应温度/K				
反应时间/s				
反应速率 $v/(\text{mol}\cdot\text{L}^{-1}\cdot\text{s}^{-1})$				
速率常数 $k/[\text{mol}^{1-m-n}\cdot\text{L}^{(m+n-1)}\cdot\text{s}^{-1}]$				
$\lg k$				
$1/T$				
活化能 $E_a/(\text{kJ}\cdot\text{mol}^{-1})$				

注：6～9 号混合液中反应物的起始浓度与 5 号相同。

【思考题】

① 实验中为什么可以由反应溶液出现蓝色时间的长短来计算反应速率？

② 下述情况对实验结果有何影响？

a. 量筒混用；b. 先加 $K_2S_2O_8$ 溶液，最后加 KI 溶液；c. 往 KI 等混合液中慢慢加入 $K_2S_2O_8$ 溶液。

实验 32　$I_3^- \rightleftharpoons I_2 + I^-$ 平衡常数的测定

【实验目的】

① 理解测定 $I_3^- \rightleftharpoons I_2 + I^-$ 平衡常数的原理和方法，加深对化学平衡和平衡常数的理解。

② 巩固滴定操作。

【实验原理】

I_2 可溶于可溶性 KI 溶液中形成 I_3^-。该反应是可逆反应，在一定温度下，存在以下平衡：

$$I_3^- \rightleftharpoons I_2 + I^-$$

其平衡常数表达式为：

$$K = \frac{a(I_2)a(I^-)}{a(I_3^-)} = \frac{c(I_2)c(I^-)}{c(I_3^-)} \times \frac{\gamma(I_2)\gamma(I^-)}{\gamma(I_3^-)} \tag{7.6}$$

式中，a、c、γ 分别为各物质的活度、物质的量浓度和活度系数。K 越大，表示 I_3^- 越不稳定，故 K 称为 I_3^- 的不稳定系数。

在离子强度不大的溶液中 $\frac{\gamma(I_2)\gamma(I^-)}{\gamma(I_3^-)} \approx 1$，此时

$$K \approx \frac{c(I_2)c(I^-)}{c(I_3^-)} \tag{7.7}$$

因此，若能测得平衡时溶液中的 $c(I_2)$、$c(I^-)$ 和 $c(I_3^-)$，便可计算 K。

在一定温度下，将已知浓度的 KI 溶液与过量的固体 I_2 混合并充分振荡，达到平衡后，过量的 I_2 固体充分沉降。然后吸取一定体积的上清液，用 $Na_2S_2O_3$ 标准溶液进行滴定：$2S_2O_3^{2-} + I_2 \rightleftharpoons S_4O_6^{2-} + 2I^-$，可求得溶液中 I_2 的总浓度 $c_0(I_2)$，即 $c(I_3^-) + c(I_2)$。其中，I_2 的平衡浓度 $c(I_2)$ 可通过测定相同温度下过量 I_2 与水达到平衡时溶液中 I_2 的浓度来近似代替，即

$$c(I_3^-) = c_0(I_2) - c(I_2) \tag{7.8}$$

因 I_3^- 由 I^- 转化而来，平衡时 I^- 的浓度 $c(I^-)$ 等于反应前 I^- 的起始总浓度 $c_0(KI)$ 减去 I_3^- 的平衡浓度 $c(I_3^-)$，即

$$c(I^-) = c_0(KI) - c(I_3^-) \tag{7.9}$$

【仪器与试剂】

仪器：电子天平、量筒、移液管、碘量瓶、锥形瓶、碱式滴定管、洗耳球、恒温水浴振荡器、研钵。

试剂：I_2（s）、KI（0.0100mol·L^{-1}，0.0200mol·L^{-1}）、0.0050mol·L^{-1} $Na_2S_2O_3$ 标准溶液、0.2%淀粉溶液。

【实验内容】

（1）$I_3^- \rightleftharpoons I_2 + I^-$ 平衡的建立

用量筒分别量取 80mL 0.0100mol·L^{-1} 的 KI 溶液于 1 号干燥碘量瓶中、80mL 0.0200mol·L^{-1} 的 KI 溶液于 2 号干燥碘量瓶中。然后在每个瓶内加入 0.5g 研细的 I_2 固体，塞上瓶塞，在恒温水浴振荡器上振荡 30min，反应达到平衡后，静置 10min 使过量的 I_2 固体充分沉降。

（2）平衡时溶液中 I_2 和 I_3^- 总浓度的测定

准确移取 1 号碘量瓶中上清液 10.00mL（注意：防止将下层固体吸出），加入锥形瓶中，再加入 40mL 蒸馏水，用 0.0050mol·L^{-1} $Na_2S_2O_3$ 标准溶液滴定。滴至溶液呈淡黄色时，加入 4mL 0.2%淀粉溶液，溶液呈蓝色，继续滴定至蓝色刚好消失。记录所消耗的 $Na_2S_2O_3$ 溶液的体积，平行滴定 3 次。

准确移取 2 号碘量瓶中上清液 10.00mL，按 1 号碘量瓶的测定步骤进行测定记录所消耗的 $Na_2S_2O_3$ 溶液的体积，计算 I_2 和 I_3^- 的总浓度，平行滴定 3 次。

（3）I_2 与 H_2O 平衡的建立

用量筒量取 200mL 蒸馏水于 3 号碘量瓶中，再向其中加入 0.5g 研细的 I_2 固体，塞上瓶塞，在恒温水浴振荡器上振荡 30min，反应达到平衡后，静置 10min 使过量的 I_2 固体充分沉降。

（4）平衡时溶液中 I_2 浓度的测定

准确移取 3 号碘量瓶上清液 50.00mL，用 $0.0050mol \cdot L^{-1}$ $Na_2S_2O_3$ 标准溶液滴定。记录所消耗的 $Na_2S_2O_3$ 标准溶液的体积，计算 I_2 的浓度，平行滴定 3 次。

【结果及处理】

分析数据记录及处理见表 7.8。

表 7.8　分析数据记录及处理

碘量瓶编号		1	2	3
上清液体积/mL		10.00	10.00	50.00
$Na_2S_2O_3$ 标准溶液消耗体积/mL	I			
	II			
	III			
	平均体积			
$Na_2S_2O_3$ 标准溶液的浓度/$(mol \cdot L^{-1})$			0.0050	
平衡时 I_2 和 I_3^- 总浓度/$(mol \cdot L^{-1})$				
平衡时 I_2 浓度/$(mol \cdot L^{-1})$				
平衡时 I_3^- 浓度/$(mol \cdot L^{-1})$				
反应前 I^- 的起始总浓度/$(mol \cdot L^{-1})$				
平衡时 I^- 浓度/$(mol \cdot L^{-1})$				
平衡常数 K				
平均值				

【注意事项】

① 选择使用碘量瓶盛放固体 I_2，并随时塞好瓶塞。

② 由于 I_2 易挥发，取上清液后应尽快滴定，不要放置太久。

③ 滴定开始时，由于溶液中有大量 I_2 存在，不宜过于剧烈摇动溶液。

【思考题】

① 在固体 I_2 和 KI 溶液反应时，如果 I_2 的量不够，将有何影响？I_2 的用量是否一定要准确称量？

② 在实验过程中，如果 a. 吸取上清液进行滴定时不小心吸进一些 I_2 微粒；b. 饱和碘水放置很久后才滴定；c. 振荡时间不够，将对实验结果产生什么影响？

实验 33　HAc 电离度和电离平衡常数的测定

pH 法

【实验目的】

① 掌握 pH 法测定弱酸电离度和电离平衡常数的原理和方法。

② 加深对弱电解质电离度及电离平衡常数的理解。

③ 学会使用酸度计。

【实验原理】

乙酸（CH_3COOH）是弱电解质，在水溶液中存在下列解离平衡：

$$HAc(aq) \Longleftrightarrow H^+(aq) + Ac^-(aq)$$

为定量地表示弱电解质在水中的电离程度，常采用电离度这个概念。电离度用符号 α 表示，它与标准平衡常数 $K_a^\ominus$ 不同，α 除了与电解质的本性和温度有关外，还与溶液的浓度有关。一般弱电解质的电离度会随浓度的减小而增大。

设乙酸溶液起始浓度为 c，在水中存在如下平衡：

$$HAc(aq) \Longleftrightarrow H^+(aq) + Ac^-(aq)$$

起始浓度/(mol·L^{-1}) c 0   0

平衡浓度/(mol·L^{-1}) $c-c\alpha$ $c\alpha$ $c\alpha$

平衡常数可表示为

$$K_a^\ominus = \frac{c(H^+)/c^\ominus \cdot c(Ac^-)/c^\ominus}{c(HAc)/c^\ominus} = \frac{(c\alpha)^2/c^\ominus}{c-c\alpha} \tag{7.10}$$

式中，α 为乙酸的电离度；$K_a^\ominus$ 为乙酸的电离平衡常数。298K 时，$K_a^\ominus = 1.8 \times 10^{-5}$。

在一定温度下，用酸度计测定一系列已知浓度乙酸溶液的 pH 值，根据 $pH = -\lg c(H^+)$ 得到 $c(H^+)$，再由 $\alpha = c(H^+)/c$ 求出对应的电离度 α 和电离平衡常数 $K_a^\ominus$。

【仪器与试剂】

仪器：酸度计、容量瓶（50mL）、烧杯、移液管、洗耳球。

试剂：0.1000mol·L^{-1} HAc 溶液、0.1000mol·L^{-1} NaOH 溶液（已标定）、缓冲溶液（pH=4.00、6.86）、酚酞指示剂。

【实验内容】

（1）HAc 溶液浓度的标定

准确移取 25.00mL HAc 溶液于锥形瓶中，加入 2 滴酚酞指示剂，用 NaOH 标准溶液滴定至微红色，30s 内不褪色即为终点。根据滴定所用的 NaOH 标准溶液的体积，计算 HAc 溶液的准确浓度。平行测定 3 次，取平均值。

（2）配制不同浓度的 HAc 溶液

用移液管分别移取 5.00mL、15.00mL、25.00mL、50.00mL HAc 溶液于 50mL 容量瓶中，用蒸馏水稀释至 50mL，摇匀，备用。

（3）HAc 溶液 pH 的测定

取 4 个干燥洁净的小烧杯并编号，分别倒入上述 4 种溶液各 30mL，按由稀到浓的次序用酸度计测其 pH 值，计算电离度 α 和电离平衡常数 $K_a^\ominus$，并记录测定时的温度。

【结果及处理】

分析数据记录及处理见表 7.9。

表 7.9　分析数据记录及处理

烧杯	V_{HAc}/mL	V_{H_2O}/mL	HAc 的 c/(mol·L^{-1})	pH 值	c_{H^+}/(mol·L^{-1})	电离度 α	$K_a^\ominus$
1	5.00	45.00					
2	15.00	35.00					

烧杯	V_{HAc}/mL	V_{H_2O}/mL	HAc 的 c/(mol·L^{-1})	pH 值	c_{H^+}/(mol·L^{-1})	电离度 α	$K_a^\ominus$
3	25.00	25.00					
4	50.00	0.00					

测定时的温度 _____ ，HAc 的电离平衡常数 $\overline{K_a^\ominus}$ _____ 。

【注意事项】

① 滴定管用水洗净后，需用待装液润洗 2～3 次。

② 酸度计用标准缓冲溶液校正后，测定过程中定位旋钮不再变动，溶液 pH 测定要按照待测液从稀至浓的次序进行。

③ pH 玻璃电极插入待测溶液前需用待测液润洗，或者用蒸馏水润洗干净后用滤纸条擦干。

【思考题】

① 若改变所测 HAc 溶液的浓度或温度，对电离平衡常数有何影响？

② 测定 HAc 溶液的 pH 值时，为什么要按由稀到浓的顺序进行？

缓冲溶液法

【实验目的】

① 利用测缓冲溶液 pH 的方法测定弱酸的 $K_a^\ominus$。

② 熟悉移液管、容量瓶的使用方法，并练习配制溶液。

【实验原理】

在 HAc 和 NaAc 组成的缓冲溶液中，由于同离子效应，当达到解离平衡时，$c(HAc) \approx c_0(HAc)$，$c(Ac^-) \approx c_0(NaAc)$。酸性缓冲溶液 pH 的计算公式为

$$pH = pK_a^\ominus - \lg \frac{c(HAc)}{c(Ac^-)} = pK_a^\ominus - \lg \frac{c_0(HAc)}{c_0(NaAc)}$$

对于由相同浓度 HAc 和 NaAc 组成的缓冲溶液，则有

$$pH = pK_a^\ominus$$

本实验中，量取两份相同体积、相同浓度的 HAc 溶液，分别加入酚酞指示剂，在其中一份中滴加 NaOH 溶液至溶液呈微红色后，然后加入另一份 HAc 溶液，即得到等浓度的 HAc-NaAc 缓冲溶液，测其 pH 即可得到 $pK_a^\ominus$ 及 $K_a^\ominus$。

【仪器与试剂】

仪器：酸度计、容量瓶（50mL）、烧杯（50mL）、移液管（25mL）、吸量管（10mL）、洗耳球、碎滤纸。

试剂：0.10mol·L^{-1} HAc、0.10mol·L^{-1} NaOH、酚酞。

【实验内容】

（1）用酸度计测定等浓度的 HAc 和 NaAc 混合溶液的 pH

① 配制不同浓度的 HAc 溶液。用 4 号烧杯盛已知浓度的 HAc 溶液。用 10mL 吸量管从烧杯中吸取 5.00mL、10.00mL 0.10mol·L^{-1} HAc 溶液分别放入 1、2 号容量瓶中，用 25mL 移液管从烧杯中吸取 0.10mol·L^{-1} HAc 溶液 25.00mL 放入 3 号容量瓶中，分别加

入去离子水至刻度线，振荡、摇匀。

② 制备等浓度的 HAc 和 NaAc 混合溶液。从 1 号容量瓶中用 10mL 吸量管移取 10mL HAc 溶液于 1 号烧杯中，加入一滴酚酞溶液后用滴管滴入 0.10mol·L^{-1}NaOH 溶液至酚酞变色，30s 内不褪色为止。再从 1 号容量瓶中移取 10mL HAc 溶液加入 1 号烧杯中，混合均匀，测定混合溶液的 pH。这一数值就是 HAc 的 p$K_a^{\ominus}$。

③ 用 2 号、3 号容量瓶中的已知浓度的 HAc 溶液和实验室中准备的 0.10mol·L^{-1}HAc 溶液（作为 4 号溶液），重复上述实验，分别测定它们的 pH。

（2）上述所测的 4 个 p$K_a^{\ominus}$，由于实验误差可能不完全相同，可用下列方法处理，求 p$\bar{K}_a^{\ominus}$ 和标准偏差 S：

$$p\bar{K}_a^{\ominus} = \frac{\sum\limits_{i=1}^{n} pK_{ai}^{\ominus}}{n}$$

误差 Δ_i：

$$\Delta_i = p\bar{K}_a^{\ominus} - pK_{ai}^{\ominus}$$

标准偏差 S：

$$S = \sqrt{\frac{\sum\limits_{i=1}^{n} \Delta_i^2}{n-1}}$$

【结果及处理】

实验数据和计算结果见表 7.10。

表 7.10 缓冲溶液法测定 HAc 电离平衡常数 $K_a^{\ominus}$ 的实验数据和计算结果

缓冲溶液编号	c_0(HAc)/(mol·L^{-1})	c_0(NaAc)/(mol·L^{-1})	pH	$K_a^{\ominus}$	误差 Δ_i	标准偏差 S
1						
2						
3						
4						

测定时的温度_____，HAc 的电离平衡常数 $\bar{K}_a^{\ominus}$ _____。

【思考题】

① 更换被测溶液或洗涤电极时，酸度计的读数开关应处于打开还是关闭状态？

② 由测定等浓度的 HAc 和 NaAc 混合溶液的 pH，来确定 HAc 的 p$K_a^{\ominus}$ 的基本原理是什么？

电导率法

【实验目的】

① 掌握用电导率法测定 HAc 在水溶液中的电离度和电离平衡常数。

② 加深对电离平衡基本概念的理解。

③ 学习电导率仪的使用方法。

【实验原理】

一定温度下，K_a 为常数，通过测定不同浓度下的电离度就可求得电离平衡常数 K_a。电离度可通过测定溶液的电导来计算，溶液的电导用电导仪测定。

物质导电能力的大小，通常以电阻（R）或电导（G）表示，电导为电阻的倒数：

$$G = \frac{1}{R}$$

电导的单位为西（S）。电解质溶液和金属导体一样，其电阻也符合欧姆定律。温度一定时，两级间溶液的电阻与电极间的距离 l 成正比，与电极面积 A 成反比：

$$R = \rho \frac{l}{A}$$

ρ 称为电阻率，它的倒数称为电导率，以 κ 表示，单位 $S \cdot m^{-1}$，则

$$\kappa = G \frac{l}{A}$$

电导率 κ 表示放在相距 1m、面积为 $1m^2$ 的两个电极之间溶液的电导，l/A 称为电极常数或电导池常数。在一定温度下，相距 1m 的两平行电极间所容纳的含有 1mol 电解质溶液的电导称为摩尔电导，用 λ 表示。如果 1mol 电解质溶液的体积用 V 表示（m^3），溶液中电解质的物质的量浓度用 c 表示（$mol \cdot L^{-1}$），摩尔电导 λ 的单位为 $S \cdot m^2 \cdot mol^{-1}$，则摩尔电导 λ 和电导率 κ 的关系为：

$$\lambda = \kappa V = \frac{\kappa}{c} \tag{7.11}$$

对于弱电解质来说，无限稀释时的摩尔电导率 λ_0 反映了该电解质全部电离且没有相互作用时的电导能力。在一定浓度下，λ 反映的是部分电离且离子间存在一定相互作用时的电导能力。如果弱电解质的电离度比较小，电离产生出的离子浓度较低，使离子间作用力可以忽略不计，那么 λ 和 λ_0 的差别就可以近似看成是由部分离子与全部电离产生的离子数目不同所致，所以弱电解质的电离度可表示为：

$$\alpha = \frac{\lambda}{\lambda_0} \tag{7.12}$$

因此，可由实验测定浓度为 c 的 HAc 溶液的电导率 κ，代入式（7.11），求出 λ，由式（7.12）算出 α，将 α 的值代入式（7.10），即可算出 K_a。

【仪器与试剂】

仪器：雷磁 DDS-307 型电导率仪、酸式滴定管（25mL）、碱式滴定管（25mL）、烧杯（50mL）、滤纸片或擦镜纸。

试剂：已标定的 $0.1mol \cdot L^{-1}$ HAc。

【实验内容】

（1）配制溶液

取 4 只干燥烧杯，编成 1～4 号，然后用滴定管按表 7.10 中烧杯编号分别准确放入已知浓度的 HAc 溶液和蒸馏水。

（2）HAc 溶液电导率的测定

用电导率仪按溶液由稀到浓的顺序测定 1～4 号 HAc 溶液的电导率，记录数据，填入表 7.11 中。

【结果及处理】

实验数据及处理见表7.11。

表 7.11　不同浓度的 HAc 电离度和电离平衡常数

烧杯编号	HAc 体积/mL	H_2O 体积/mL	HAc 浓度/(mol·L^{-1})	κ/(S·m^{-1})	λ/(S·m^2·mol^{-1})	α/%	K_a
1	3.00	45.00					
2	6.00	42.00					
3	12.00	36.00					
4	24.00	24.00					

测定时温度＿＿＿℃，λ_0＿＿＿S·m^2·mol^{-1}，

HAc 标准溶液的浓度＿＿＿，HAc 的电离平衡常数 $K_{平均}$＿＿＿。

【注意事项】

① 应选择合适的量程测定各 HAc 溶液的电导率。量程的选择由大到小，至可读出数值，且读出的数值位数最多的量程为最佳。若已超出量程，仪器显示屏左侧第一位显示 1（溢出显示），此时，需选高一挡测量。

② 采用温度补偿时，测得的电导率已换算为 25℃时的电导率。

③ 测定按照浓度由小到大的顺序。

④ 每次洗涤铂电极时，务必小心，切不可损伤铂黑而使之脱落。

⑤ 电极的引线不能潮湿，否则将导致测量误差。

实验 34　配合物的生成及性质

【实验目的】

① 了解配离子的生成、组成和性质。

② 比较配离子和简单离子、配合物和复盐在性质上的区别。

③ 比较不同配离子在水溶液中的稳定性。

④ 了解配位平衡及其移动。

⑤ 了解螯合物的形成及应用。

【实验原理】

由一个具有空轨道的中心离子或原子（即中心原子）与一定数目带有孤对电子的离子或中性分子（即配体）以配位键相结合，按一定的组成和空间构型所形成的化合物，叫配位化合物，如$[Cu(NH_3)_4]SO_4$。与中心原子直接相连的原子称为配位原子，配体的个数叫作配位数，含配离子的配位化合物还可分为内界和外界。例如在配合物$[Cu(NH_3)_4]SO_4$ 中，N 为配位原子，配位数为 4，$[Cu(NH_3)_4]^{2+}$ 为配合物的内界，SO_4^{2-}为配合物的外界。

大多数易溶配合物为强电解质，在水溶液中完全电离为内界和外界离子，而配离子相似于弱电解质，在水溶液中存在电离平衡。如：

$$[Cu(NH_3)_4]SO_4 \Longrightarrow [Cu(NH_3)_4]^{2+} + SO_4^{2-}$$

$$[Cu(NH_3)_4]^{2+} \Longrightarrow Cu^{2+} + 4NH_3$$

可见，配离子、金属离子和配位体共存于配位-解离平衡体系中，这一平衡的平衡常数，记为 $K_{不稳}$。$K_{不稳}$越大，表示该配离子越不稳定。配离子的稳定常数 $K_{稳} = 1/K_{不稳}$。不同

的配离子 $K_{稳}$ 也不同。根据平衡移动原理，改变平衡体系中金属离子和配位体的浓度，如加入沉淀剂、氧化剂或还原剂、其他配位剂等，均可使平衡移动。

尽管复盐与配合物都属于较复杂的化合物，但复盐与配合物不同，它在水溶液中完全电离为简单离子，如：

$$NH_4Fe(SO_4)_2 \!\!=\!\!\!=\!\! NH_4^+ + Fe^{3+} + 2SO_4^{2-}$$

金属离子形成配离子后，在颜色、溶解度、氧化还原性等性质上都有较大的改变；同一金属离子与不同的配位体形成的配位化合物在稳定性方面也有很大的不同。

当同一配位体提供两个或两个以上的配位原子与一个中心原子配位时，若形成具有环状结构的配位化合物，称为"螯合物"。螯合物比一般的配合物更加稳定。由于大多数金属的螯合物具有特征的颜色，且难溶于水，所以螯合物常被用于分析化学中金属离子的鉴定。

同时，利用其他一些配离子的形成来分离、鉴定某些离子。

【仪器与试剂】

仪器：离心机、离心管、试管、烧杯（50mL）、石蕊试纸、玻璃棒。

试剂：$6mol \cdot L^{-1} HNO_3$、浓 HCl、$1mol \cdot L^{-1} H_2SO_4$、$0.1mol \cdot L^{-1} NaOH$、$6mol \cdot L^{-1} NH_3 \cdot H_2O$、$0.1mol \cdot L^{-1} AgNO_3$、$0.1mol \cdot L^{-1} BaCl_2$、$0.1mol \cdot L^{-1} CuSO_4$、$0.1mol \cdot L^{-1} FeCl_3$、$0.1mol \cdot L^{-1} KBr$、$0.1mol \cdot L^{-1} KSCN$、$0.1mol \cdot L^{-1} KI$、$2mol \cdot L^{-1} KI$、$0.1mol \cdot L^{-1} NaCl$、$0.1mol \cdot L^{-1} K_3[Fe(CN)_6]$、$0.1mol \cdot L^{-1} Na_2S$、$0.5mol \cdot L^{-1} Na_2S_2O_3$、$0.1mol \cdot L^{-1} Na_2S_2O_3$、$10\% NH_4F$、$0.1mol \cdot L^{-1} NH_4Fe(SO_4)_2$、$0.1mol \cdot L^{-1} NiSO_4$、$0.1mol \cdot L^{-1} Pb(NO_3)_2$、1%丁二酮肟、95%酒精、$CCl_4$、$0.1mol \cdot L^{-1} EDTA$。

【实验内容】

●配合物的生成、组成和性质

（1）阳离子配合物的生成

量取 5mL $0.1mol \cdot L^{-1}$ 的 $CuSO_4$ 溶液，于 50mL 小烧杯中，逐滴加入 $6mol \cdot L^{-1} NH_3 \cdot H_2O$，观察溶液及其颜色变化。然后加入约 8mL 95%乙醇，观察溶液的变化及晶体的颜色。离心分离，观察溶液及沉淀的颜色。用 95%乙醇洗涤晶体 1~2 次，备用。

取洗涤后的晶体用少量蒸馏水溶解后，分盛于 A、B 两支试管中。在 A 试管中加入 2 滴 $0.1mol \cdot L^{-1} NaOH$ 溶液，在试管口放一条用水润湿的石蕊试纸并微热试管；在 B 试管中加入 $0.1mol \cdot L^{-1} BaCl_2$ 溶液，观察现象。

写出上述各反应的化学反应方程式，由实验结果说明铜与氨的配合物的内界和外界的组成。

（2）阴离子配合物的生成

在试管中加入 2 滴 $0.1mol \cdot L^{-1} AgNO_3$ 溶液，再逐滴加入 $0.5mol \cdot L^{-1} Na_2S_2O_3$ 溶液，观察现象。然后在所得的溶液中加入 2 滴 $0.1mol \cdot L^{-1} NaCl$ 溶液，观察是否有白色沉淀产生。写出有关化学反应方程式，并解释现象。

• 配离子与简单离子的区别

在试管中加入 5 滴 $0.1mol \cdot L^{-1}$ $FeCl_3$ 溶液,再加入 1 滴 $0.1mol \cdot L^{-1}$ KSCN 溶液,观察溶液的颜色变化。

以 $0.1mol \cdot L^{-1}$ $K_3[Fe(CN)_6]$ 代替 $FeCl_3$ 做同样的实验,观察实验现象。写出化学反应方程式,并说明配离子与简单离子的区别。

• 配离子与复盐的区别

在 A、B、C 3 支试管中各滴入 10 滴 $0.1mol \cdot L^{-1}$ $(NH_4)Fe(SO_4)_2$ 溶液。A 试管中加入 $0.1mol \cdot L^{-1}$ NaOH 溶液,在试管口放一条用水润湿的石蕊试纸并微热试管;B 试管中加入 $0.1mol \cdot L^{-1}$ KSCN 溶液;C 试管中加入 $0.1mol \cdot L^{-1}$ $BaCl_2$ 溶液。观察实验现象,与实验内容配合物的生成、组成和性质中的实验结果进行比较。写出各化学反应方程式,说明配合物与复盐的区别。

• 不同配离子在水溶液中的稳定性

(1) 配离子之间的转化

在试管中加入 5 滴 $0.1mol \cdot L^{-1}$ $(NH_4)Fe(SO_4)_2$ 溶液,再加入 3 滴浓 HCl 溶液,振荡,观察现象。加入 1 滴 $0.1mol \cdot L^{-1}$ KSCN 溶液,观察溶液颜色的变化。再往试管中加入 5 滴 10% NH_4F 溶液,观察溶液的变化情况。从溶液颜色的变化,写出各化学反应方程式,并比较各配离子的稳定性大小。

(2) 沉淀与配离子之间的转化

在试管中加入 5 滴 $0.1mol \cdot L^{-1}$ $AgNO_3$ 和 $0.1mol \cdot L^{-1}$ NaCl 溶液,得到白色沉淀。在沉淀中逐滴加入 $6mol \cdot L^{-1}$ $NH_3 \cdot H_2O$ 溶液,至沉淀全部溶解。再加 $1 \sim 2$ 滴 $0.1mol \cdot L^{-1}$ KBr 溶液,观察实验现象。继续逐滴加入 $0.1mol \cdot L^{-1}$ $Na_2S_2O_3$ 溶液,观察实验现象。若再加 $1 \sim 2$ 滴 $0.1mol \cdot L^{-1}$ KI 溶液,观察实验现象。从实验现象比较沉淀 AgCl、AgBr、AgI 的 K_{sp} 值大小和配离子 $[Ag(NH_3)_2]^+$、$[Ag(S_2O_3)_2]^{3-}$ $K_稳$ 值的大小,写出相关化学反应方程式。

• 配位-解离平衡及其移动

(1) 离子浓度对解离平衡的影响

取 2 滴 $0.1mol \cdot L^{-1}$ $Pb(NO_3)_2$ 溶液于试管中,逐滴加入 $2mol \cdot L^{-1}$ KI 溶液,观察实验现象。在上述溶液中逐滴加入水稀释,观察现象,写出化学反应方程式。

在实验内容配离子与简单离子的区别第一步制得的红色溶液中,逐滴加水稀释,观察溶液颜色变化。写出化学反应方程式,并解释现象。

(2) 酸碱性介质及生成沉淀的影响

取实验内容配合物的生成、组成和性质(1)制得的 $[Cu(NH_3)_4]SO_4 \cdot H_2O$ 晶体,溶于少量水中,分成 2 支试管 A、B,在 A 试管中加入 $1mol \cdot L^{-1}$ H_2SO_4 溶液,观察滴加过程中溶液的变化;在 B 试管中加入 $0.1mol \cdot L^{-1}$ Na_2S 溶液,观察现象。写出化学反应方程式,并解释现象。

取实验内容不同配离子在水溶液中的稳定性(2)制得的 $[Ag(NH_3)_2]^+$ 溶液,逐滴加入 $6mol \cdot L^{-1}$ HNO_3 溶液,观察现象,写出化学反应方程式。

(3) 氧化还原反应的影响

在 A、B 两支试管中各加入 0.5mL 0.1mol·L^{-1}FeCl$_3$ 溶液，在 A 试管中逐滴加入 10%NH$_4$F 溶液，至溶液黄色褪去。再分别往上述两支试管中加入 0.5mL 0.1mol·L^{-1}KI 溶液和 0.5mL CCl$_4$ 溶液，振荡试管，观察并比较两支试管的现象。写出化学反应方程式，并解释现象。

- 螯合物的形成

① 在试管中加入 2 滴 0.1mol·L^{-1}NiSO$_4$ 溶液和约 1mL 水，再加入 4 滴 6mol·L^{-1}NH$_3$·H$_2$O 溶液，然后加入 2~3 滴 1% 的丁二酮肟溶液，观察现象，写出化学反应方程式。此为 Ni^{2+} 的鉴定反应。

② 在实验内容配合物的生成、组成和性质制得的 [Cu(NH$_3$)$_4$]$^{2+}$ 溶液中，逐滴加入 0.1mol·L^{-1}EDTA 溶液，观察现象。写出化学反应方程式，并解释现象。

- 利用配位反应分离混合离子

试利用配位反应分离混合液中的 Al^{3+}、Cu^{2+} 和 Ag$^+$，设计分离方案，写出有关化学反应方程式。

【结果及处理】

实验内容及现象见表 7.12~表 7.17。

表 7.12　配合物的生成、组成和性质

实验内容	现象
CuSO$_4$ 滴加氨水	加乙醇：
上述晶体与 NaOH 反应	石蕊试纸：
上述晶体与 BaCl$_2$ 反应	
AgNO$_3$ 滴加 Na$_2$S$_2$O$_3$ 溶液	加 NaCl：

表 7.13　配离子与简单离子的区别

实验内容	现象
FeCl$_3$ 与 KSCN 反应	
K$_3$[Fe(CN)$_6$] 与 KSCN 反应	

表 7.14　配离子与复盐的区别

实验内容	现象
(NH$_4$)Fe(SO$_4$)$_2$ 与 NaOH 反应	石蕊试纸：
(NH$_4$)Fe(SO$_4$)$_2$ 与 KSCN 反应	
(NH$_4$)Fe(SO$_4$)$_2$ 与 BaCl$_2$ 反应	

表 7.15　不同配离子在水溶液中的稳定性

实验内容		现象	
(NH$_4$)Fe(SO$_4$)$_2$ 加 HCl,振荡		加 KSCN：	
		加 NH$_4$F：	
AgNO$_3$ 与 NaCl 反应		沉淀滴氨水：	
	再加 KBr：	滴加 Na$_2$S$_2$O$_3$：	
	滴加 KI：		

表 7.16　配位-解离平衡及其移动

实验内容	现象
Pb(NO$_3$)$_2$ 滴加 KI 溶液	加水：

实验内容	现象
$FeCl_3$ 与 KSCN 反应	加水：
$[Cu(NH_3)_4]SO_4 \cdot H_2O$ 与 H_2SO_4 反应	
$[Cu(NH_3)_4]SO_4 \cdot H_2O$ 与 Na_2S 反应	
$[Ag(NH_3)_2]^+$ 与 HNO_3 反应	
$FeCl_3$ 与 KI 反应	CCl_4 中：
$FeCl_3$ 滴加 NH_4F 后，与 KI 反应	CCl_4 中：

表 7.17　螯合物的形成

实验内容	现象
$NiSO_4$ 加丁二酮肟	
$[Cu(NH_3)_4]^{2+}$ 与 EDTA 反应	

【注意事项】

① 制备配合物时，配合剂要逐滴加入，否则一次加入过量的配合剂可能看不到中间产物沉淀的生成。

② 配合物生成时，有的使用的配合剂浓度较大，例如：$[Cu(NH_3)_4]^{2+}$ 的生成要用 $6mol \cdot L^{-1} NH_3 \cdot H_2O$，实验中注意不要将药品浓度搞错。

【思考题】

① 衣服上沾有铁锈时，常用草酸去洗，试说明原理。

② 用哪些不同类型的反应，使 $[FeSCN]^{2+}$ 的红色褪去？

③ 在印染业的染浴中，常因某些离子（如 Fe^{3+}、Cu^{2+} 等）使染料颜色改变，加入 EDTA 可纠正此缺点，试说明原理。

实验 35　磺基水杨酸合铁（Ⅲ）配合物的组成及稳定常数的测定

【实验目的】

① 了解分光光度法测定配合物的组成及其稳定常数的原理和方法。

② 学习分光光度计的使用方法及有关实验数据的处理。

【实验原理】

磺基水杨酸（结构式 ![COOH OH SO₃H 结构式] ，简写为 H_3R）与 Fe^{3+} 可以形成稳定的配合物，形成配合物的组成随 pH 值不同而不同。在 pH<4 时，形成 1:1 型紫红色螯合物，配合反应为：

$$M + nL \Longrightarrow ML_n$$

在 pH 值为 4～10 时生成 1:2 型红色螯合物；在 pH 值为 10 左右时形成 1:3 型黄色螯合物。本实验通过加入 $0.01mol \cdot L^{-1} HClO_4$，将 pH 值控制在 2.5 以下，测定 Fe^{3+} 与磺基水杨酸形成紫红色的磺基水杨酸合铁（Ⅲ）配离子的组成和稳定常数。

分光光度法是测定配合物组成的一种十分有效的方法。根据朗伯-比尔定律，溶液中有色物质对光的吸收程度 A 与液层厚度 b 和有色物质浓度 c 的乘积成正比，即

$$A = \varepsilon b c$$

ε 为摩尔吸光系数，它是每种有色物质的特征常数。从上式可知，如果液层的厚度 b 不变，吸光度 A 只与有色物质的浓度 c 成正比。

设中心离子 M 和配体 L 反应，只生成一种配合物 ML_n（略去电荷）：

$$M + nL = ML_n$$

如果 M 和 L 都是无色的，而 ML_n 有色，则此溶液的吸光度与配合物的浓度成正比，测得此溶液的吸光度，即可求出该配合物的组成和稳定常数。

本实验采用等物质的量系列法进行测定。所谓等物质的量系列法，就是保持溶液中心离子 M 与配体 L 的总物质的量不变，改变 M 与 L 的相对量，配制系列溶液，测定其吸光度。

在这一系列溶液中，有一些溶液中的中心离子是过量的，而另一些溶液中的配体是过量的。在这两种情况下，配离子的浓度都不能达到最大值，只有当溶液中配体与中心离子的物质的量之比与配离子的组成一致时，配离子的浓度才能达到最大。由于中心离子和配体对光几乎不吸收，所以配离子浓度越大，吸光度也就越大。若以吸光度对中心离子的摩尔分数作图，则从图中最大吸收峰处可求得配离子的组成，见图 7.4。

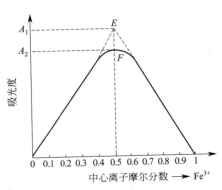

图 7.4　等物质的量系列法图示

设 M 和 L 全部形成了配合物 ML 时的最大吸光度值为 A_1，而由于 ML 发生部分解离而剩下的那部分配合物的吸光度值为 A_2，配合物 ML 的解离度 α 为：

$$\alpha = \frac{A_1 - A_2}{A_1}$$

对 1:1 型配合物 ML，其稳定常数可由下列平衡关系求出：

$$ML \rightleftharpoons M + L$$

平衡浓度　　　$c - c\alpha$　　　　$c\alpha$　　　$c\alpha$

$$K_{稳} = \frac{[ML]}{[M][L]} = \frac{c - c\alpha}{c\alpha \cdot c\alpha} = \frac{1-\alpha}{c\alpha^2}$$

【仪器与试剂】

仪器：722E 型分光光度计、移液管、容量瓶（100mL）、烧杯、洗耳球。

试剂：$0.0100\,mol \cdot L^{-1}\ NH_4Fe(SO_4)_2$、$0.0100\,mol \cdot L^{-1}$ 磺基水杨酸、$0.0100\,mol \cdot L^{-1}\ HClO_4$（将 4.4mL 70% $HClO_4$ 加入 50mL 水中，再稀释至 500mL）。

【实验内容】

• 溶液的配制

（1）配制 $0.0010\,mol \cdot L^{-1}\ Fe^{3+}$ 溶液

准确移取 10mL $0.0100\,mol \cdot L^{-1}\ NH_4Fe(SO_4)_2$ 溶液于 100mL 容量瓶中，用 0.0100

mol·L^{-1}HClO$_4$溶液稀释至刻度，振荡、摇匀，备用。

（2）配制 0.0010mol·L^{-1}磺基水杨酸溶液

准确移取 10mL 0.0100mol·L^{-1}磺基水杨酸溶液于 100mL 容量瓶中，用 0.0100mol·L^{-1}HClO$_4$溶液稀释至刻度，振荡、摇匀，备用。

（3）配制系列溶液

按表 7.18 列出的体积，分别准确移取 0.0100mol·L^{-1}HClO$_4$溶液、0.0010mol·L^{-1}Fe^{3+}溶液、0.0010mol·L^{-1}磺基水杨酸溶液，加入已编号的干燥小烧杯中，搅拌均匀。

- 测定磺基水杨酸合铁（Ⅲ）溶液的吸光度

以蒸馏水为参比溶液，在 500nm 处，分别测定各溶液的吸光度 A。以配合物吸光度 A 为纵坐标、H$_3$R 的摩尔分数为横坐标作图，从图中找出最大吸光度处，并计算出配合物的组成和稳定常数。

【结果及处理】

实验数据见表 7.18。

表 7.18 磺基水杨酸合铁（Ⅲ）溶液的吸光度

序号	V(0.0100mol·L^{-1} HClO$_4$)/mL	V(0.0010mol·L^{-1} Fe^{3+})/mL	V(0.0010mol·L^{-1} 磺基水杨酸)/mL	H$_3$R 的摩尔分数	吸光度 A
1	10.00	10.00	0.00		
2	10.00	9.00	1.00		
3	10.00	8.00	2.00		
4	10.00	7.00	3.00		
5	10.00	6.00	4.00		
6	10.00	5.00	5.00		
7	10.00	4.00	6.00		
8	10.00	3.00	7.00		
9	10.00	2.00	8.00		
10	10.00	1.00	9.00		
11	10.00	0.00	10.00		

【思考题】

① 用等物质的量系列法测定配合物组成时，为什么说溶液中的离子与配体的物质的量之比正好与配离子组成相同时，配离子的浓度最大？

② 在测定吸光度时，如果温度变化较大，对测得的稳定常数有何影响？

③ 实验中，每个溶液的 pH 值是否一样？如不一样，对结果有何影响？

④ 为什么要用 0.0100mol·L^{-1}HClO$_4$溶液作为溶剂来配制 0.0010mol·L^{-1}Fe^{3+}和 0.0010mol·L^{-1}磺基水杨酸溶液？能否用蒸馏水配制 Fe^{3+}和磺基水杨酸溶液？为什么？

实验 36　碘酸铜溶度积的测定

【实验目的】

① 了解分光光度法测定碘酸铜溶度积的原理和方法。

② 加深对沉淀溶解平衡和配位平衡的理解。

③ 学习分光光度计的使用，加深对朗伯-比尔定律的理解，学习工作曲线的绘制。

【实验原理】

碘酸铜是难溶强电解质。一定温度下，在碘酸铜饱和溶液中，已溶解的 Cu（IO$_3$）$_2$ 解离出的 Cu^{2+} 和 IO$_3^-$ 与未溶解的固体 Cu（IO$_3$）$_2$ 之间，存在下列沉淀溶解平衡：

$$Cu(IO_3)_2(s) \longrightarrow Cu^{2+}(aq) + 2IO_3^-(aq)$$

在一定温度下，该饱和溶液中 Cu^{2+} 浓度与 IO$_3^-$ 浓度的平方的乘积是一常数：

$$K_{sp} = c(Cu^{2+})c^2(IO_3^-)$$

在碘酸铜饱和溶液中，$c(IO_3^-) = 2c(Cu^{2+})$，代入上式，则

$$K_{sp} = 4c^3(Cu^{2+})$$

式中，K_{sp} 为碘酸铜的溶度积常数；c（Cu^{2+}）、c（IO$_3^-$）分别为沉淀溶解平衡时 Cu^{2+} 和 IO$_3^-$ 的浓度。温度一定，K_{sp} 值不随 Cu^{2+} 和 IO$_3^-$ 浓度的改变而改变。因此，在一定温度下测出 Cu（IO$_3$）$_2$ 饱和溶液中的 Cu^{2+} 浓度，便可计算出 Cu（IO$_3$）$_2$ 的 K_{sp} 值。

测定 Cu（IO$_3$）$_2$ 溶度积常数的方法有多种，如碘量法、分光光度法、电导法等。本实验采用分光光度法测定溶液中 Cu^{2+} 浓度。在实验条件下，Cu^{2+} 浓度很小，几乎不吸收可见光，因而直接测定吸光度，灵敏度很低。为提高测定方法的灵敏度，本实验由 CuSO$_4$ 和 KIO$_3$ 作用制备碘酸铜饱和溶液，利用饱和溶液中的 Cu^{2+} 与过量 NH$_3$·H$_2$O 作用生成深蓝的 [Cu（NH$_3$）$_4$]$^{2+}$ 配离子，对波长 610nm 的光具有强吸收。采用工作曲线法，测定样品前，在与试样测定相同的条件下，测定一系列已知准确浓度的标准溶液的吸光度，绘制标准曲线，再测出饱和溶液的吸光度，根据工作曲线计算饱和溶液中 c（Cu^{2+}）。

【仪器与试剂】

仪器：磁力加热搅拌器、恒温水浴锅、容量瓶、锥形瓶、移液管、比色皿、可见分光光度计、烧杯。

试剂：KIO$_3$（A.R.）、CuSO$_4$·5H$_2$O（A.R.）、0.100mol·L^{-1} CuSO$_4$ 标准溶液、1mol·L^{-1} 氨水。

【实验内容】

- **Cu（IO$_3$）$_2$ 沉淀的制备**

小烧杯中分别加入 2.0g CuSO$_4$·5H$_2$O 和 3.4g KIO$_3$ 配成饱和溶液（适当加入一定量的水促进其溶解），置于 70～80℃ 水浴中 15～20min 后，取出冷却至室温，弃去上层清液，用蒸馏水洗涤沉淀数次至无 SO$_4^{2-}$ 为止，制得 Cu（IO$_3$）$_2$ 沉淀。

- **Cu（IO$_3$）$_2$ 饱和溶液的制备**

取上述制得的 Cu（IO$_3$）$_2$ 沉淀 1.5g 放入 250mL 锥形瓶中，加入 150mL 蒸馏水，在磁力搅拌器上加热至 70～80℃，搅拌 15min，冷却，静置 2～3h。

- **碘酸铜溶度积的测定**

（1）工作曲线的绘制

分别准确移取 0.40mL、0.80mL、1.20mL、1.60mL、2.00mL 0.100mol·L^{-1} CuSO$_4$ 标准溶液于 5 支 50mL 容量瓶中，各加入 25.00mL 1mol·L^{-1} 氨水，用蒸馏水稀释至刻度，振荡、摇匀。以蒸馏水作参比溶液，在 610nm 处测定标准溶液的吸光度 A，绘制工作曲线 A-c

（Cu^{2+}）图。

（2）Cu（IO_3）$_2$ 饱和溶液中 Cu^{2+} 浓度的测定

分别移取 10.00mL Cu（IO_3）$_2$ 饱和溶液两份于 2 个 50mL 容量瓶中，各加入 25.00mL 1mol·L^{-1} 氨水，用蒸馏水稀释至刻度，摇匀，在 610nm 处测定其吸光度。根据工作曲线求出 c（Cu^{2+}）的浓度，计算 K_{sp}。

【结果及处理】

分析数据记录及处理见表 7.19。

表 7.19　分析数据记录及处理

编号	1	2	3	4	5	6	待测液 1	待测液 2
V（$CuSO_4$）/mL								
c（Cu^{2+}）/（mol·L^{-1}）								
吸光度 A								

【思考题】

① 怎样制备 Cu（IO_3）$_2$ 饱和溶液？制备 Cu（IO_3）$_2$ 时，何种物质过量？

② 如果 Cu（IO_3）$_2$ 溶液未达饱和，对测定结果有何影响？

③ 铜的测定方法有哪些？请结合所学知识阐述。

实验 37　沉淀溶解平衡

【实验目的】

① 掌握沉淀溶解平衡及溶度积原理的应用。

② 掌握沉淀的溶解和转化的条件。

③ 掌握离心分离的原理及离心机的使用方法。

【实验原理】

（1）溶度积常数

在一定温度下，任一难溶电解质 A_mB_n 固体与其溶入溶液中的离子之间存在下列平衡：

$$A_mB_n \Longrightarrow mA^{n+} + nB^{m-}$$

当温度一定时，难溶电解质的饱和溶液中，其阴阳离子浓度系数次方的乘积是一个常数，即溶度积常数 K_{sp}。

$$K_{sp} = [A^{n+}]^m [B^{m-}]^n$$

（2）溶度积规则

溶度积规则是判断溶液中有无沉淀生成或沉淀能否溶解的标准。离子积是指在一定温度下，难溶电解质在任意状态时，溶液中离子浓度幂的乘积，用符号 Q 表示。则：

若 $Q < K_{sp}$，溶液为不饱和溶液，无沉淀析出；

若 $Q = K_{sp}$，溶液为饱和溶液；

若 $Q > K_{sp}$，溶液为过饱和溶液，有沉淀析出。

不同难溶电解质的溶解能力不同，它们的 K_{sp} 也不同。如果溶液中同时含有几种离子，加入的沉淀剂与溶液中几种离子都能发生沉淀反应时，则沉淀的先后顺序将由各离子浓度及

K_{sp} 决定，首先满足沉淀条件的组分先形成沉淀，这一现象称为分步沉淀。

【仪器与试剂】

仪器：离心机、离心管（10mL）、移液管（1mL）、刻度试管（5mL、10mL）、量筒（10mL）、烧杯、试管架、胶头滴管、洗耳球。

仪器：$0.10mol \cdot L^{-1} Pb(NO_3)_2$、$0.10mol \cdot L^{-1} KI$、$0.10mol \cdot L^{-1} NaCl$、$0.10mol \cdot L^{-1} K_2CrO_4$、$0.10mol \cdot L^{-1} AgNO_3$、饱和 PbI_2、$0.10mol \cdot L^{-1} Na_2S$、$0.10mol \cdot L^{-1} MgCl_2$、$2.0mol \cdot L^{-1} NH_3 \cdot H_2O$、$2.0mol \cdot L^{-1} HCl$、$1.0mol \cdot L^{-1} NaCl$、饱和 NH_4Cl 溶液。

【实验内容】

（1）溶度积规则的应用

① 试管中加入 1.0mL $0.10mol \cdot L^{-1} Pb(NO_3)_2$ 溶液，再加 1.0mL $0.10mol \cdot L^{-1} KI$ 溶液，观察有无沉淀生成，试用溶度积规则解释。

② 50mL 烧杯中加入 1 滴 $0.10mol \cdot L^{-1} Pb(NO_3)_2$ 溶液，加入 10.0mL 蒸馏水稀释后，逐滴加入 $0.10mol \cdot L^{-1} KI$ 溶液进行①中实验，有无沉淀生成？试用溶度积规则解释。

③ 试管中加入 3 滴 $0.10mol \cdot L^{-1} NaCl$ 溶液和 5 滴 $0.10mol \cdot L^{-1} K_2CrO_4$，边振荡试管，边逐滴加入 $0.10mol \cdot L^{-1} AgNO_3$ 溶液，观察沉淀颜色，试用溶度积规则解释。

（2）同离子效应

试管中加入 1.0mL 饱和 PbI_2 溶液，然后逐滴加入 $0.10mol \cdot L^{-1} KI$ 溶液，振荡试管，观察现象，说明原因。

（3）分步沉淀

试管中加入 1 滴 $0.10mol \cdot L^{-1} Na_2S$ 溶液和 5 滴 $0.10mol \cdot L^{-1} K_2CrO_4$ 溶液，用蒸馏水稀释至 5.0mL，然后逐滴加入 $0.10mol \cdot L^{-1} Pb(NO_3)_2$ 溶液，观察首先生成沉淀的颜色。待沉淀沉降后，继续向上清液中滴加 $0.10mol \cdot L^{-1} Pb(NO_3)_2$ 溶液，会出现什么颜色的沉淀？试用溶度积原理解释上述现象。

（4）沉淀的溶解

在两支试管中分别加入 5 滴 $0.10mol \cdot L^{-1} MgCl_2$ 溶液，并逐滴加入 $2.0mol \cdot L^{-1} NH_3 \cdot H_2O$ 溶液至有白色 $Mg(OH)_2$ 沉淀生成，然后向第一支试管滴加 $2.0mol \cdot L^{-1} HCl$ 溶液，向第二支试管滴加饱和 NH_4Cl 溶液，观察两支试管中的反应现象，写出有关反应方程式。

（5）沉淀的转化

离心管中滴入 5 滴 $0.10mol \cdot L^{-1} Pb(NO_3)_2$ 溶液和 3 滴 $1.0mol \cdot L^{-1} NaCl$ 溶液，振荡离心管，待沉淀完全后，离心分离，然后向沉淀中滴加 3 滴 $0.10mol \cdot L^{-1} KI$ 溶液，观察沉淀的颜色变化。说明原因，并写出有关反应方程式。

【思考题】

① 沉淀溶解的条件是什么？可采用哪些方法？

② AgCl 的 K_{sp}（1.8×10^{-10}）大于 Ag_2CrO_4 的 K_{sp}（1.1×10^{-12}），若溶液中 $[Cl^-]$ 和 $[CrO_4^{2-}]$ 均为 $0.10mol \cdot L^{-1}$，问加入 $AgNO_3$ 时，何者先沉淀？

③ Ag_2CO_3、Ag_3PO_4 和 Ag_2S 沉淀能否溶于 HNO_3？为什么？

第 8 章

综合性实验

实验 38 食用醋中总酸度的测定

【实验目的】

① 掌握标准溶液的配制和标定方法。
② 掌握强碱滴定弱酸的原理及指示剂的选择。
③ 学会食用醋中总酸度的测定方法。
④ 进一步掌握碱式滴定管的使用和正确判断滴定终点。

【实验原理】

食用醋的主要成分是乙酸，为有机弱酸，其电离常数 $K_a=1.8\times10^{-5}$，符合弱酸的滴定条件（$cK_a\geqslant10^{-8}$），可用 NaOH 标准溶液滴定，其反应式为：

$$CH_3COOH+NaOH\xlongequal{\quad\quad}CH_3COONa+H_2O$$

0.1mol·L^{-1} NaOH 溶液滴定 0.1mol·L^{-1} CH_3COOH 溶液的 pH 突跃范围为 7.7～9.7，化学计量点的 pH 值为 8.7。选择酚酞为指示剂，终点由无色变为微红色。

滴定时，不仅 HAc 与 NaOH 作用，试样中可能存在的其他各种形式的酸（如乳酸、氨基酸等）也与 NaOH 反应，故滴定所得为总酸度，以 CH_3COOH 的含量表示（g·L^{-1}）。

NaOH 标准溶液的浓度用基准物邻苯二甲酸氢钾（$KHC_8H_4O_4$）进行标定，反应式见实验 11。

总酸度的计算公式为：

$$\rho=\dfrac{c_{NaOH}\dfrac{V_{NaOH}}{1000}\times\dfrac{250}{25}M_{HAc}}{\dfrac{25}{1000}L}$$

式中　ρ——食用醋中总酸度，g·L^{-1}；

c_{NaOH}——NaOH 标准溶液的浓度，mol·L^{-1}；

V_{NaOH}——滴定时消耗的 NaOH 标准溶液的体积，mL；

M_{HAc}——CH_3COOH 的摩尔质量，g·mol^{-1}。

【仪器与试剂】

仪器：烧杯、锥形瓶、试剂瓶、容量瓶（250mL）、碱式滴定管（25mL）、移液管、电子天平、电炉。

试剂：NaOH（A.R.）、邻苯二甲酸氢钾（基准物质，105～110℃下干燥至恒重）、酚酞指示剂（0.2%）、食用醋。

【实验内容】

• **0.05mol·L^{-1} NaOH 溶液的配制与标定**

（1）0.05mol·L^{-1} NaOH 溶液的配制

准确称取 1.0g NaOH 固体于烧杯中，加入约 50mL 蒸馏水，搅拌使其完全溶解后，转入带橡皮塞的玻璃试剂瓶中，再加蒸馏水 450mL 左右，盖紧塞子，振荡，摇匀，备用。

（2）0.05mol·L^{-1} NaOH 溶液的标定

准确称取 0.20～0.25g 基准物质邻苯二甲酸氢钾于锥形瓶中，加入 20～30mL 蒸馏水，微热使其完全溶解。待溶液冷却后，加入 2 滴酚酞指示剂，摇匀。用待标定的 NaOH 溶液滴定至微红色，且 30s 内不褪色即为终点。记录消耗的 NaOH 的体积，平行测定 3 次，计算 NaOH 标准溶液的浓度。

- 食用醋中总酸度的测定

准确移取 25.00mL 食用醋于 250mL 容量瓶中，蒸馏水稀释至刻度线，摇匀。用移液管吸取上述试液 25.00mL 于锥形瓶中，加入 2～3 滴 0.2% 酚酞指示剂，摇匀。用已标定的 NaOH 标准溶液滴至溶液呈微红色，且 30s 内不褪色即为终点。平行测定 3 次，计算食用醋中总酸度。

【结果及处理】

（1）$0.05mol \cdot L^{-1}$ NaOH 溶液的标定

参照表 5.5。

（2）食用醋中总酸度的测定

分析数据记录及处理见表 8.1。

表 8.1　食用醋中总酸度的测定分析数据记录及处理

项目	次数		
	1	2	3
$c_{NaOH}/(mol \cdot L^{-1})$			
V_{NaOH}/mL			
$\rho/(g \cdot L^{-1})$			
$\bar{\rho}/(g \cdot L^{-1})$			
绝对偏差			
相对偏差/%			
相对平均偏差/%			

【注意事项】

① 大多数食用醋颜色较深，应稀释后测定。稀释倍数应视食用醋试样的颜色深浅而定。

② 若被测液的颜色不能全部消除，滴定终点的颜色可能是橙色。

【思考题】

① 测定乙酸为什么要用酚酞作为指示剂？用甲基橙或中性红是否可以？为什么？

② 用邻苯二甲酸氢钾为基准物质标定 $0.05mol \cdot L^{-1}$ NaOH 溶液时，基准物质的称量范围为 0.2～0.3g，为什么？

③ 使用碱式滴定管时应注意什么？

④ 滴定过程中，由于摇荡过于激烈，部分液体溅出，结果偏大还是偏小？

实验 39　阿司匹林片剂中乙酰水杨酸含量的测定

【实验目的】

① 掌握酸碱滴定法在有机酸测定中的应用。

② 学习阿司匹林药片中主要成分乙酰水杨酸含量的测定方法。

【实验原理】

阿司匹林是国内外广泛使用的解热镇痛药，主要成分是乙酰水杨酸。乙酰水杨酸是有机弱酸，$pK_a = 3.0$，化学式 $C_9H_8O_4$，摩尔质量为 $180.16g \cdot mol^{-1}$，微溶于水，易溶于乙醇。由于其分子结构中含有羧基，在溶液中可解离出 H^+，故可用标准碱溶液滴定，用酚酞作指示剂。其与 NaOH 的反应为：

为防止乙酰基水解，必须在 10℃ 以下的中性乙醇中进行滴定。此外，滴定应在振荡下稍快进行，以防止局部碱度过大而使其水解。由于阿司匹林片剂中要加入一定量的赋形剂，如硬脂酸镁、淀粉等不溶物，溶解时应加入中性乙醇。酯基—OCOCH₃ 的水解反应不会立即反应完毕，因此不宜直接滴定，而采用返滴定法。

乙酰水杨酸在 NaOH 或 Na_2CO_3 等强碱性溶液中溶解并分解为水杨酸钠（邻羟基苯甲酸钠）和乙酸盐：

将药片研细后加入过量的 NaOH 标准溶液后加热，使水解反应完全，再用 HCl 标准溶液回滴过量的 NaOH，以酚酞作指示剂，滴定至微红色刚好消失即为终点。

【仪器与试剂】

仪器：电子天平、烧杯、容量瓶、碱式滴定管（25mL）、酸式滴定管（25mL）、锥形瓶、研钵。

试剂：$0.1mol \cdot L^{-1}$ NaOH 标准溶液、$0.1mol \cdot L^{-1}$ HCl 标准溶液、邻苯二甲酸氢钾（A.R.）、95% 乙醇、酚酞指示剂（0.2% 乙醇溶液）、阿司匹林药片、乙酰水杨酸试样。

【实验内容】

（1）中性乙醇的配制

量取约 60mL 乙醇置于 100mL 烧杯中，加入 8 滴酚酞指示剂，振荡摇匀，滴加 $0.1mol \cdot L^{-1}$ NaOH 标准溶液至刚好出现微红色，盖上表面皿，浸在冰水中。

（2）$0.1mol \cdot L^{-1}$ HCl 标准溶液的标定

详见"实验 12 $0.1mol \cdot L^{-1}$ HCl 标准溶液的配制与标定"。

（3）NaOH 标准溶液与 HCl 标准溶液体积比的测定

准确移取 $0.1mol \cdot L^{-1}$ NaOH 标准溶液 25.00mL 于 250mL 锥形瓶中，加 50mL 蒸馏水，加入 1~2 滴酚酞指示剂，用 HCl 标准溶液滴至红色刚好消失即为终点，记录消耗 HCl 标准溶液的体积 V_1。平行滴定 3 次，计算 V_{NaOH}/V_{HCl} 的值 K。

$$K = 25.00/V_1$$

（4）阿司匹林片剂中乙酰水杨酸的测定

将阿司匹林片剂在研钵中研成粉末，准确称取阿司匹林试样粉末 0.3~0.4g 于 250mL

锥形瓶中，加 20mL 中性乙醇和 50mL 水，充分振荡，使其溶解。加入 2～3 滴酚酞指示剂，用 NaOH 标准溶液迅速滴至微红色即为终点。记录消耗的 NaOH 标准溶液的体积 V_2。

上述溶液中准确加入 $0.1\mathrm{mol \cdot L^{-1}}$ NaOH 标准溶液 25.00mL，水浴加热 15min，迅速用流水冷却。用 $0.1\mathrm{mol \cdot L^{-1}}$ HCl 标准溶液滴至红色刚好消失即为终点。记录消耗 HCl 标准溶液体积 V_3。平行测定 3 次，计算阿司匹林片剂中乙酰水杨酸的质量分数。

$$w = \frac{[(25.00 - KV_3)c_{\mathrm{HCl}}/K]M_{乙酰水杨酸} \times 10^{-3}}{m} \times 100\%$$

式中　V_3——乙酰水杨酸皂化后消耗的 HCl 标准溶液的体积，mL；

$M_{乙酰水杨酸}$——乙酰水杨酸的摩尔质量，$\mathrm{g \cdot mol^{-1}}$；

m——称取阿司匹林粉末样品的质量，g。

【结果及处理】

（1）HCl 标准溶液的标定

参照表 5.6。

（2）阿司匹林片剂中乙酰水杨酸的测定

见表 8.2。

表 8.2　阿司匹林片剂中乙酰水杨酸的测定

项目	次数		
	1	2	3
m/g			
V_2/mL			
V_3/mL			
$w/\%$			
$\bar{w}/\%$			
绝对偏差			
相对偏差			
相对平均偏差/%			

（3）NaOH 标准溶液与 HCl 标准溶液体积比的测定

见表 8.3。

表 8.3　NaOH 标准溶液与 HCl 标准溶液体积比的测定

项目	次数		
	1	2	3
$V_{\mathrm{NaOH}}/\mathrm{mL}$	25.00	25.00	25.00
$V_{\mathrm{HCl}}/\mathrm{mL}$			
$K(V_{\mathrm{NaOH}}/V_{\mathrm{HCl}})$			

【注意事项】

① 阿司匹林粉末如果溶解性很差，可微热，使其溶解性更好，但一定要等完全冷却后才能进行滴定。

② 滴定时的温度应保持在 20℃以下，必要时可用水冷却锥形瓶。

③ NaOH 标准溶液浓度应控制在 $0.1\mathrm{mol \cdot L^{-1}}$ 左右，不能太浓，否则易引起乙酰水杨酸水解。

④ 用 NaOH 标准溶液滴定时，速度应稍快，滴定过慢可能引起乙酰水杨酸水解。

【思考题】

① 滴定为何要在中性乙醇中进行?

② 在测定阿司匹林片剂时,为什么 1mol 乙酰水杨酸消耗 2mol NaOH?

③ 用 HCl 回滴后的溶液中,水解产物的存在形式是什么?

④ 滴定乙酰水杨酸中的—COOH 时,能否用返滴定法?

实验 40　分光光度法测定食品中 NO_2^- 的含量

【实验目的】

① 学习盐酸萘乙二胺分光光度法测定亚硝酸盐的原理和方法。

② 了解分光光度法在食品分析中的应用。

【实验原理】

亚硝酸盐作为一种食品添加剂,能够保持腌肉制品等的色香味,并且有一定的防腐性,但同时也具有较强的致癌作用,过量食用对人体有害。因此,在食品加工中需严格控制亚硝酸盐的加入量。

在弱酸性溶液中,亚硝酸盐与对氨基苯磺酸发生重氮化反应,生成的重氮化合物与盐酸萘乙二胺偶合成紫红色偶氮染料(最大吸收波长为 540nm)。反应方程式如下:

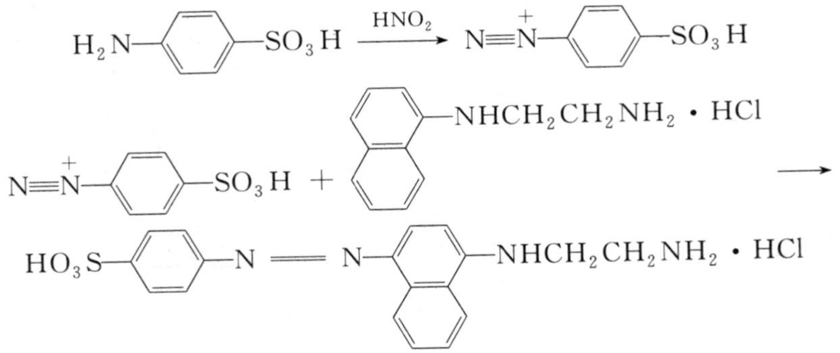

以分光光度法测定生成的偶氮染料,可以对亚硝酸盐进行定量分析。该方法选择性好、灵敏度高,已广泛应用于食品、药品和环境等领域的微量亚硝酸盐分析。

【仪器与试剂】

仪器:紫外-可见分光光度计、小型多用食品粉碎机、烧杯、容量瓶(250mL)、搪瓷盘。

试剂:饱和硼砂溶液[称取 25g 硼砂($Na_2B_4O_7 \cdot 10H_2O$)溶于 500mL 热水中];$1.0 mol \cdot L^{-1}$ 硫酸锌溶液;$150 g \cdot L^{-1}$ 亚铁氰化钾溶液;$4 g \cdot L^{-1}$ 对氨基苯磺酸溶液(称取 0.4g 对氨基苯磺酸,溶于 20% 盐酸中配成 100mL 溶液,避光保存);$2 g \cdot L^{-1}$ 盐酸萘乙二胺溶液(称取 0.2g 盐酸萘乙二胺溶于 100mL 水中,避光保存);$0.2 g \cdot L^{-1} NaNO_2$ 标准溶液(准确称取 0.1000g 干燥 24h 的分析纯 $NaNO_2$,用水溶解后定量转入 500mL 容量瓶中,加水稀释至刻度并摇匀。使用时准确移取上述标准溶液 5.0mL 于 100mL 容量瓶中,加水稀释至刻度并摇匀,作为操作液);活性炭。

【实验内容】

• 试样预处理

（1）香肠等肉制品

称取 5g 经绞碎均匀的试样置于烧杯中，加入 12.5mL 饱和硼砂溶液搅拌均匀，然后用 150～200mL 70℃以上的热水将烧杯中的试样全部转入 250mL 容量瓶中，并置于沸水浴中加热 15min，取出，轻轻摇动下滴加 2.5mL $ZnSO_4$ 溶液以沉淀蛋白质。冷却至室温后，加水稀释至刻度，摇匀。放置 10min，撇去上层脂肪；清液用滤纸或脱脂棉过滤，弃去最初 10mL 滤液，其后无色透明滤液 50mL 用于测定。

（2）水果、蔬菜罐头

将水果或蔬菜等全部转至搪瓷盘中，切成小块，混合均匀，用四分法取出 200g。将试样置于食品粉碎机内，加水 200mL，捣碎成匀浆后全部转入烧杯中，备用。称取匀浆 40g 于 50mL 烧杯中，用 70℃以上的热水 150mL 分 4～5 次将其全部转入 250mL 容量瓶中，加入饱和硼砂溶液 6mL，摇匀；再加入经处理的活性炭 2g，摇匀；然后加入 $ZnSO_4$ 溶液 2mL 和亚铁氰化钾溶液 2mL，振荡 3～5min；最后加水稀释至刻度。摇匀后用滤纸过滤，弃去最初 10mL 滤液，其后无色透明滤液 50mL 用于测定。

• 测定

（1）标准曲线的绘制

准确移取 10mg·L^{-1} $NaNO_2$ 标准溶液 0mL、0.4mL、0.8mL、1.2mL、1.6mL、2.0mL，分别置于 50mL 容量瓶中，各加水 30mL，然后分别加入 2mL 4g·L^{-1} 对氨基苯磺酸溶液，摇匀，静置 3min。分别加入 1mL 2g·L^{-1} 盐酸萘乙二胺溶液，加水稀释至刻度，摇匀，静置 15min。以试剂空白为参比，在波长 540nm 处测定各溶液的吸光度。以 $NaNO_2$ 标准溶液的浓度为横坐标、相应的吸光度为纵坐标，绘制标准曲线。

（2）试样的测定

准确移取经过滤的试样溶液 40mL 于 50mL 容量瓶中，按绘制标准曲线的操作，加入试剂进行测定。根据测得的吸光度，从标准曲线上找出相应的 $NaNO_2$ 的浓度。

【思考题】

① 试样处理制备试液时，为什么要弃去最初的 10mL 滤液？

② 也可利用盐酸萘乙二胺溶液分光光度法对试样中的硝酸盐进行测定，能否设计一个同时测定硝酸盐和亚硝酸盐的分析方案？

③ 亚硝酸盐在食品中允许的限量是多少？

实验 41　分光光度法同时测定食品中的维生素 C 和维生素 E

【实验目的】

① 理解双波长法同时测定两组分的原理。

② 学会用紫外-可见分光光度计做双波长测定的基本操作。

【实验原理】

由于吸光度具有加和性，可不经分离同时测定某一试样溶液中两个以上的组分。

若溶液中同时存在 A、B 两组分，将其转化为有色化合物，分别绘制各自的吸收曲线，将可能出现如图 8.1 所示的两种情况。

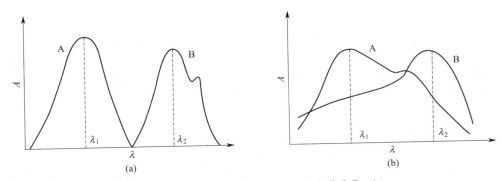

图 8.1　吸收光谱不重叠（a）；吸收光谱重叠（b）

图 8.1（a）表明，A、B 两组分互不干扰，因此可分别在 λ_1 和 λ_2 处测定 A、B 组分的吸光度，求出各自的含量。图 8.1（b）表明，A、B 组分彼此干扰，可在波长 λ_1 和 λ_2 处分别测定 A、B 两组分的总吸光度 A_{λ_1} 和 A_{λ_2}，因吸光度具有加和性，可建立如下方程：

$$A_{\lambda_1}=\varepsilon_{\lambda_1}^{A} bc_{A}+\varepsilon_{\lambda_1}^{B} bc_{B}$$

$$A_{\lambda_2}=\varepsilon_{\lambda_2}^{A} bc_{A}+\varepsilon_{\lambda_2}^{B} bc_{B}$$

式中，$\varepsilon_{\lambda_1}^{A}$、$\varepsilon_{\lambda_1}^{B}$、$\varepsilon_{\lambda_2}^{A}$、$\varepsilon_{\lambda_2}^{B}$ 分别为组分 A 和 B 在波长 $\lambda_{\max}^{A}$ 与 $\lambda_{\max}^{B}$ 处的摩尔吸光系数，其值可由已知准确浓度的单组分 A 和 B 在两波长处测得。解方程即可求出 A、B 组分的含量。对于更复杂的多组分系统，可用计算机处理测定结果。

【仪器与试剂】

仪器：紫外-可见分光光度计、比色管、移液管（5mL）、洗耳球、烧杯、擦镜纸、滤纸。

试剂：$200 \text{mg} \cdot \text{L}^{-1}$ 维生素 E 无水乙醇溶液、$200 \text{mg} \cdot \text{L}^{-1}$ 维生素 C 无水乙醇溶液、待测液（维生素 E、维生素 C 的无水乙醇溶液）、无水乙醇。

【实验内容】

（1）维生素 E 无水乙醇溶液和维生素 C 无水乙醇溶液紫外吸收光谱的测定

分别移取 5.00mL 标准溶液，用无水乙醇稀释至 25.00mL，配成 $40.0 \text{mg} \cdot \text{L}^{-1}$ 维生素 E 无水乙醇溶液和维生素 C 无水乙醇溶液，在 $200 \sim 400 \text{nm}$ 波长范围内，以无水乙醇作参比，用 1cm 石英比色皿，测定各溶液的吸光度 A（自行设计读数，各不少于 20 个点），选择合适的 λ_1 和 λ_2，根据各自的吸光度，计算 $\varepsilon_{\lambda_1}^{A}$、$\varepsilon_{\lambda_1}^{B}$、$\varepsilon_{\lambda_2}^{A}$、$\varepsilon_{\lambda_2}^{B}$。

如果仪器有扫描功能，可进行扫描。

（2）样品溶液的测定

将样品溶液在 λ_1 和 λ_2 处，以无水乙醇作参比，用 1cm 石英比色皿，测其吸光度，并计算出两组分的含量（$\text{mg} \cdot \text{L}^{-1}$）。

【结果及处理】

① 在同一坐标纸上绘制维生素 E 无水乙醇溶液和维生素 C 无水乙醇溶液的紫外吸收光

谱，选出合适的测量波长 λ_1 和 λ_2。

② 计算 $\varepsilon_{\lambda_1}^A$、$\varepsilon_{\lambda_1}^B$、$\varepsilon_{\lambda_2}^A$、$\varepsilon_{\lambda_2}^B$。

③ 由样品溶液在 λ_1 和 λ_2 处测得的吸光度，计算样品溶液中各组分的含量（mg·L^{-1}）。

【注意事项】

① 测量时比色皿要擦净，将透光面置于光路中。

② 溶液的温度略有影响。

实验 42　磷钼蓝分光光度法测定土壤全磷

【实验目的】

① 掌握磷钼蓝法测定磷含量的原理和方法。

② 巩固分光光度计的使用方法。

【实验原理】

土壤全磷的测定一般采用磷钼蓝法。

在高温条件下，土壤中含磷矿物及有机磷化合物与高沸点的 H_2SO_4 和强氧化剂 $HClO_4$ 作用，使之完全分解，全部转化为磷酸盐而进入溶液。在一定酸度下，磷酸与钼酸铵作用生成磷钼杂多酸：

$$PO_4^{3-} + 12MoO_4^{2-} + 27H^+ \longrightarrow H_7[P(Mo_2O_7)_6] + 10H_2O$$

以适当的还原剂将其还原成磷钼杂多蓝（$H_3PO_4 \cdot 10MoO_3 \cdot Mo_2O_5$），使溶液呈蓝色，$\lambda_{max}=700nm$；蓝色的深浅与磷的含量成正比，可进行分光光度法测定。

磷钼蓝法常用的还原剂有多种，本实验在酒石酸锑钾的存在下，用抗坏血酸作还原剂，将磷钼杂多酸还原为磷钼杂多蓝，常称为"钼锑抗"（钼酸铵-酒石酸锑钾-抗坏血酸试剂的简称）法。此方法步骤简便，颜色稳定，干扰离子允许量大，很适于进行土壤中磷的测定。

钼锑抗法要求显色温度为 15～60℃，颜色在 8h 内可保持稳定，要求显色酸度为 0.45～0.65mol·L^{-1}。若酸度太小，磷钼杂多蓝稳定时间较短，若酸度过大，则显色变慢。

【仪器与试剂】

仪器：电子天平、紫外-可见分光光度计、容量瓶（50mL，100mL，1000mL）、移液管（5mL，10mL）、量筒、锥形瓶、玻璃漏斗、无磷滤纸。

试剂：

5.00μg·mL^{-1} 磷标准溶液　将 0.4390g KH_2PO_4（105℃烘干 2h）溶于 200mL 水中，加入 5mL 浓 H_2SO_4，转入 1L 容量瓶中，蒸馏水稀释至刻度，为 100μg·mL^{-1} 标液，可长期保存，使用时准确稀释 20 倍后作为标准溶液。

钼锑储存液　将 153mL 浓 H_2SO_4 缓慢倒入约 400mL 水中，搅拌，冷却。将 10g 钼酸铵溶解于约 60℃的 300mL 水中，冷却。然后将 H_2SO_4 溶液缓慢倒入钼酸铵溶液中，再加入 100mL 0.5%酒石酸锑钾溶液，最后蒸馏水稀释至 1L，避光保存。

钼锑抗显色剂　将 1.50g 抗坏血酸（左旋，旋光度+21°～+22°）加入钼锑储存液中，注意随配随用（钼锑储存液和抗坏血酸分开加入显色体系，试剂可以较长时间保存）。

0.2％二硝基酚指示剂（将 0.2g 2,6-二硝基酚或 2,4-二硝基酚溶于 100mL 水中），浓 H_2SO_4，70％～72％$HClO_4$。

【实验内容】

（1）待测液的制备

准确称取通过 100 目筛的烘干土壤试样 1.0g 于 500mL 锥形瓶中，少量蒸馏水润湿，加入 8mL 浓 H_2SO_4，振荡，放置过夜，再加入 70％～72％的 $HClO_4$ 10 滴，摇匀，瓶口上放一玻璃漏斗，缓慢加热消煮至瓶内溶液开始转白后，继续消煮 20min，全部消煮时间约 45～60min。冷却后，用干燥漏斗和无磷滤纸将消煮液滤入 100mL 容量瓶中，用少量蒸馏水反复淋洗，转移完全后用蒸馏水稀释至刻度，备用。

（2）标准曲线的绘制

分别准确移取 5.00μg·mL^{-1} 磷标准溶液 0.00mL、1.00mL、2.00mL、3.00mL、4.00mL、5.00mL、6.00mL 于 7 支编号的 50mL 容量瓶中，分别加蒸馏水稀释至约 30mL，加二硝基酚指示剂 2 滴，用稀 NaOH 溶液和稀 H_2SO_4 溶液调节 pH 至溶液刚好呈微黄色，然后加入钼锑抗显色剂 5mL，蒸馏水稀释至刻度，振荡摇匀。在高于 15℃的条件下放置 30min，用 1cm 比色皿，在 700nm 波长下，以试剂空白溶液为参比液，测定其吸光度，以浓度为横坐标、吸光度为纵坐标绘制标准曲线。

（3）待测液吸光度的测定

准确移取 5.00mL 待测液（应根据土壤试样中磷含量的多少确定移取待测液的体积）于 8 号容量瓶中，其他操作同上，测其吸光度，在标准曲线上找出相应的浓度，计算原待测液中磷的含量，进而得到土壤中全磷的质量分数。

实验 43 苹果抗氧化性的测定

【实验目的】

① 掌握羟基自由基测定的基本原理及基本方法。
② 掌握间接分光光度法测定苹果抗氧化性的基本原理。
③ 熟悉 722S 型可见分光光度计的使用方法。

【实验原理】

H_2O_2 与催化剂 Fe^{2+} 构成的氧化体系称为 Fenton 试剂。在 Fe^{2+} 催化剂作用下，H_2O_2 能产生活泼的羟基自由基，引发自由基链反应，并加快还原性物质的氧化。反应机理为：
$$Fe^{2+} + H_2O_2 \longrightarrow Fe^{3+} + \cdot OH + OH^-$$

该反应一般在酸性条件下进行（pH 3.5），产生的羟基自由基与溴甲酚紫作用使吸光度降低，利用在 430nm 处溴甲酚紫吸光度值的变化可以间接测定 Fenton 反应所产生的自由基。当自由基与苹果提取物中的抗氧化性成分发生反应时，可导致溴甲酚紫吸光度降低的程度减弱，由此可测定苹果的抗氧化活性。

【仪器与试剂】

仪器：722S 型可见分光光度计、比色管、容量瓶、移液管、电子天平、恒温水浴锅、离心机。

试剂：1.0×10^{-3} mol·L^{-1} Fe^{2+} 标准溶液、0.5g·L^{-1} 溴甲酚紫溶液、0.1mol·L^{-1} H_2O_2 溶液、0.1mol·L^{-1} HCl、5.0×10^{-2} mol·L^{-1} NaF 溶液、1.0×10^{-3} mol·L^{-1} 硫脲标准溶液。

【实验内容】

取 6 支比色管，将 0.4mL 溴甲酚紫溶液、0.5mL HCl、1.0mL Fe^{2+} 标准溶液、0.5mL H_2O_2 溶液依次加入 10.00mL 比色管中，再加入不同量的硫脲标准溶液或待测溶液，用蒸馏水稀释至刻度，摇匀，在 30℃ 恒温水浴中加热 8min 后取出，加入 0.2mL NaF 溶液终止反应。在 430nm 处测其吸光度。

取新鲜苹果依次用自来水、蒸馏水洗净晾干，称取果肉 20g，加入 100mL 水匀浆 5min，离心取上层清液稀释 10 倍后备用。取待测液 2.50mL，按标准曲线测定方法测其吸光度，平行测定 2 次。

【结果及处理】

分析数据记录及处理见表 8.4。

表 8.4　分析数据记录及处理

序号	1	2	3	4	5	6	待测 1	待测 2
0.5g·L^{-1} 溴甲酚紫溶液/mL	0.4	0.4	0.4	0.4	0.4	0.4	0.4	0.4
0.1mol·L^{-1} HCl/mL	0.5	0.5	0.5	0.5	0.5	0.5	0.5	0.5
1.0×10^{-3} mol·L^{-1} Fe^{2+} 标液/mL	1.0	1.0	1.0	1.0	1.0	1.0	1.0	1.0
0.1mol·L^{-1} H_2O_2 溶液/mL	0.5	0.5	0.5	0.5	0.5	0.5	0.5	0.5
硫脲标准溶液/mL	1.00	2.00	3.00	4.00	5.00	6.00	—	—
待测液/mL	—	—	—	—	—	—	2.50	2.50
定容体积/mL	10.00	10.00	10.00	10.00	10.00	10.00	10.00	10.00
吸光度 A								

从标准曲线上查得 $c_x =$ _____ mg·L^{-1}

原试液 c（抗氧化性成分）= _____ mg·L^{-1}

【思考题】

① 水浴时间对该反应有什么影响？

② 当硫脲浓度过大时，标准曲线是否为直线？

实验 44　葡萄糖酸锌的制备与表征

【实验目的】

① 了解锌的生物意义和葡萄糖酸锌的制备方法。

② 熟练掌握蒸发、浓缩、过滤、重结晶和滴定等操作。

③ 了解葡萄糖酸锌的质量分析方法。

【实验原理】

锌是人体必需的微量元素之一，它与人体遗传和生命活动有密切关系，被誉为"生命的火花"。锌是人体中 100 多种酶（如碳酸酐酶、呼吸酶、乳酸脱氢酶、超氧化物歧化酶、碱性磷酸酶、DNA 和 RNA 聚中酶等）的组成成分。锌具有促进生长发育、改善味觉的作用。锌缺乏时出现味觉、嗅觉差，厌食，生长与智力发育低于正常。

葡萄糖酸锌为补锌药，是无色或白色结晶，分子量为 455.68，熔点为 172℃，无味，易溶于水，极难溶于乙醇。葡萄糖酸锌具有见效快、吸收率高、副作用小等优点，主要用于儿童、老年人及妊娠妇女因缺锌引起的生长发育迟缓、营养不良、厌食症、复发性口腔溃疡、皮肤痤疮等症。

葡萄糖酸锌可由葡萄糖酸直接与锌的氧化物或盐制得。本实验采用葡萄糖酸钙与硫酸锌直接反应，反应方程式如下：

$$[CH_2OH（CHOH）_4COO]_2Ca + ZnSO_4 \Longrightarrow [CH_2OH（CHOH）_4COO]_2Zn + CaSO_4 \downarrow$$

过滤除去 $CaSO_4$ 沉淀，滤液经浓缩可得葡萄糖酸锌结晶。

葡萄糖酸锌在制作药物前，要经过多个项目的检测。本次实验只是对产品质量进行初步分析，分别用 EDTA 配位滴定法和比浊法检测所制备产物的锌和硫酸根含量。《中华人民共和国药典》（2015 版）规定葡萄糖酸锌含量为 93%～107%。

【仪器与试剂】

仪器：电子天平、烧杯、恒温水浴锅、电炉、锥形瓶、蒸发皿、减压抽滤装置一套、量筒、酸式滴定管、移液管、比色管、红外光谱仪。

试剂：葡萄糖酸钙（A. R.）、硫酸锌（A. R.）、活性炭、95%乙醇、$3mol \cdot L^{-1}$ HCl 溶液、25% $BaCl_2$ 溶液、K_2SO_4 标准溶液（SO_4^{2-} 含量 $100mg \cdot L^{-1}$）、乙酸-乙酸钠缓冲溶液（$pH=5.5$）、$0.02mol \cdot L^{-1}$ EDTA 标准溶液、二甲酚橙指示剂。

【实验内容】

（1）葡萄糖酸锌的制备

取 40mL 蒸馏水于烧杯中，加热至 80～90℃，加入 6.7g $ZnSO_4 \cdot 7H_2O$ 使其完全溶解，将烧杯放在 90℃恒温水浴锅中，再分批加入葡萄糖酸钙 10g，并不断搅拌。在 90℃[1] 水浴中保温 20min[2]，趁热抽滤[3]（滤渣为 $CaSO_4$，弃去），滤液转移至蒸发皿中，电炉上加热浓缩至黏稠状（体积约为 20mL，若浓缩液有沉淀，需过滤）。滤液冷却至室温，加 95%乙醇 20mL 并不断搅拌，此时有大量的胶状葡萄糖酸锌析出。充分搅拌后，用倾注法去除乙醇溶液。再在沉淀上加 20mL 95%乙醇，充分搅拌后，沉淀慢慢转变成晶体状，倾注法去除乙醇，即得粗品（母液回收）。再向粗品中加蒸馏水 20mL，加热至溶解，趁热抽滤，滤液冷却至室温，加 95%乙醇 20mL，充分搅拌，结晶析出后，抽滤至干，即得精品，在 50℃烘干，称量并计算产率。

（2）硫酸盐的检测

取本品 0.5g，加蒸馏水 20mL 溶解（溶液若显碱性，可滴加 HCl 使其呈中性）。溶液若不澄清，应过滤。将溶液置于 25mL 比色管中，加 2.0mL HCl 溶液，摇匀，即得供试溶液。另取 K_2SO_4 标准溶液 2.5mL，置于 25mL 比色管中，加蒸馏水使其约 20mL，加 2.0mL HCl 溶液，摇匀，即得对照溶液。在供试液与对照液中，分别加入 2.0mL 25% $BaCl_2$ 溶液，用蒸馏水稀释至 25mL，充分摇匀，放置 10min，同置于黑色背景上，从比色管上方向下观察、比较，若出现浑浊，与 K_2SO_4 标准溶液制成的对照溶液比较。

（3）锌含量的测定

准确称取制得的葡萄糖酸锌 0.25g 于锥形瓶中，加入 25mL 乙酸-乙酸钠缓冲溶液

（pH＝5.5)[4] 使其溶解，加水稀释至 100mL。滴加 2 滴二甲酚橙指示剂，用 0.02mol·L⁻¹EDTA 标准溶液滴定至溶液由紫红色变为纯黄色即为终点。计算该化合物中所含锌的质量分数 w_{Zn}，记录所消耗 EDTA 标准溶液的体积。平行测定 3 次，计算样品中葡萄糖酸锌的质量分数。

（4）红外光谱表征

用 KBr 压片法在 4000～400cm⁻¹ 测定本方法制得的葡萄糖酸锌的红外光谱，并对主要吸收峰进行指认。

【注释】

［1］反应需要在 90℃ 水浴中恒温加热，温度太高，葡萄糖酸锌会分解；温度太低，葡萄糖酸锌的溶解度降低。

［2］葡萄糖酸钙与硫酸锌反应时间不可过短，保证充分生成硫酸钙沉淀。

［3］抽滤除去硫酸钙后的滤液如果无色，可以不用脱色处理，如果脱色处理，一定要趁热过滤，防止产物过早冷却而析出。

［4］乙酸-乙酸钠缓冲溶液的配制方法：称取 200g 无水乙酸钠溶于少量水中，加入 20mL 冰醋酸，并以冰醋酸调节 pH 为 5.5，以水稀释至 1000mL，摇匀。

【思考题】

① 如果选用葡萄糖酸为原料，以下 4 种含锌化合物应选择哪种？为什么？
A. ZnO   B. $ZnCl_2$ C. $ZnCO_3$ D. $Zn(CH_3COO)_2$
② 葡萄糖酸锌含量测定结果若不符合规定，可能由哪些原因引起？
③ 葡萄糖酸锌可用哪些方法进行重结晶？
④ 查阅有关文献，比较各种制备葡萄糖酸锌工艺方法的优缺点。

实验 45 水样中阴离子表面活性剂含量的测定

【实验目的】

① 掌握萃取的原理及操作方法。
② 掌握分光光度法测阴离子表面活性剂的原理和方法。
③ 学会可见分光光度计的使用。

【实验原理】

阳离子染料亚甲蓝与阴离子表面活性剂（包括直链烷基苯磺酸、烷基磺酸和脂肪醇硫酸）作用，生成蓝色的离子对化合物，这类物质（MBAS）可被三氯甲烷萃取，其吸光度与浓度成正比，在波长 652nm 处，可利用分光光度法测量三氯甲烷有机相的吸光度，进而测得阴离子表面活性剂的含量。

【仪器与试剂】

仪器：可见分光光度计、分液漏斗（250mL）。

试剂：三氯甲烷（A.R.）、水样、4%NaOH 溶液、H_2SO_4（3%，浓）、二水合磷酸二氢钠；1.0mg·mL⁻¹ 十二烷基苯磺酸钠标准储备溶液（准确称取 0.1g 十二烷基苯磺酸钠

（LAS），溶于 50mL 去离子水中，转移至 100mL 容量瓶中，用去离子水稀释至标线，混匀）；

$10\mu g \cdot mL^{-1}$ 十二烷基苯磺酸钠标准溶液（准确吸取十二烷基苯磺酸钠标准储备溶液 10mL，转移至 1000mL 容量瓶中，用去离子水稀释至刻度，混匀）；

$30\mu g \cdot mL^{-1}$ 亚甲蓝溶液〔称取 56.52g 二水合磷酸二氢钠，置于烧杯中，溶于 200mL 去离子水中，缓慢加入 6.8mL 浓硫酸，边加边搅拌，转移至 1000mL 容量瓶中。另取 30mg 亚甲蓝（指示剂级），用 50mL 去离子水溶解后也转移至该容量瓶中，用去离子水稀释至刻度线，摇匀，避光保存〕；

$10mg \cdot mL^{-1}$ 酚酞指示剂（将 1.0g 酚酞溶于 50mL 乙醇，然后边搅拌边加入 50mL 去离子水，滤去沉淀物）。

【实验内容】

（1）标准曲线的绘制

取一组 250mL 分液漏斗 5 个，分别加入 100mL、95mL、90mL、85mL、80mL 去离子水，然后分别加入 0.00mL、5.00mL、10.00mL、15.00mL、20.00mL 十二烷基苯磺酸钠标准溶液，摇匀。加入 1 滴酚酞指示剂，逐滴加入 4% NaOH 溶液至溶液呈紫红色，再滴加 3% H_2SO_4 至紫红色刚好消失。加入 25mL 亚甲蓝溶液，摇匀后加入 10mL 三氯甲烷，激烈振摇 30s，注意排气。再慢慢旋转分液漏斗，使滞留在内壁上的三氯甲烷液珠降落，静置分层。将三氯甲烷层放入 50mL 容量瓶中，再用三氯甲烷萃取洗涤两次（每次用量 5mL），将三氯甲烷全部转入容量瓶中，以三氯甲烷定容，摇匀。

选择 652nm 为测定波长，用 3cm 比色皿，以三氯甲烷为参比，分别测定各标准溶液的吸光度。

以吸光度 A 为纵坐标、十二烷基苯磺酸钠的浓度 ρ 为横坐标，绘制标准曲线。

（2）水样中十二烷基苯磺酸钠含量的测定

取待测水样于 250mL 分液漏斗中，按标准溶液相同步骤进行实验，测定其吸光度。从工作曲线上查出相应的十二烷基苯磺酸钠的含量，并计算水样中的质量浓度（$mg \cdot L^{-1}$）。

【注意事项】

① 实验用的玻璃器皿不能用各类洗涤剂清洗。使用前先用水彻底清洗，然后用 1∶9 盐酸-乙醇洗涤，最后用水清洗干净。

② 萃取分离的原理是什么？萃取和洗涤的作用分别是什么？

③ 本实验为什么要连续萃取 3 次？

实验 46　水中化学耗氧量（COD)的测定

【实验目的】

① 了解工业、农业、养殖和生活等用水水质标准及衡量水体被污染的指标。

② 掌握酸性高锰酸钾法测定水中 COD 的原理和方法。

③ 了解测定 COD 的意义。

【实验原理】

化学耗氧量（COD）是指用适量的氧化剂处理水样时，水样中需氧污染物所消耗的氧化剂的量，通常以相应的氧量（单位为 mg·L^{-1}）表示。COD 是反映水质被还原性物质污染程度的主要指标，是环境保护和水质控制中经常需要测定的项目。还原性物质包括有机物、亚硝酸盐、亚铁盐、硫化物等，但大多数污水受有机物污染比其他污染物严重，因此 COD 可作为水质被有机物污染程度的指标。COD 值越高，水体污染越严重。

COD 的测定方法分为酸性高锰酸钾法、碱性高锰酸钾法、重铬酸钾法及碘酸盐法等。本实验采用酸性高锰酸钾法测定水的化学耗氧量，其数值称为高锰酸盐指数，Ⅲ类水应≤3.0mg·L^{-1}。

在酸性条件下，向被测水样中定量加入高锰酸钾溶液，加热水样，使高锰酸钾与水样中有机污染物充分反应，过量的高锰酸钾则通过加入一定量的草酸钠还原，最后用高锰酸钾溶液反滴过量的草酸钠，由此计算出水样的耗氧量。反应方程式：

$$2MnO_4^- + 5C_2O_4^{2-} + 16H^+ = 2Mn^{2+} + 10CO_2\uparrow + 8H_2O$$

水中耗氧量的计算公式为：

$$\rho = \frac{c(V_2 - V_1) \times \frac{5}{4}M}{\frac{V}{1000}}$$

式中　ρ——化学耗氧量（COD），mg·L^{-1}；

c——KMnO$_4$ 标准溶液的浓度，mol·L^{-1}；

V_2——滴定水样所消耗的 KMnO$_4$ 标准溶液的体积，mL；

V_1——空白试验滴定所消耗的 KMnO$_4$ 标准溶液的体积，mL；

$\frac{5}{4}$——反应计量系数，即每摩尔 KMnO$_4$ 相当于 O$_2$ 的物质的量；

M——O$_2$ 的摩尔质量，31.998g·mol^{-1}；

V——水样的体积，mL。

【仪器与试剂】

仪器：酸式滴定管（25mL）、移液管、容量瓶、锥形瓶、量筒、电炉。

试剂：4.5mol·L^{-1} H$_2$SO$_4$、0.002000mol·L^{-1} KMnO$_4$ 标准溶液、0.005000mol·L^{-1} Na$_2$C$_2$O$_4$ 标准溶液。

【实验内容】

（1）KMnO$_4$ 溶液的配制与标定

参照"实验14　KMnO$_4$ 标准溶液的配制与标定"。

（2）水中耗氧量的测定

准确量取 100mL 水样，置于 250mL 锥形瓶中，加入 5mL 4.5mol·L^{-1} H$_2$SO$_4$ 溶液和 10.00mL 0.002000mol·L^{-1} KMnO$_4$ 标准溶液。迅速加热煮沸，从冒第一个大气泡开始计时，煮沸 10min，氧化需氧污染物。然后稍冷却至 80℃ 左右，加入 10.00mL 0.005000mol·L^{-1} Na$_2$C$_2$O$_4$ 标准溶液，摇匀。此时溶液应为无色，若仍为红色，再补加 5.00mL。趁热用 KMnO$_4$ 标准溶液滴至微红色，30s 内不褪色即为终点，记录 KMnO$_4$ 消耗的体积。平行测定 3 次。

（3）空白试验

按（2）中相同步骤和方法，以 100mL 蒸馏水代替水样进行空白试验，记下空白滴定时消耗 $KMnO_4$ 的体积。

【结果及处理】

水中耗氧量的测定见表 8.5。

表 8.5 水中耗氧量的测定

项目	次数		
	1	2	3
V/mL	100		
$c/(mol \cdot L^{-1})$			
V_1/mL			
V_2/mL			
$\rho/(mg \cdot L^{-1})$			
$\bar{\rho}/(mg \cdot L^{-1})$			
绝对偏差			
相对偏差			
相对平均偏差/%			

【注意事项】

① 水样量根据在沸水浴中加热反应 30min 后，应剩下加入量一半以上的 $0.005mol \cdot L^{-1}$ 高锰酸钾溶液量来确定。

② 废水中有机物种类繁多，但对于主要含烃类、脂肪、蛋白质以及挥发性物质（如乙醇、丙酮等）的生活污水和工业废水，其中的有机物大多数可以氧化 90% 以上，像吡啶、甘氨酸等有机物则难以氧化。因此，在实际测定中，氧化剂种类、浓度和氧化条件等对测定结果均有影响，所以必须严格按规定操作步骤进行分析，并在报告结果时注明所用的方法。

③ 本实验在加热氧化有机污染物时，完全敞开，如果废水中易挥发性化合物含量较高，应使用回流冷凝装置加热，否则结果将偏低。

④ 本实验所用的蒸馏水最好用含酸性高锰酸钾的蒸馏水重新蒸馏所得的二次蒸馏水。

【思考题】

① 哪些因素影响 COD 测定的结果，为什么？

② 水中化学耗氧量的测定有何意义？测定水中化学耗氧量有哪些方法？

实验 47 酸碱滴定法测定甲醛含量

【实验目的】

① 掌握亚硫酸钠法测定甲醛的原理。

② 了解百里酚酞指示剂的使用及终点颜色变化的观察。

【实验原理】

甲醛又名蚁醛，是一种无色、有强烈刺激性气味的气体，易溶于水、醇、醚。甲醛在常温下是气态，通常以水溶液形式出现。

甲醛是一种重要的有机原料，主要用于塑料工业（如制酚醛树脂、脲醛塑料）、合成纤维（如合成维尼纶、聚乙烯醇缩甲醛）、皮革工业、医药、染料等。甲醛含量为 $35\%\sim40\%$（一般是 37%）的水溶液又叫福尔马林，具有防腐、消毒和漂白的功能。酸碱滴定法测定甲醛常用的有盐酸羟胺法和亚硫酸钠法，该方法一般用于常量甲醛的测定。微量甲醛含量的测定方法有分光光度法、色谱法和极谱法等。

本实验利用甲醛与过量的亚硫酸钠发生反应，生成甲醛合亚硫酸钠和氢氧化钠，以百里酚酞作指示剂，生成的氢氧化钠再用盐酸标准溶液滴定到 pH 至 9.6 为终点，由消耗的盐酸标准溶液的体积和浓度来计算甲醛的含量。反应方程式如下：

$$HCHO + Na_2SO_3 + H_2O \Longrightarrow HOCH_2-SO_3Na + NaOH$$

$$NaOH + HCl \Longrightarrow NaCl + H_2O$$

甲醛在空气中能缓慢氧化成甲酸，测定前应预先中和其中的甲酸，以免引起误差。Na_2SO_3 中可能含有少量 $NaOH$，应预先中和。

【仪器与试剂】

仪器：电子天平、酸式滴定管、移液管（25mL）、锥形瓶（250mL）。

试剂：甲醛试液［取工业品甲醛（约 36%）用水稀释 6 倍］；百里酚酞指示剂（0.1% 乙醇溶液）：0.1g 百里酚酞溶于 100mL 90% 的乙醇溶液中；$1mol \cdot L^{-1}$ Na_2SO_3 溶液；$0.5mol \cdot L^{-1}$ $NaOH$ 溶液；$0.5mol \cdot L^{-1}$ HCl 标准溶液。

【实验内容】

（1）$0.5mol \cdot L^{-1}$ HCl 标准溶液的配制和标定

参照"实验 12　$0.1mol \cdot L^{-1}$ HCl 标准溶液的配制与标定"。

（2）Na_2SO_3 的预处理

在 Na_2SO_3 溶液中加入 3 滴百里酚酞指示剂，溶液显蓝色，用 $0.5mol \cdot L^{-1}$ HCl 标准溶液中和至溶液呈无色（这部分 HCl 的用量是否需要记录？）。

（3）甲醛含量的测定

移取甲醛试液 5.00mL 于锥形瓶中，加入 3 滴百里酚酞指示剂，加 $0.5mol \cdot L^{-1}$ $NaOH$ 溶液至出现蓝色，再加 HCl 至溶液恰为无色。然后加入已中和好的 Na_2SO_3 溶液 50mL，溶液呈蓝色，用 $0.5mol \cdot L^{-1}$ HCl 标准溶液滴定至蓝色褪去（由于终点较难判断，因此采用较浓的 HCl 标准溶液），记录消耗 HCl 的体积，平行测定 3 次，计算试液中甲醛的含量（$g \cdot L^{-1}$）。

【思考题】

① 配制 Na_2SO_3 溶液和 $NaOH$ 溶液时，需要标定其准确浓度吗？

② Na_2SO_3 溶液预处理时，为什么要用 HCl 标准溶液中和至溶液呈无色？

③ 预处理 Na_2SO_3 和甲醛试液时，所消耗的 HCl 和 $NaOH$ 溶液的体积需要记录吗？为什么？

实验 48 维生素 C 含量的测定

【实验目的】

① 掌握碘标准溶液的配制和标定方法。

② 了解维生素 C 的应用，掌握直接碘量法测定维生素 C 的原理和操作方法。

③ 掌握淀粉指示剂的使用和滴定终点颜色的正确判断。

【实验原理】

维生素 C 又称抗坏血酸，分子式 $C_6H_8O_6$，分子量 176.12。由于维生素 C 分子中的烯二醇基具有较强的还原性，可被 I_2 定量氧化成二酮基，反应式为：

因此，可用直接碘量法测定维生素 C 含量。由于维生素 C 的还原性很强，在空气中极易被氧化，尤其在碱性介质中更甚。因此测定时加入 HAc，使溶液呈弱酸性，抑制维生素 C 的副反应，避免引起实验误差。考虑到 I_2 在强酸性溶液中也易被氧化，故一般选在 pH＝3～4 的弱酸性溶液中进行滴定。

维生素 C 在医药（常见剂型有片剂和注射剂）和化学上应用非常广泛。通常用于防治坏血病及各种慢性传染病的辅助治疗；在分析化学中，常在光度法和配位滴定法中作还原剂，如使 Fe^{3+} 还原为 Fe^{2+}、Cu^{2+} 还原为 Cu^{+} 等。

维生素 C 含量的计算公式为：

$$w_{Vc} = \frac{c_{I_2}\dfrac{V_{I_2}}{1000}M_{Vc}}{m_{Vc}} \times 100\%$$

式中 w_{Vc}——维生素 C 的含量；

$\quad\quad c_{I_2}$——I_2 标准溶液的浓度，$mol \cdot L^{-1}$；

$\quad\quad V_{I_2}$——消耗的 I_2 标准溶液的体积，mL；

$\quad\quad M_{Vc}$——维生素 C 的摩尔质量，$g \cdot mol^{-1}$；

$\quad\quad m_{Vc}$——维生素 C 药片的质量，g。

【仪器与试剂】

仪器：电子天平、烧杯、锥形瓶、量筒、容量瓶、移液管、酸式滴定管（25mL）。

试剂：维生素 C 药片、$0.1mol \cdot L^{-1} Na_2S_2O_3$ 标准溶液、$2mol \cdot L^{-1} HAc$ 溶液、0.5％淀粉溶液、$0.05mol \cdot L^{-1} I_2$ 标准溶液[1]、KI 溶液。

【实验内容】

（1）$0.1mol \cdot L^{-1} Na_2S_2O_3$ 标准溶液的标定

参照"实验 18 $Na_2S_2O_3$ 标准溶液的配制与标定"。

（2）$0.05 mol \cdot L^{-1} I_2$ 标准溶液的标定

准确移取 20.00mL $Na_2S_2O_3$ 标准溶液于 250mL 锥形瓶中，加 40mL 蒸馏水、4mL 0.5% 淀粉溶液，然后用 I_2 标准溶液滴定至溶液呈浅蓝色，30s 内不褪色即为终点。平行测定 3 次，记录消耗的 I_2 标准溶液的体积，计算 I_2 溶液的浓度。

（3）维生素 C 片剂中维生素 C 含量的测定

准确称取 2 片维生素 C 药片，置于 250mL 锥形瓶中，加入新煮沸过并冷却的蒸馏水 100mL、$2 mol \cdot L^{-1} HAc$ 溶液 10mL 和 0.5% 淀粉溶液 5mL，立即用 I_2 标准溶液滴定至出现稳定的浅蓝色，30s 内不褪色即为终点，记录消耗的 I_2 标准溶液的体积。平行测定 3 次，计算试样中维生素 C 的质量分数。

【结果及处理】

（1）I_2 溶液的标定

分析数据记录及处理见表 8.6。

表 8.6　I_2 溶液标定的分析数据记录及处理

项目	次数		
	1	2	3
$c_{Na_2S_2O_3}/(mol \cdot L^{-1})$			
$V_{Na_2S_2O_3}/mL$		20.00	
V_{I_2}/mL			
$c_{I_2}/(mol \cdot L^{-1})$			
$\bar{c}_{I_2}/(mol \cdot L^{-1})$			
绝对偏差			
相对偏差/%			
相对平均偏差/%			

（2）维生素 C 片剂中维生素 C 含量的测定

分析数据记录及处理见表 8.7。

表 8.7　维生素 C 片剂中维生素 C 含量测定的分析数据记录及处理

项目	次数		
	1	2	3
m(药片)/g			
V_{I_2}/mL			
$w_{Vc}/\%$			
$\bar{w}_{Vc}/\%$			
绝对偏差			
相对偏差/%			
相对平均偏差/%			

【注释】

［1］称取 3.3g I_2 和 5g KI，置于研钵中，加少量水，在通风橱中研磨。待 I_2 全部溶解后，将溶液转入棕色试剂瓶中，加水稀释至 250mL，充分摇匀，放阴暗处保存。

【思考题】

① 溶解 I_2 时，加入过量 KI 的作用是什么？

② 测定维生素 C 试样，为什么要在 HAc 介质中进行？

③ 溶解维生素 C 试样时，为什么要加入新煮沸的冷蒸馏水？

实验 49　乙酰水杨酸铜配合物的制备与表征

【实验目的】

① 了解酯化反应的基本原理及其在乙酰水杨酸制备中的应用。

② 掌握乙酰水杨酸铜配合物的制备与表征方法。

③ 掌握减压过滤、重结晶等基本操作。

【实验原理】

　　乙酰水杨酸是常用的解热镇痛药、抗风湿类药，近几年来它的新用途不断被发现，作为治疗和预防心脑血管疾病的药物已广泛应用于临床。但它对消化道有毒副作用，常引起胃肠道溃疡和出血。铜、锌等是人体必需的微量元素，在人体的生理代谢中起着重要作用。乙酰水杨酸和金属离子形成的配合物，可降低其毒副作用，改进和修缮或增加乙酰水杨酸的作用及用途，提高其药效和生理功能，是值得深入研究和开发的一类新型化合物。乙酰水杨酸铜具有比乙酰水杨酸更好的消炎、镇痛、抗风湿、抗癫痫、抗血小板聚集、防止血栓形成和心、脑组织缺血再灌损伤、防癌抗癌、抗糖尿病和抗辐射活性等作用，且毒副作用小，胃肠不良反应较轻，是一种有着广泛应用前景的新药。

　　乙酰水杨酸俗名阿司匹林，为白色针状或片状结晶，熔点为 135～140℃，易溶于乙醇，可溶于氯仿、乙醚，微溶于水。通常由水杨酸和乙酸酐在浓硫酸或浓磷酸[1] 催化下合成乙酰水杨酸，也可使用固体强酸（如 $NaHSO_4$、氨基磺酸、磷钨酸、对甲基苯磺酸、强酸性离子交换树脂等）或碱（如 NaOH、碳酸氢钠、吡啶等）作催化剂。本实验采用浓硫酸作催化剂，反应方程式为：

　　水杨酸有酚羟基，能与三氯化铁试剂发生颜色反应，此性质可用于乙酰水杨酸纯度的检验。

　　乙酰水杨酸铜是亮蓝色结晶粉末，无味，无吸湿、风化、挥发性，不溶于水、醇、醚及氯仿等溶剂，微溶于二甲亚砜，受热不稳定生成一种浅绿色混合物。因能与氨水反应而溶于氨水，与强酸反应使乙酰水杨酸和 Cu^{2+} 解离出来。将乙酰水杨酸和 NaOH 按 1∶1 的物质的量比反应制成乙酰水杨酸钠，然后将乙酰水杨酸钠与 $CuSO_4 \cdot 5H_2O$ 按 2∶1 的物质的量比反应可制得乙酰水杨酸铜。本实验把硫酸铜中的 Cu^{2+} 转化成 $Cu_2(OH)_2CO_3$ 沉淀，再跟乙酰水杨酸进行反应，制得乙酰水杨酸铜。

　　通过金属元素及 C、H、O 元素测定，可以确定配合物的组成。通过测定乙酰水杨酸铜的红外光谱，可以了解其配位情况。

【仪器与试剂】

　　仪器：锥形瓶、恒温水浴锅、玻璃棒、量筒、移液管、抽滤装置一套、干燥箱、烧杯、试管、电子天平、碱式滴定管（25mL）、磁力搅拌器、马弗炉、元素分析仪、红外光谱仪。

试剂：水杨酸（A.R.）、乙酸酐（A.R.）、浓硫酸（A.R.）、饱和碳酸氢钠溶液、乙醇（95％）、中性乙醇（95％乙醇中加 2 滴酚酞指示剂，用 NaOH 溶液中和至刚好变为微红色）、1％ $FeCl_3$ 溶液、0.1mol·L^{-1} NaOH 标准溶液、酚酞指示剂、$CuSO_4$·$5H_2O$（A.R.）、无水碳酸钠（A.R.）、浓 HCl。

【实验内容】

• **乙酰水杨酸的制备**

（1）酯化

依次将 3.2g 水杨酸[2]、5.4g 乙酸酐[3] 加入干燥的锥形瓶中，滴入 5 滴浓硫酸，轻轻摇荡锥形瓶使其溶解，将锥形瓶置于 80～90℃ 水浴中加热约 15min，移出水浴，冷却至室温，即有乙酰水杨酸晶体析出，如不结晶可用玻璃棒摩擦瓶壁，并将锥形瓶置于冰水浴中促使晶体析出。再向锥形瓶中加入 50mL 水，继续在冰水浴中冷却，并用玻璃棒不停搅拌，使结晶完全。抽滤，用少量冰水洗涤，得乙酰水杨酸粗产品。

（2）后处理

将乙酰水杨酸的粗产品转入小烧杯中，搅拌下加入 25mL 饱和碳酸氢钠溶液，继续搅拌，直至无气泡产生。抽滤，用 5～10mL 水洗涤，将洗涤液与滤液合并，弃去滤渣。

将上述滤液倒入烧杯中，加入浓盐酸直至乙酰水杨酸沉淀析出，冰水冷却、结晶完全。抽滤，少量冷水洗涤晶体后，置于干燥箱干燥。

• **乙酰水杨酸的纯度检测与含量测定**

取几粒晶粒加入盛有 1mL 95％乙醇的试管中，加入 1～2 滴 1％ $FeCl_3$ 溶液，观察有无颜色反应。

准确称取 0.2～0.25g 乙酰水杨酸晶体于锥形瓶中，加 20mL 中性乙醇，溶解后加 2 滴酚酞指示剂，用 0.1mol·L^{-1} NaOH 标准溶液滴定至微红色，且 30s 不褪色即为终点。平行测定 3 次，计算乙酰水杨酸的含量。

• **乙酰水杨酸铜的制备**

称取 1.3g $CuSO_4$·$5H_2O$ 和 0.7g 无水碳酸钠，分别溶于蒸馏水中，在冰水浴中混合、反应，得到蓝色 $Cu_2(OH)_2CO_3$ 沉淀，用蒸馏水洗涤沉淀至无 SO_4^{2-}。然后将沉淀转入小烧杯中，加 30mL 蒸馏水、2.0g 乙酰水杨酸，80℃ 水浴加热，并用磁力搅拌器搅拌，得到与 $Cu_2(OH)_2CO_3$ 不同的亮蓝色沉淀。抽滤，先用蒸馏水洗涤（向洗涤后的沉淀中滴加 1～2 滴稀盐酸，应无气泡产生。若有气泡，则要加入乙酰水杨酸使其充分反应），然后用乙醇洗涤，最后用蒸馏水洗涤。干燥得到产品，称量，计算产率。

• **乙酰水杨酸及其铜配合物的表征**

用元素分析仪测定乙酰水杨酸及其铜配合物中 C、H 的含量。配合物中铜含量的测定，可准确称取一定量的产品于干净坩埚中，在 600℃ 左右的马弗炉中灼烧 1h，得到 CuO，用稀硫酸溶解后采用碘量法测定。根据元素分析仪测定结果，推断其组成。

用 KBr 压片法在 4000～400cm^{-1} 分别测定乙酰水杨酸及其铜配合物的红外光谱，并对主要特征吸收峰进行确认。

【注释】

[1] 水杨酸存在分子内氢键，阻碍酚羟基的酰化作用。水杨酸与乙酸酐直接作用必须加

热至150～160℃才能生成乙酰水杨酸，如果加入浓硫酸（或浓磷酸），氢键被破坏，酰化作用可在较低温度下进行，同时副产物大大减少。

[2] 水杨酸应当是完全干燥的，可在电热恒温干燥箱中105℃下干燥1h。

[3] 乙酸酐应重新蒸馏，收集139～140℃馏分。

【思考题】

① 进行酯化反应时所用的水杨酸和玻璃器皿都必须是干燥的，为什么？

② 制备乙酰水杨酸时能否用稀硫酸作催化剂？为什么？

③ 通过查阅文献，了解用于制备乙酰水杨酸的催化剂有哪些？各有何特点？

④ 在乙酰水杨酸重结晶时，滴加水的标准是什么？为什么这样做？

⑤ 如何根据元素分析仪及其他表征结果推断乙酰水杨酸铜配合物的组成和结构？

实验 50　植物叶片中叶绿素含量的测定

【实验目的】

① 熟悉叶绿素提取的基本操作。

② 掌握可见分光光度法测定叶绿素含量的原理和方法。

【实验原理】

叶绿素广泛存在于果蔬等绿色植物组织中，并在植物细胞中与蛋白质结合成叶绿体。当植物细胞死亡后，叶绿素即游离出来，游离叶绿素很不稳定，对光、热较敏感；叶绿素在酸性条件下生成绿褐色的脱镁叶绿素，在稀碱液中可水解成鲜绿色的叶绿酸盐以及叶绿醇和甲醇。高等植物中叶绿素有两种：叶绿素 a 和叶绿素 b，两者均溶于乙醇、乙醚、丙酮和氯仿。

叶绿素含量的测定方法有分光光度法、原子吸收光谱法、光声光谱法等，其中分光光度法和原子吸收光谱法是应用最为广泛的方法。

① 原子吸收光谱法：通过测定镁元素的含量，进而间接计算叶绿素的含量。

② 分光光度法：利用分光光度计测定叶绿素提取液在最大吸收波长下的吸光度值，即可用朗伯-比尔定律计算提取液中各色素的含量。但同为分光光度法，若用不同的试剂作为溶剂，所得叶绿素含量的测定结果有少许差异。

叶绿素 a 和叶绿素 b 在 645nm 和 663nm 处有最大吸收，且两吸收曲线相交于 652nm处。因此，测定提取液在 645nm、663nm 和 652nm 波长下的吸光度值，并根据经验公式可分别计算叶绿素 a、叶绿素 b 和总叶绿素的含量。

本实验采用分光光度法测定叶绿素含量。根据朗伯-比尔定律，有色溶液的吸光度 A 与其溶质的浓度 c 成正比，即

$$A = kbc$$

在本实验中，采用 95% 乙醇作溶剂，提取植物叶片中的叶绿素。叶绿素提取液对可见光有吸收，且其中含有多种吸光物质，在此条件下，混合溶液在某一波长下的总吸光度等于各组分在该波长下吸光度的总和。本实验测定植物叶片中叶绿素 a、叶绿素 b 的含量，只需要在两个特定波长下用 1cm 比色皿测定提取液的吸光度 A，即可以计算叶绿素 a、叶绿素 b 的含量，相关的计算公式如下：

叶绿素 a $\qquad c_a\ (\mathrm{mg \cdot L^{-1}}) = 13.95 A_{663} - 6.88 A_{645}$

叶绿素 b $\qquad c_b\ (\mathrm{mg \cdot L^{-1}}) = 24.96 A_{645} - 7.32 A_{663}$

植物叶片中叶绿素 a 的含量：

$$\rho_a(\mathrm{mg \cdot g^{-1}}) = \frac{c_a V}{m}$$

植物叶片中叶绿素 b 的含量：

$$\rho_b(\mathrm{mg \cdot g^{-1}}) = \frac{c_b V}{m}$$

式中，V 为容量瓶的体积，mL；m 为植物叶片的质量，g。

【仪器与试剂】

仪器：电子天平、可见分光光度计、研钵、漏斗、容量瓶（100mL）、量筒（10mL）、剪刀。

试剂：95％乙醇（或 80％丙酮）、石英砂、碳酸钙粉末。

【实验内容】

取新鲜植物叶片，用吸水纸擦净表面污物，去除中脉剪碎。称取剪碎的新鲜样品 2g，放入研钵中，加少量石英砂和碳酸钙粉末及 3mL 95％乙醇，研成匀浆，再加 10mL 乙醇，继续研磨至组织变白，静置 3～5min。

取一张滤纸置于漏斗中，用乙醇润湿，沿玻璃棒把提取液倒入漏斗，滤液流至 100mL 棕色容量瓶中，用少量乙醇冲洗研钵、玻璃棒及残渣数次（注意控制洗液用量），最后连同残渣一起倒入漏斗中。

用滴管吸取乙醇，将滤纸上的叶绿体色素全部洗入容量瓶中。直至滤纸和残渣中无绿色为止。最后用乙醇定容至 100mL，摇匀。

取叶绿体色素提取液在波长 663nm 和 645nm 下测定吸光度，以 95％乙醇为空白对照。

【结果及处理】

分析数据记录及处理见表 8.8。

表 8.8 分析数据记录及处理

序号		I	II	III
叶片质量 m/g				
吸光度 A	A_{663}			
	A_{645}			
色素浓度/$(\mathrm{mg \cdot L^{-1}})$	c_a			
	c_b			
叶片中叶绿素 a 的含量	$\rho_a/(\mathrm{mg \cdot g^{-1}})$			
	ρ_a 平均值/$(\mathrm{mg \cdot g^{-1}})$			
	相对平均偏差/％			
叶片中叶绿素 b 的含量	$\rho_b/(\mathrm{mg \cdot g^{-1}})$			
	ρ_b 平均值/$(\mathrm{mg \cdot g^{-1}})$			
	相对平均偏差/％			

【思考题】

① 植物叶片中的其他叶绿素对测定结果有何影响？

② 还有哪些方法可以测定绿色植物叶片中叶绿素含量?

实验 51　紫外分光光度法测定水中苯酚的含量

【实验目的】

① 掌握紫外分光光度法测定酚的原理和方法。
② 进一步熟悉紫外分光光度计的基本操作技术。

【实验原理】

苯酚是工业废水中一种有害物质,如果流入江河,会使水质受到污染,因此在检验饮用水的卫生质量时,需对水中酚含量进行测定。具有苯环结构的化合物在紫外光区均有较强的特征吸收峰,在苯环上有第一类取代基(致活基团)时吸收增强。苯酚在 270nm 处有特征吸收峰,其吸收程度与苯酚的含量成正比。因此,可用紫外分光光度法直接测定水中总酚的含量。

【仪器与试剂】

仪器:紫外-可见分光光度计、石英比色皿(1cm)、比色管、容量瓶(25mL)、移液管(5mL、10mL)。

试剂:水样。

$250mg \cdot L^{-1}$ 苯酚标准溶液:准确称取 0.0250g 苯酚于 250mL 烧杯中,加去离子水 20mL 使之溶解,转入 100mL 容量瓶中,用蒸馏水稀释至刻度,摇匀,备用。

【实验内容】

(1) 标准溶液的配制

取 5 支 25mL 比色管,分别加入 1.00mL、2.00mL、3.00mL、4.00mL、5.00mL 苯酚标准溶液,用蒸馏水稀释至刻度,摇匀。

(2) 标准曲线的绘制

在 270nm 下,用 1cm 石英比色皿,以蒸馏水为参比,分别测量一系列标准溶液的吸光度,然后以吸光度为纵坐标、浓度为横坐标,绘制标准曲线。

(3) 水样的测定

与测定一系列标准溶液相同的条件下,测定水样的吸光度。根据水样的吸光度,在标准曲线上找出其对应的浓度,并计算出水样中苯酚的含量。

实验 52　二草酸合铜(Ⅱ)酸钾的制备及检测

【实验目的】

① 进一步掌握溶解、沉淀、抽滤、蒸发、浓缩等基本操作。
② 制备二草酸合铜(Ⅱ)酸钾晶体。
③ 确定二草酸合铜(Ⅱ)酸钾的组成。

【实验原理】

二草酸合铜（Ⅱ）酸钾的制备方法很多，可由硫酸铜与草酸钾混合制备，也可由氢氧化铜或氧化铜与草酸氢钾反应制备。

本实验由氧化铜与草酸氢钾反应制备二草酸合铜（Ⅱ）酸钾。$CuSO_4$ 在碱性条件下生成 $Cu(OH)_2$ 沉淀，加热沉淀则转化为易过滤的 CuO。一定量的 $H_2C_2O_4$ 溶于水后加入 K_2CO_3 得到 KHC_2O_4 和 $K_2C_2O_4$ 混合溶液，该混合溶液与 CuO 作用，生成二草酸合铜（Ⅱ）酸钾 $K_2[Cu(C_2O_4)_2]$，经水浴蒸发、浓缩，冷却后得到蓝色 $K_2[Cu(C_2O_4)_2] \cdot 2H_2O$ 晶体。

$$CuSO_4 + 2NaOH =\!=\!= Cu(OH)_2 + Na_2SO_4$$
$$Cu(OH)_2 =\!=\!= CuO + H_2O$$
$$2H_2C_2O_4 + K_2CO_3 =\!=\!= 2KHC_2O_4 + CO_2 + H_2O$$
$$2KHC_2O_4 + CuO =\!=\!= K_2[Cu(C_2O_4)_2] + H_2O$$

称取一定量试样在氨水中溶解、定容。取一份试样用 H_2SO_4 中和，并在 H_2SO_4 溶液中用 $KMnO_4$ 滴定试样中的 $C_2O_4^{2-}$。另取一份试样在 HCl 溶液中加入 PAR 指示剂，在 pH $6.5 \sim 7.5$ 的条件下，加热近沸，趁热用 EDTA 标准溶液滴定至绿色即为终点。

$$5C_2O_4^{2-} + 2MnO_4^- + 16H^+ \longrightarrow 2Mn^{2+} + 10CO_2 \uparrow + 8H_2O$$

通过消耗的 $KMnO_4$ 和 EDTA 的体积计算 $C_2O_4^{2-}$ 与 Cu^{2+} 的含量，并确定 $C_2O_4^{2-}$ 与 Cu^{2+} 的组分比，推算产物的实验式。

二草酸合铜（Ⅱ）酸钾在水中的溶解度很小，但可加入适量的氨水，使 Cu^{2+} 形成铜氨配离子而溶解。溶解时 pH 约为 10，溶剂也可采用 $2mol \cdot L^{-1} NH_4Cl$ 和氨水等体积混合组成的缓冲溶液。

PAR 指示剂属于吡啶基偶氮化合物，即 4-（2-吡啶基偶氮）间苯二酚，结构式为：

由于它在结构上比 PAN 多些亲水基团，比染料及其螯合物水溶性强。在 pH $5 \sim 7$ 时对 Cu^{2+} 的滴定有更明显的终点。

PAR 指示剂本身在滴定条件下显黄色，而 Cu^{2+} 与 EDTA 的配合物显蓝色，终点为黄绿色。

【仪器与试剂】

仪器：电子天平、烧杯（100mL、250mL）、量筒、抽滤装置一套、容量瓶（250mL）、蒸发皿、移液管、酸式滴定管（25mL）、锥形瓶（250mL）。

试剂：NaOH（$2mol \cdot L^{-1}$）、HCl（$2mol \cdot L^{-1}$）、H_2SO_4（$3mol \cdot L^{-1}$）、氨水（1：1）、$KMnO_4$ 标准溶液、EDTA 标准溶液、PAR 指示剂、$CuSO_4 \cdot 5H_2O$（A.R.）、$H_2C_2O_4 \cdot 2H_2O$（A.R.）、K_2CO_3（A.R.）、pH＝7 的缓冲溶液。

【实验内容】

- **合成二草酸合铜（Ⅱ）酸钾**

（1）制备氧化铜

称取 2.0g $CuSO_4 \cdot 5H_2O$ 于 100mL 烧杯中，加入 40mL 水溶解，在搅拌下加入 10mL $2mol \cdot L^{-1}$ NaOH 溶液，小火加热至沉淀变黑（生成 CuO），再煮沸约 20min。稍冷后以双层滤纸抽滤，用少量去离子水洗涤沉淀 2 次。

（2）制备草酸氢钾

称取 3.0g $H_2C_2O_4 \cdot 2H_2O$ 放入 250mL 烧杯中，加入 40mL 去离子水，微热溶解（温度不能超过 85℃，以避免 $H_2C_2O_4$ 分解）。稍冷后分数次加入 2.2g 无水 K_2CO_3，溶解后生成 KHC_2O_4 和 $K_2C_2O_4$ 混合溶液。

（3）制备二草酸合铜（Ⅱ）酸钾

将含 KHC_2O_4 和 $K_2C_2O_4$ 混合溶液水浴加热，再将 CuO 连同滤纸一起加入该溶液中。水浴加热，充分反应至沉淀大部分溶解（约 30min）。趁热抽滤（若透滤应重新抽滤），用少量沸水洗涤 2 次，将滤液转入蒸发皿中。水浴加热将滤液浓缩至约原体积的 1/2，放置约 10min 后用水彻底冷却。待大量晶体析出后抽滤，晶体用滤纸吸干，称重。

- 产物的组成分析

（1）试样溶液的制备

准确称取合成的晶体试样 1 份（0.95～1.05g，准确到 0.0001g），置于 100mL 小烧杯中，加入 5mL $NH_3 \cdot H_2O$ 使其溶解，再加入 10mL 水，试样完全溶解后，转移至 250mL 容量瓶中，加水至刻度。

（2）$C_2O_4^{2-}$ 含量的测定

取试样溶液 25mL，置于 250mL 锥形瓶中，加入 10mL $3mol \cdot L^{-1}$ 的 H_2SO_4 溶液，水浴加热至 75～85℃，在水浴中放置 3～4min。趁热用 $0.01mol \cdot L^{-1}$ 的 $KMnO_4$ 标准溶液滴定至微红色，30s 内不褪色即为终点，记下消耗 $KMnO_4$ 溶液的体积。平行滴定 3 次。

（3）Cu^{2+} 含量的测定

另取试样溶液 25mL，加入 $2mol \cdot L^{-1}$ HCl 溶液 1mL，加入 4 滴 PAR 指示剂，加入 pH＝7 的缓冲溶液 10mL，加热至近沸。趁热用 $0.02mol \cdot L^{-1}$ 的 EDTA 标准溶液滴定至黄绿色，30s 内不褪色即为终点，记下消耗 EDTA 溶液的体积。平行滴定 3 次。

【结果及处理】

实验数据见表 7.18。

（1）产量和产率

见表 8.9。

表 8.9 所得产品 $K_2[Cu(C_2O_4)_2] \cdot 2H_2O$ 的产量及产率

产品质量/g	
理论产量/g	
产率/%	

（2）计算合成产物的组成

试样中 $C_2O_4^{2-}$ 的质量分数：

$$w(C_2O_4^{2-}) = \frac{c(KMnO_4)V(KMnO_4) \times 88.02 \times 250 \times 5}{m_{样} \times 1000 \times 25.00 \times 2} \times 100\%$$

试样中 Cu^{2+} 的质量分数：

$$w(Cu^{2+}) = \frac{c(EDTA)V(EDTA) \times 63.55 \times 250}{m_{样} \times 1000 \times 25.00} \times 100\%$$

进一步计算 Cu^{2+} 和 $C_2O_4^{2-}$ 物质的量之比，确定合成产物的组成，见表8.10。

表 8.10　KMnO₄、EDTA 的体积及产物组成

项目	1	2	3	平均值	理论值	产物组成
$V(KMnO_4)/mL$						
$V(EDTA)/mL$						
试样中 $C_2O_4^{2-}$ 的质量分数/%						
试样中 Cu^{2+} 的质量分数/%						

【思考题】

① 请设计由 $CuSO_4$ 合成 $K_2[Cu(C_2O_4)_2]\cdot 2H_2O$ 的其他方案。

② 实验中为什么不采用氢氧化钾与草酸反应生成草酸氢钾？

③ $C_2O_4^{2-}$ 和 Cu^{2+} 分别测定的原理是什么？除本实验的方法外，还可以采用什么分析方法？

④ 以 PAR 为指示剂的滴定终点前后的颜色是怎么变化的？

⑤ 试样分析过程中，pH 过大或过小对分析有何影响？

第 9 章

绿色化学和微型化学实验

9.1　绿色化学简介

绿色化学又称环境无害化学（environmentally benign chemistry）、环境友好化学（environmentally friendly chemistry）、清洁化学（clean chemistry），绿色化学是用化学的技术和方法去减少或停止那些对人类健康、社区安全、生态环境有害的原料、催化剂、溶剂和试剂、产物、副产物等的使用与产生。绿色化学的理想是使污染消除在生产的源头，使整个合成过程和生产过程对环境友好，不再使用有毒、有害的物质，不再产生废物，不再处理废物。这是从根本上消除污染的对策。

绿色化学的口号最早产生于化学工业非常发达的美国。1990 年，美国通过了一个"防止污染行动"的法令，该行动鼓励工业界和化学界的化学工作者去研究新的技术和方法，以避免产生和使用有害物质，鼓励化学家去检讨老的合成路线，摸索新的绿色反应条件。1991年后，"绿色化学"由美国化学会（ACS）提出并成为美国环境保护局（EPA）的中心口号。1995 年，美国总统克林顿设立了一个新奖项"总统绿色化学挑战奖"，从 1996 年开始，每年对在绿色化学方面做出重要贡献的化学家和企业颁奖。1999 年世界上第一本《绿色化学》杂志诞生。2000 年，美国化学会出版了第一本绿色化学教科书。在美国的倡导下，近些年来，包括中国在内的世界各国均在绿色化学方面进行了卓有成效的工作。可见绿色化学已得到世界各国政府、企业界和化学界的普遍关心和重视。

绿色化学的主要特点体现在以下四个方面：

① 充分利用资源和能源，采用无毒、无害的原料；

② 在无毒、无害的条件下进行反应，以减少向环境排放废物；

③ 提高原子的利用率，力图使所有作为原料的原子都被产品所消纳，实现"零排放"；

④ 生产出有利于环境保护、社区安全和人体健康的环境友好产品。

为了正确评估一条合成路线、一个生产过程、一个化合物是不是绿色的，Anastas 和 Warner 提出了绿色化学的 12 条原则作为评估的指导方针和标准：

① 最好是防止废物的产生而不是产生后再来处理；

② 合成方法应设计成能将所有的起始物质嵌入最终产物中；

③ 只要可能，反应中使用和生成的物质应对人类健康和环境无毒或毒性很小；

④ 设计的化学产品应在保持原有功效的同时，尽量使其无毒或毒性很小；

⑤ 应尽量不使用辅助性物质（如溶剂、分离试剂等），如一定要使用，也应使用无毒物质；

⑥ 能量消耗越小越好，应能为环境和经济方面的考虑所接受；

⑦ 只要技术上和经济上可行，使用的原材料应是能再生的；

⑧ 应尽量避免不必要的衍生过程（如基团的保护与去保护、物理与化学过程的临时性修改等）；

⑨ 尽量使用选择性高的催化剂，而不是靠提高反应物的配料比；

⑩ 设计化学品时，应考虑当物质完成自己的功能后，不再滞留于环境中，而可降解为无毒的产物；

⑪ 分析方法也需要进一步研究开发，使之能做到实时、现场监控，以防有害物质的形成；

⑫ 一个化学过程中使用的物质或物质的形态，应考虑尽量减少事故的潜在威胁，如引

起气体释放、爆炸和着火等可能性最小或没有。

综合分析以上 12 条原则，可以看出，绿色化学提出的目标和任务不是被动地治理环境污染，而是主动地防止化学污染。绿色化学是以"防"为主，环境保护是以"治"为重点。只有从根本上切断污染源，才能真正做到保护环境。

9.2　微型化学实验简介

9.2.1　微型化学实验的概念

微型化学实验就是在微型化的仪器装置中进行的化学实验，是一种以尽可能少的化学试剂来获取所需化学信息的实验方法与技术。虽然它的化学试剂用量一般只为常规实验用量的几十分之一乃至几千分之一，但却可以达到实验效果准确、明显，实验过程安全、方便和防止环境污染等目的。微型化学实验不是常规实验的简单缩微或减量，而是在微型化条件下对实验进行的重新设计和探索。

随着新时代教学发展的改革，以教师演示实验为主的实验教学已经不能适应新课程的要求，逐渐演变成以学生自拟实验方案的启发性、探索性为主的微型实验。化学实验的微型化培养了学生的环保意识、资源意识、安全意识、创新意识。

近年来，在我国化学实验教学改革领域中，新发展起来的微型化学实验，引起国内化学教育界极大关注。

9.2.2　微型化学实验的发展

1925 年，埃及 E. C. Grey 出版了《化学实验的微型方法》，是较早的一本微型化学实验大学教材。

从 1982 年开始，美国的 Mayo 和 Pike 等人开始在基础有机化学实验中采取主要试剂为 mmol 量级的微型制备实验，取得了成功，从而掀起了研究与应用微型化学实验的热潮。

1986 年，由 Mayo 等编著的《微型有机实验》出版，全书共汇集从基本操作训练到多步骤有机制备的微型化学实验 84 个，覆盖了大学基础有机实验并有所改进，与此书配套的 Mayo 型有机仪器也由厂家批量生产。国外微型有机化学实验的迅速推广带动了无机化学、普通化学和中学化学的微型化学实验的研究。

从 1986 年开始，Zvi Szafram 与他的同事们在 Merimack 学院的中级无机化学实验中采用微型化学实验，次年实现全面微型化。他们编著的《微型无机化学实验》在 1990 年出版。

J. L. Millsh 和 M. L. Hampton 合著出版了《普通化学微型化学实验》一书，该书一共汇集了大学一年级的微型化学实验 20 个。

1994 年，Zvi Szafram 等人又出版了《微型普通化学实验》一书。

国际上著名的美国化学教育杂志从 1989 年 11 月起开辟了 Zipp 博士主持的微型化学实验专栏，这是微型化学实验成为国际化学教育发展的重要趋势的一个标志。1990 年以来，历次 ICCE（国际化学教育大会）和 IUPAC 学术大会都把微型化学实验列为会议的议题。

1989 年我国高等学校化学教育研究中心把微型化学实验课题列入科研计划，由华东师范大学和杭州师范大学牵头成立微型化学实验研究课题组。杭师大承担了国家教委下达的微型化学实验玻璃仪器和塑料系列仪器等新产品的研制任务；华东师大与厂家合作研制初中微型化学实验箱。经过近两年的努力，前两项新产品通过了国家教委的鉴定，初中微型化学实验箱通过了北京市教委的鉴定，均已投放市场。在实践中，又开发出多种实验配件和成套仪器，为微型化学实验在中国的发展打下了坚实的基础。无机化学、普通化学实验的微型化带动了有机化学和中学化学实验的微型化。目前扩展到分析化学、物理化学、医用化学和高分子化学实验的微型化探索，并取得了可喜的成果，形成了中国开展微型化学实验工作的特点：微型仪器配套比较完整且价格低廉，在国际上具有竞争力。微型化学实验与常规实验相比，具有明显的绿色环保、节约药品和节省时间的特点。微型化学实验的优势已经在教学中呈现出来，受到了广大师生的欢迎。国内已有 800 余所大、中院校开始采用微型化学实验。

9.2.3 微型化学实验与绿色化学

微型化学实验是在可能的实验条件下用"尽可能少的化学试剂"进行的实验，符合绿色化学的原则，是绿色化学新理念在化学实验中的具体体现，是绿色化学的组成部分。同时，微型化学实验是在绿色化学思想指导下，用预防化学污染的新实验思想、新方法和新技术对常规实验进行改革和发展的必然结果。积极开展微型化学实验的研究和探索，不仅可以节约化学试剂，大大减少环境污染，而且还能树立教师和学生的绿色化学意识和环保意识，从而有效地保护我们赖以生存的自然环境。

实验 53 补血糖丸中硫酸亚铁含量的测定

【实验目的】

① 了解分析试样的处理过程，熟练掌握样品的溶解、过滤与洗涤操作。
② 掌握用 $KMnO_4$ 测定 Fe^{2+} 的方法，进一步巩固微型滴定操作。

【实验原理】

用 $KMnO_4$ 测定 Fe^{2+} 属于氧化还原滴定法，而且 $KMnO_4$ 可作为自身指示剂，终点颜色由无色变为微红色，其反应式为：

$$MnO_4^- + 5Fe^{2+} + 8H^+ \!=\!=\! 5Fe^{3+} + Mn^{2+} + 4H_2O$$

在用 $KMnO_4$ 滴定 Fe^{2+} 的过程中，由于 Fe^{3+} 逐渐生成，溶液呈现黄色，影响终点的判别，因此须加入 H_3PO_4 与 Fe^{3+} 作用，生成无色的 $[Fe(HPO_4)_2]^-$，使终点明显，同时又可使 $KMnO_4$ 和 Fe^{2+} 反应更趋完全。

【仪器与试剂】

仪器：电子天平、量筒、微型滴定管（3mL）、微型锥形瓶（25mL）、烧杯（50mL）、漏斗、容量瓶（25mL）、微型吸量管（2mL）。

试剂：$3mol \cdot L^{-1} H_2SO_4$、$85\% H_3PO_4$、$0.02mol \cdot L^{-1} KMnO_4$ 标准溶液、医用补血糖丸粉末。

【实验内容】

（1）待测样品的制备

准确称取糖丸粉末 1.2g 于 50mL 烧杯中，加入 2mL $3mol \cdot L^{-1} H_2SO_4$ 和 10mL 纯水，使之溶解（应不断搅拌 5~10min）。待其充分溶解后，过滤于 25mL 容量瓶中，用 2~3mL 纯水润洗烧杯残渣 2~3 次（洗涤用水应严格控制，否则超过容量瓶刻度），最后定容至刻度。

(2)样品溶液的滴定

移取待测液 2.00mL 于微型锥形瓶中，加入 1mL 3mol·L^{-1}H$_2$SO$_4$ 和 8～10 滴 85％ H$_3$PO$_4$，立即用 0.02mol·L^{-1}KMnO$_4$ 标准溶液滴定，至溶液呈微红色并保持 30s 不褪色即为终点，记录消耗 KMnO$_4$ 标准溶液的体积。平行测定 3 次。计算试样中 FeSO$_4$·7H$_2$O 的质量分数。

【思考题】

① 为什么试样溶解时和滴定时均要加入稀 H$_2$SO$_4$？

② 过滤时能否将不溶物全部转移至漏斗中？

③ 加入 H$_3$PO$_4$ 的目的是什么？

④ 滴定管中装有色溶液时，应如何读数？

实验 54　茶叶中微量元素的分离与鉴定

【实验目的】

① 学习从茶叶中分离和鉴定微量元素的原理。

② 掌握从茶叶中分离和鉴定微量元素的方法。

【实验原理】

茶叶是有机体，主要由 C、H、N、O 等元素组成，还含有 P、I、Ca、Mg、Al、Fe、Zn 等微量元素。将茶叶灰化，除几种主要元素易形成挥发物质逸出外，其他元素留在灰烬中，用酸浸取便进入溶液，可从浸取液中分离和鉴定 Ca、Mg、Al、Fe、Zn 和 P 等元素。P 可用钼酸铵试剂单独鉴定，其他几种金属离子需先分离再鉴别。

溶液中的 Fe^{3+} 对 Al^{3+} 的鉴定有干扰，应先除去干扰后进行鉴别。

Ca、Mg、Al、Fe 的氢氧化物完全沉淀的 pH 值范围见表 9.1。

表 9.1　4 种氢氧化物完全沉淀的 pH

氢氧化物	Ca(OH)$_2$	Mg(OH)$_2$	Al(OH)$_3$	Fe(OH)$_3$
pH	>13	>11	5.2～9	4.1

【仪器与试剂】

仪器：离心机、电炉、研钵、电子天平、长颈漏斗、蒸发皿、离心管、试管、烧杯（25mL）、减压抽滤装置一套。

试剂：茶叶、NaOH（40％，1.0mol·L^{-1}）、NH$_3$·H$_2$O（浓，6.0mol·L^{-1}）、2.0 mol·L^{-1} HCl、HNO$_3$（浓，6.0mol·L^{-1}）、0.25mol·L^{-1} K$_4$[Fe(CN)$_6$]、0.5mol·L^{-1} (NH$_4$)$_2$C$_2$O$_4$、铝试剂、镁试剂、钼酸铵试剂。

【实验内容】

（1）茶叶试样的处理

称取 4g 干燥的茶叶，放入蒸发皿中，在通风橱内用电炉加热充分灰化，然后移入研钵中研细。取出少量茶叶灰做 P 的鉴定用，其余置于 50mL 烧杯中，加入 15mL 2.0mol·L^{-1} HCl 溶液，加热搅拌、溶解、减压抽滤，滤液备用。

（2）分离并鉴定滤液中的 Ca^{2+}、Mg^{2+}、Fe^{3+}、Al^{3+}

向所得的滤液中逐滴加入 $6.0mol \cdot L^{-1}NH_3 \cdot H_2O$，将溶液的 pH 调至 7 左右，离心分离，上层清液转移至另一离心管中（备用），在沉淀中加入过量的 $1.0mol \cdot L^{-1}$ NaOH 溶液，然后离心分离。把沉淀和清液分开，在清液中加 2 滴铝试剂，再加入 2 滴浓 $NH_3 \cdot H_2O$，在水浴上加热，有红色絮状沉淀产生，表示有 Al^{3+}；在所得的沉淀中加 $2.0 mol \cdot L^{-1}HCl$ 溶液使其溶解，然后加 2 滴 $0.25mol \cdot L^{-1}K_4[Fe(CN)_6]$，生成深蓝色沉淀，表示有 Fe^{3+}。

在上面所得清液的离心管中加 $0.5mol \cdot L^{-1}$ $(NH_4)_2C_2O_4$，至白色沉淀不再产生为止，离心分离，清液转至另一离心管中，向沉淀中加 $2.0mol \cdot L^{-1}HCl$ 溶液，白色沉淀溶解，表示有 Ca^{2+}。在清液中加几滴 40% NaOH，再加 2 滴镁试剂，有天蓝色沉淀产生，表示有 Mg^{2+}。

（3）P 元素的分离与鉴定

取茶叶灰于 25mL 烧杯中，加入 5mL 浓 HNO_3（在通风橱中进行），搅拌溶解，减压抽滤得棕色透明溶液于小试管中，在滤液中加 1mL 钼酸铵试剂，将试管置于水浴中加热，有黄色沉淀产生，表示有 P 元素。

【注意事项】

① 铝试剂的配制：称取 0.5g 铝试剂和 5.0g 阿拉伯胶，加 250mL 水，温热至溶解后再加 87.0g 乙酸铵，待乙酸铵溶解后，另加 145mL 盐酸溶液（15%），稀释至 500mL。

② 镁试剂的配制：取 0.01g 镁试剂（对硝基偶氮间苯二酚）溶于 1L $1.0mol \cdot L^{-1}$ NaOH 溶液中。

③ 钼酸铵试剂的配制：取 124g $(NH_4)_2MoO_4$ 溶于 1L 水中，再把所得溶液倒入 1L $6.0mol \cdot L^{-1}HNO_3$ 溶液中，放置 1d，取其清液。

【思考题】

① 请用流程图总结以上元素的分离鉴定方案，并写出实验中有关离子的鉴定反应式。

② 茶叶中是否含有微量的 Cu 和 Zn？请自拟分离方案并检验之。

实验 55 胃舒平药片中铝和镁含量的测定

【实验目的】

① 巩固配位滴定法基本操作。

② 学习、掌握配位返滴定法的操作。

③ 加深对沉淀分离知识的理解。

【实验原理】

胃舒平，又称复方氢氧化铝，是一种中和胃酸的胃药，主要用于胃酸过多及胃和十二指肠溃疡，主要成分为氢氧化铝、三硅酸镁及少量颠茄流浸膏，为使药片成形，在配方中还加了较大比例的糊精。

药片中铝和镁的含量可用 EDTA 配位滴定法测定。先将药片用酸溶解，分离除去不溶于水的物质。然后取试液加入少量 EDTA，调节 pH=4 左右，煮沸数分钟，使铝与 EDTA 充分配位，用返滴定法测定铝。另取试液，调节 pH=8~9，将铝沉淀分离，在 pH=10 的条件下，以铬黑 T 为指示剂，用 EDTA 滴定滤液中的镁。

【仪器与试剂】

仪器：酸式滴定管（25mL）、容量瓶（100mL）、锥形瓶（50mL）、移液管（5mL）、量筒（10mL，100mL）、烧杯（25mL）、抽滤装置一套。

试剂：20%六亚甲基四胺水溶液、$6mol \cdot L^{-1}$氨水、20%三乙醇胺、$3mol \cdot L^{-1}$HCl、$8mol \cdot L^{-1}$$HNO_3$、固体$NH_4Cl$、pH≈10 $NH_3 \cdot H_2O-NH_4Cl$缓冲溶液、0.05%铬黑T指示剂、0.02%二甲酚橙指示剂、$0.01mol \cdot L^{-1}$Zn标准溶液、$0.01mol \cdot L^{-1}$EDTA标准溶液、胃舒平药片。

【实验内容】

（1）样品处理

将胃舒平药片研磨成粉[1]，准确称取0.2g于25mL小烧杯中，用少量水溶解，加入10mL $8mol \cdot L^{-1}$$HNO_3$，盖上表面皿，加热煮沸并控制小火保持微沸5min，冷却后过滤，少量水洗涤表面皿和烧杯两次，洗涤滤纸和沉淀6次，滤液与洗涤液转移至100mL容量瓶中，蒸馏水稀释至刻度，摇匀，待用。

（2）铝含量的测定

准确移取2.00mL上述试液和5.00mL $0.01mol \cdot L^{-1}$EDTA于50mL锥形瓶中，加入0.02%二甲酚橙2~3滴，溶液呈现黄色，滴加$6mol \cdot L^{-1}$氨水使溶液恰好变成红色，再滴加$3mol \cdot L^{-1}$HCl溶液，使溶液恰呈黄色，在电炉上加热煮沸3min左右，冷却至室温。加入20%六亚甲基四胺溶液2mL，此时溶液呈黄色，如不呈黄色，可用$3mol \cdot L^{-1}$HCl调节，补加0.02%二甲酚橙指示剂2~3滴，以$0.01mol \cdot L^{-1}$$Zn^{2+}$标准溶液滴定至溶液由黄色变为紫红色即为终点。计算药片中Al的质量分数。

（3）镁含量的测定

准确移取上述试液10.00mL于50mL烧杯中，滴加$6mol \cdot L^{-1}$氨水使溶液出现沉淀，再滴加$3mol \cdot L^{-1}$HCl至沉淀刚好消失，加入固体NH_4Cl 0.2g，滴加20%六亚甲基四胺[2]溶液至沉淀出现并过量1.5mL，盖上表面皿，加热煮沸并控制小火，保持微沸5min。趁热过滤，以少量热水洗涤表面皿和烧杯2次，洗涤滤纸和沉淀6次，滤液与洗涤液收集于50mL锥形瓶中，加入20%三乙醇胺水溶液2mL，振荡2min。然后加入pH≈10 $NH_3 \cdot H_2O-NH_4Cl$缓冲溶液2mL，0.05%铬黑T指示剂3~5滴，以$0.01mol \cdot L^{-1}$EDTA标准溶液滴定至溶液由紫红色转变为纯蓝色即为终点。平行测定3次，计算药片中Mg的质量分数。

【结果及处理】

分析数据记录及处理见表9.2。

表9.2 分析数据记录及处理

项目		序号		
		1	2	3
m（试样）/g				
c（EDTA）/(mol·L^{-1})				
c（Zn^{2+}）/(mol·L^{-1})				
铝含量测定	V（Zn^{2+}）/mL			
	w（Al）/%			
	$\overline{w}$（Al）/%			

项目		序号		
		1	2	3
铝含量测定	d			
	$\bar{d}$			
	$\bar{d}_r/\%$			
镁含量测定	$V(EDTA)/mL$			
	$w(Mg)/\%$			
	$\overline{w}(Mg)/\%$			
	d			
	$\bar{d}$			
	$\bar{d}_r/\%$			

【注释】

[1] 胃舒平药片试样中铝、镁含量可能不均匀，为使测定结果具有代表性，应先取较多样品，研细后取部分进行分析。

[2] 试验结果表明，用六亚甲基四胺溶液调节 pH 分离 $Al(OH)_3$ 效果比用氨水好，因为这样可以减少 $Al(OH)_3$ 对 Mg^{2+} 的吸附。

【思考题】

① 测定 Al^{3+} 为什么不采用直接滴定法？

② 能否采用 F^- 掩蔽 Al^{3+}，而直接测定 Mg^{2+}？

③ 在测定 Mg^{2+} 时，加入三乙醇胺的作用是什么？

第 10 章

设计性实验

设计性实验是通过一系列的研究探索才能完成的实验，是基于学生综合运用化学知识解决实际问题的能力，促进学生自主创新的兴趣和能力的培养。学生参考给定的实验样例和相关材料，按照实验项目的要求，自主设计实验方案，独立操作完成实验。

学生在拟定实验方案时，首先需要明确分析的目的与要求，然后查阅文献资料，了解试样的大体组成，被测组分的性质及大致含量，根据对分析结果准确度的要求，结合实验室具体条件，选择或拟定适当的分析方案进行实验。

（1）查阅资料

对一般的金属材料、化工原料及产品等，均有标准分析方法。所以，可查阅相关的国家标准或部颁标准。另外可查阅参考书和手册。参考书主要分为两类，一类是以分析对象为纲编写的，如《水和废水监测分析方法》《矿石及有色金属分析法》等，它包括了分析对象中有关组分的分析方法；另一类是以分析方法为纲编写的，如《配位滴定法》《离子交换法》等，这类参考书往往既讲方法，又介绍该方法在元素分析或分离方面的应用。而"分析化学手册"则是以分析方法为例，列表简述，同时指出原始文献。此外，还可查阅相关杂志，如《分析化学》《理化检验》《皮革科技》等。资料检索是科学工作者的基本技能，在此只要求学生有大致了解，进行初步训练。

（2）拟定分析方案

拟定分析方案时应注意以下几点：

① 根据试样的测试要求与实验室条件，实验方法应尽可能简单、经济、可行。

② 考虑试样中共存组分的干扰，确定试样是否需要预处理及处理的方法。

拟定的实验方案要具体，应包括以下内容：

① 分析方法原理，包括试样预处理和消除干扰的方法原理及实验结果的计算公式。

② 所需的仪器名称、规格、数量；所需试剂的名称、等级、用量；所需溶液的配制方法及储存方法，对标准溶液则需注明标定方法及基准物的处理方法等。

③ 实验步骤，包括需要进行的条件试验及方法，滴定终点的颜色变化等。

④ 参考文献。

拟定好的实验方案应交指导教师评阅或与同学讨论，进一步完善后，方可进行实验。完成实验后，提交实验报告。实验报告的内容还应增加以下两项内容：

① 实验原始数据、实验现象、数据记录与处理。

② 结果与讨论。

实验结束后，指导教师应及时组织学生进行交流与总结，使学生的研究性学习成果得以升华。

实验 56　蛋壳中钙、镁含量的测定

【实验目的】

① 学习固体试样的酸溶方法。

② 掌握滴定分析法测定蛋壳中钙、镁含量的方法原理。

③ 学习使用配位掩蔽法消除干扰离子的影响。

④ 熟悉金属离子指示剂变色原理及滴定终点的判断。

【实验原理】

鸡蛋壳的主要成分为 $CaCO_3$，其次为 $MgCO_3$、蛋白质、色素以及少量 Fe 的化合物和 Al 的化合物等。由于试样中含酸不溶物较少，可用盐酸将其溶解制成试液。

试样溶解后，Ca^{2+}、Mg^{2+} 共存于溶液中，Fe^{3+}、Al^{3+} 等干扰离子可用三乙醇胺或酒石酸钾钠掩蔽。取一份试样，调节溶液 pH 至 12～13，使 Mg^{2+} 生成氢氧化物沉淀，加入钙指示剂，用 EDTA 标准溶液滴定，测出钙的含量。另取一份试样，调节其 pH＝10，用铬黑 T 作指示剂，用 EDTA 标准溶液测定溶液中钙和镁的总量。由总量减去钙量即得镁量。采用配位滴定法测定钙、镁含量，特点是快捷、简便。

除配位滴定法外，还可以采用酸碱滴定法、氧化还原滴定法测定钙的含量。

【仪器与试剂】

仪器：电子天平、小型台式破碎机、标准筛（80 目）、烧杯、表面皿、广口瓶、锥形瓶、酸式滴定管（25mL）、移液管（25mL）、容量瓶（250mL）。

试剂：$0.005mol \cdot L^{-1}$ EDTA 标准溶液、$6mol \cdot L^{-1}$ HCl 溶液、10% NaOH 溶液、钙指示剂、铬黑 T 指示剂、$NH_3 \cdot H_2O$-NH_4Cl 缓冲溶液（pH＝10）、三乙醇胺水溶液（1:2）。

【实验设计要求】

① 设计实验报告内容：实验目的、原理（标定和测定原理、指示剂选择、滴定条件和方法、计算公式等）、内容、注意事项、仪器（写明规格型号）、试剂（具体浓度、用量以及具体的配制方法、基准物质的处理）、详细的操作步骤（溶样、预处理、标定、测定等）、数据处理（表格）等。

② 根据可行的实验设计方案进行实验，用 w（CaO）表示 Ca、Mg 总量。

③ 完成该实验的实验设计报告，报告经实验教师审阅通过后方可进实验室完成实验操作。

【思考题】

① 如何确定蛋壳粉末的称量范围？溶解蛋壳时应注意什么？

② 蛋壳中钙含量很高，而镁含量很低，用铬黑 T 作指示剂时，往往得不到敏锐的终点，应如何解决此问题？

③ 查阅资料说明测定蛋壳中钙、镁含量的方法有哪些？试比较各种方法的优缺点。

实验 57　三草酸合铁（Ⅲ）酸钾制备及配离子组成测定

【实验目的】

① 学习合成三草酸合铁（Ⅲ）酸钾的方法，学习用 $KMnO_4$ 法测定 $C_2O_4^{2-}$ 和 Fe^{2+} 的方法，了解配位反应与氧化反应的条件。

② 了解三草酸合铁（Ⅲ）酸钾的光化学性质。

③ 综合训练无机合成及重量分析、滴定分析的基本操作，掌握确定化合物组成和化学式的原理、方法。

④ 理解化学平衡原理在制备过程中的应用。

【实验原理】

三草酸合铁（Ⅲ）酸钾 $K_3[Fe(C_2O_4)_3] \cdot 3H_2O$ 是一种亮绿色的晶体，易溶于水（0℃，4.7g/100g；100℃，117.7g/100g），难溶于有机溶剂，是一些有机反应很好的催化剂，也是制备负载型活性铁催化剂的主要原料。目前，制备该物质的方法很多，本实验利用硫酸亚铁铵与草酸反应制备草酸亚铁晶体，并用倾析法洗去杂质，然后在过量 $C_2O_4^{2-}$ 存在下，用 H_2O_2 氧化草酸亚铁即可制得配合物三草酸合铁（Ⅲ）酸钾。在含三草酸合铁（Ⅲ）酸钾的溶液中加乙醇后，$K_3[Fe(C_2O_4)_3] \cdot 3H_2O$ 晶体便从溶液中析出。三草酸合铁（Ⅲ）酸钾的制备反应式为：

$$(NH_4)_2Fe(SO_4)_2 \cdot 6H_2O + H_2C_2O_4 \longrightarrow FeC_2O_4 \cdot 2H_2O\downarrow + (NH_4)_2SO_4 + H_2SO_4 + 4H_2O$$

$$6FeC_2O_4 \cdot 2H_2O + 3H_2O_2 + 6K_2C_2O_4 \longrightarrow 4K_3[Fe(C_2O_4)_3] + 2Fe(OH)_3\downarrow + 12H_2O$$

$$2Fe(OH)_3 + 3H_2C_2O_4 + 3K_2C_2O_4 \longrightarrow 2K_3[Fe(C_2O_4)_3] + 6H_2O$$

$$H_2C_2O_4 + 2FeC_2O_4 \cdot 2H_2O + H_2O_2 + 3K_2C_2O_4 \longrightarrow 2K_3[Fe(C_2O_4)_3] \cdot 3H_2O$$

$K_3[Fe(C_2O_4)_3] \cdot 3H_2O$ 在 0℃ 左右溶解度很小，析出亮绿色晶体。该配合物极易感光，室温光照变黄色，发生下列光化学反应：

$$2[Fe(C_2O_4)_3]^{3-} \xrightarrow{h\nu} 2FeC_2O_4 + 3C_2O_4^{2-} + 2CO_2\uparrow$$

它在日光照射或强光下分解生成草酸亚铁，遇六氰合铁（Ⅲ）酸钾生成滕氏蓝，反应式为：

$$3FeC_2O_4 + 2K_3[Fe(CN)_6] \longrightarrow Fe_3[Fe(CN)_6]_2 + 3K_2C_2O_4$$

因此，它可做成感光纸，进行感光实验。另外，由于它的光化学活性，能定量进行光化学反应，常作化学光量计。受热时，在 110℃ 可失去结晶水，到 230℃ 即分解。

该配合物的组成可用重量分析法和滴定分析法确定。

（1）结晶水的测定

将一定量的 $K_3[Fe(C_2O_4)_3] \cdot 3H_2O$ 晶体在 110℃ 下干燥恒重后称量，便可计算出结晶水的含量。

（2）$C_2O_4^{2-}$ 的测定

$C_2O_4^{2-}$ 在酸性介质中可被 $KMnO_4$ 定量氧化，反应式为：

$$5C_2O_4^{2-} + 2MnO_4^- + 16H^+ == 2Mn^{2+} + 10CO_2\downarrow + 8H_2O$$

用已知准确浓度的 $KMnO_4$ 标准溶液滴定，由滴定时消耗 $KMnO_4$ 标准溶液的体积可计算出 $C_2O_4^{2-}$ 的含量。

（3）铁的测定

先用过量的还原剂 Zn 粉将 Fe^{3+} 还原成 Fe^{2+}，然后将剩余的 Zn 粉过滤掉，用 $KMnO_4$ 标准溶液滴定，反应式为：

$$Zn + 2Fe^{3+} == 2Fe^{2+} + Zn^{2+}$$

$$5Fe^{2+} + MnO_4^- + 8H^+ == 5Fe^{3+} + Mn^{2+} + 4H_2O$$

由消耗 $KMnO_4$ 标准溶液的体积计算出铁含量。

（4）钾的测定

根据配合物中铁、草酸根离子、结晶水的含量便可计算出钾的含量。

由上述测定结果推断三草酸合铁（Ⅲ）酸钾的化学式：

$$n(K^+):n(C_2O_4^{2-}):n(H_2O):n(Fe^{3+}) = \frac{w(K^+)}{39.10}:\frac{w(C_2O_4^{2-})}{88.02}:\frac{w(H_2O)}{18.02}:\frac{w(Fe^{3+})}{55.85}$$

【仪器与试剂】

仪器：电子天平、电炉、烧杯、锥形瓶（250mL）、水浴锅、减压抽滤装置一套、表面皿、干燥箱、量筒（10mL，50mL）、酸式滴定管（25mL）。

试剂：$(NH_4)_2Fe(SO_4)_2 \cdot 6H_2O$、$H_2C_2O_4$ 饱和溶液、$K_2C_2O_4$ 饱和溶液、$3mol \cdot L^{-1}H_2SO_4$ 溶液、$3\%H_2O_2$ 溶液、95% 乙醇、丙酮、$KMnO_4$ 标准溶液 $[c(1/5KMnO_4)$ 约为 $0.1mol \cdot L^{-1}]$、锌粉、六氰合铁（Ⅲ）酸钾（s）、pH 试纸。

【实验设计要求】

① 设计一种三草酸合铁（Ⅲ）酸钾合成及组成测定与性质的实验方案，包括三草酸合铁（Ⅲ）酸钾的制备、结晶水的测定、$C_2O_4^{2-}$ 的测定、铁的测定、$K_3[Fe(C_2O_4)_3] \cdot 3H_2O$ 的性质等详细的操作步骤、计算公式、注意事项、数据处理等。

② 完成该实验的实验设计报告，报告经实验教师审阅通过后方可进实验室完成实验操作。

③ 根据可行的实验方案进行实验。

【思考题】

① 制备三草酸合铁（Ⅲ）酸钾时，加入 H_2O_2 后为什么要煮沸溶液？煮沸时间过长有何影响？

② 在制备的最后一步能否用蒸干的方法提高产率？为什么？

③ 制备反应中，加入乙醇的目的是什么？不加入，产量会有所改变吗？

④ 影响三草酸合铁（Ⅲ）酸钾产率的主要因素有哪些？

实验 58　酸奶中总酸度的测定

【实验目的】

① 掌握酸碱滴定法测定酸奶总酸度的方法。

② 掌握乳浊液样品滴定终点的观察方法。

③ 了解实际样品的处理程序和分析方法。

【实验原理】

酸奶中的酸由大量乳酸、氨基酸和其他有机酸等组成，这些有机酸是优质鲜牛奶消毒后接种乳酸链球菌经保温发酵而成的，可用酸碱滴定法测定其总酸度，以检测酸奶的发酵程度。常用乳酸的含量表示乳品的总酸度，酸奶总酸度可用 NaOH 标准溶液滴定，以酚酞指示剂指示滴定终点，根据消耗 NaOH 标准溶液的体积计算酸奶的总酸度。

除用酸碱滴定法外，还可采用电势滴定法、电导滴定法测定酸奶的总酸度。

【仪器与试剂】

仪器：电子天平、碱式滴定管、锥形瓶、烧杯、洗瓶。

试剂：NaOH 标准溶液、酚酞指示剂、市售酸奶。

【实验设计要求】

① 设计一种酸碱滴定法测定酸奶总酸度的实验方案，包括测定原理、指示剂选择、滴

定条件和方法、计算公式、详细的操作步骤、注意事项、数据处理等。

② 根据可行的实验方案进行实验，以 100g 酸奶消耗 NaOH 的质量（g）表示酸奶的总酸度。

③ 完成该实验的实验设计报告，报告经实验教师审阅通过后方可进实验室完成实验操作。

【思考题】

① 酸奶的总酸度测定方法有哪些？各有什么特点？

② 你所设计的酸奶中总酸度的测定方法有什么特点？

③ 为减小滴定终点误差，应选择何种指示剂？为什么？

实验 59　紫外分光光度法测定蛋白质含量

【实验目的】

① 掌握紫外吸收法测定蛋白质含量的原理和方法。

② 熟悉紫外-可见分光光度计的使用方法。

【实验原理】

蛋白质分子中含有的酪氨酸、色氨酸以及苯丙氨酸等芳香族氨基酸残基，由于含有共轭双键，在紫外线 280nm 下具有最大吸收峰。当蛋白质质量浓度为 $0.1 \sim 1.0 \text{g} \cdot \text{L}^{-1}$ 时，在 280nm 处吸光度与其浓度成正比，故可用作蛋白质的定量测定。核酸在紫外区也有强吸收，其最大吸收峰在 260nm 处。如同时测定 260nm 的光吸收，通过计算可以消除其对蛋白质测定的影响。

该测定方法简单、灵敏、快速，低浓度的盐类不干扰测定，因此广泛应用于蛋白质和酶的制备过程的检测。

【仪器与试剂】

仪器：紫外-可见分光光度计、比色管、移液管。

试剂：$5.0 \text{mg} \cdot \text{mL}^{-1}$ 蛋白质标准溶液、$9.0 \text{g} \cdot \text{L}^{-1} \text{NaCl}$ 溶液、蛋白质待测溶液（牛血清白蛋白）。

【实验设计要求】

① 设计一种紫外分光光度法测定蛋白质含量的实验方案，包括标准曲线的绘制、样品的测定、数据处理等。

② 完成该实验的实验设计报告，报告经实验教师审阅通过后方可进实验室完成实验操作。

③ 根据可行的实验方案进行实验。

【思考题】

① 紫外分光光度法测定蛋白质的方法有何缺点及优点？受哪些因素的影响和限制？

② 若样品中含有核酸类杂质，应如何校正？

附录

附录 1 常见弱电解质电离常数

名称	化学式	解离常数，K	pK
乙酸	HAc	1.76×10^{-5}	4.75
碳酸	H_2CO_3	$K_1 = 4.30 \times 10^{-7}$	6.37
		$K_2 = 5.61 \times 10^{-11}$	10.25
草酸	$H_2C_2O_4$	$K_1 = 5.90 \times 10^{-2}$	1.23
		$K_2 = 6.40 \times 10^{-5}$	4.19
亚硝酸	HNO_2	4.6×10^{-4}(285.5K)	3.37
磷酸	H_3PO_4	$K_1 = 7.52 \times 10^{-3}$	2.12
		$K_2 = 6.23 \times 10^{-8}$	7.21
		$K_3 = 4.4 \times 10^{-13}$(291K)	12.36
亚硫酸	H_2SO_3	$K_1 = 1.54 \times 10^{-2}$(291K)	1.81
		$K_2 = 1.02 \times 10^{-7}$	6.91
硫酸	H_2SO_4	$K_2 = 1.20 \times 10^{-2}$	1.92
硫化氢	H_2S	$K_1 = 9.1 \times 10^{-8}$(291K)	7.04
		$K_2 = 1.1 \times 10^{-13}$	12.96
氢氰酸	HCN	4.93×10^{-10}	9.31
铬酸	H_2CrO_4	$K_1 = 1.8 \times 10^{-1}$	0.74
		$K_2 = 3.20 \times 10^{-7}$	6.49
硼酸	H_3BO_3	5.8×10^{-10}	9.24
氢氟酸	HF	3.53×10^{-4}	3.45
过氧化氢	H_2O_2	2.4×10^{-12}	11.62
次氯酸	HClO	2.95×10^{-5}(291K)	4.53
次溴酸	HBrO	2.06×10^{-9}	8.69
次碘酸	HIO	2.3×10^{-11}	10.64
碘酸	HIO_3	1.6×10^{-1}	0.77
砷酸	H_3AsO_4	$K_1 = 5.62 \times 10^{-3}$(291K)	2.25
		$K_2 = 1.70 \times 10^{-7}$	6.77
		$K_3 = 3.95 \times 10^{-12}$	11.40
亚砷酸	$HAsO_2$	6×10^{-10}	9.22
铵离子	NH_4^+	5.56×10^{-10}	9.25
氨水	$NH_3 \cdot H_2O$	1.79×10^{-5}	4.75
乙二胺	$H_2NC_2H_4NH_2$	$K_1 = 8.5 \times 10^{-5}$	4.07
		$K_2 = 7.1 \times 10^{-8}$	7.15
六亚甲基四胺	$(CH_2)_6N_4$	1.35×10^{-9}	8.87
尿素	$CO(NH_2)_2$	1.3×10^{-14}	13.89
质子化六亚甲基胺	$(CH_2)_6N_4H^+$	7.1×10^{-6}	5.15
甲酸	HCOOH	1.77×10^{-4}(293K)	3.75
氯乙酸	$ClCH_2COOH$	1.40×10^{-3}	2.85
氨基乙酸	NH_2CH_2COOH	1.67×10^{-10}	9.78
邻苯二甲酸	$C_6H_4(COOH)_2$	$K_1 = 1.12 \times 10^{-3}$	2.95
		$K_2 = 3.91 \times 10^{-6}$	5.41
柠檬酸	$(HOOCCH_2)_2C(OH)COOH$	$K_1 = 7.1 \times 10^{-4}$	3.14
		$K_2 = 1.68 \times 10^{-5}$(293K)	4.77
		$K_3 = 4.1 \times 10^{-7}$	6.39
α-酒石酸	$[CH(OH)COOH]_2$	$K_1 = 9.1 \times 10^{-4}$	3.04
		$K_2 = 4.3 \times 10^{-5}$	4.37
8-羟基喹啉	C_9H_6NOH	$K_1 = 8 \times 10^{-6}$	5.1
		$K_2 = 1 \times 10^{-9}$	9.0

附录 2　常用酸碱指示剂及配制方法

名称	变色 pH 范围	颜色变化	配制方法
百里酚蓝(0.1%)	1.2～2.8	红～黄	0.1g 指示剂与 4.3mL 0.05mol·L^{-1} NaOH 溶液一起研匀，加水稀释成 100mL
	8.0～9.6	黄～蓝	
甲基橙(0.1%)	3.1～4.4	红～黄	将 0.1g 甲基橙溶于 100mL 热水
溴酚蓝(0.1%)	3.0～4.6	黄～紫蓝	0.1g 溴酚蓝与 3mL 0.05mol·L^{-1} NaOH 溶液一起研匀，加水稀释成 100mL
溴甲酚绿(0.1%)	3.8～5.4	黄～蓝	0.1g 指示剂与 21mL 0.05mol·L^{-1} NaOH 溶液一起研匀，加水稀释成 100mL
甲基红(0.1%)	4.8～6.0	红～黄	将 0.1g 甲基红溶于 60mL 乙醇中，加水至 100mL
中性红(0.1%)	6.8～8.0	红～黄橙	将 0.1g 中性红溶于 60mL 乙醇中，加水至 100mL
酚酞(1%)	8.2～10.0	无色～淡红	将 1g 酚酞溶于 90mL 乙醇中，加水至 100mL
百里酚酞(0.1%)	9.4～10.6	无色～蓝色	将 0.1g 百里酚酞溶于 90mL 乙醇中，加水至 100mL
茜素黄 R(0.1%)	10.1～12.1	黄～紫	将 0.1g 茜素黄 R 溶于 100mL 水中

附录 3　氧化还原指示剂及配制方法

名称	变色电位 φ/V	颜色 氧化态	颜色 还原态	配制方法
二苯胺(1%)	0.76	紫	无色	将 1g 二苯胺在搅拌下溶于 100mL 浓硫酸和 100mL 浓磷酸，贮于棕色瓶中
二苯胺磺酸钠(0.5%)	0.85	紫	无色	将 0.5g 二苯胺磺酸钠溶于 100mL 水中，必要时过滤
邻菲罗啉硫酸亚铁(0.5%)	1.06	淡蓝	红	将 0.5g FeSO$_4$·7H$_2$O 溶于 100mL 水中，加 2 滴硫酸，加 0.5g 邻菲罗啉
邻苯氨基苯甲酸(0.2%)	1.08	紫红	无色	将 0.2g 邻苯氨基苯甲酸加热溶解在 100mL 0.2% Na$_2$CO$_3$ 溶液中，必要时过滤
淀粉(1%)				将 1g 可溶性淀粉，加少许水调成浆状，在搅拌下注入 100mL 沸水中，微热 2min，放置，取上层溶液用(若要保持稳定，可在研磨淀粉时加入 1mg HgI$_2$)
中性红	0.24	红	无	0.05% 的 60% 乙醇溶液
亚甲基蓝	0.36	蓝	无	0.05% 水溶液

附录 4　沉淀及金属指示剂及配制方法

名称	颜色 氧化态	颜色 还原态	配制方法
铬酸钾	黄	砖红	5% 水溶液
硫酸铁铵(40%)	无色	血红	NH$_4$Fe(SO$_4$)$_2$·12H$_2$O 饱和水溶液，加数滴浓 H$_2$SO$_4$
荧光黄(0.5%)	绿色荧光	玫瑰红	0.5g 荧光黄溶于乙醇，并用乙醇稀释至 100mL
铬黑 T(EBT)	蓝	酒红	1. 将 0.2g 铬黑 T 溶于 15mL 三乙醇胺及 5mL 甲醇中 2. 将 1g 铬黑 T 溶于 100g NaCl 研细、混匀(1：100)
钙指示剂	蓝	红	将 0.5g 钙指示剂与 100g NaCl 研细、混匀
二甲酚橙[0.1%(XO)]	黄	红	将 0.1g 二甲酚橙溶于 100mL 离子交换水中
K-B 指示剂	蓝	红	将 0.5g 酸性铬蓝 K 加 1.25g 萘酚绿 B，再加 25g K$_2$SO$_4$ 研细、混匀
磺基水杨酸	无	红	10% 水溶液
PAN 指示剂(0.2%)	黄	红	将 0.2g PAN 溶于 100mL 乙醇中
邻苯二酚紫(0.1%)	紫	蓝	将 0.1g 邻苯二酚紫溶于 100mL 离子交换水中

名称	颜色		配制方法
	氧化态	还原态	
钙镁试剂(calmagite)(0.5%)	红	蓝	将0.5g钙镁试剂溶于100mL离子交换水中
钙黄绿素	黄	荧光绿	钙黄绿素:百里酚酞:KCl=1:1:100(质量比),研细、混匀
紫脲酸胺	黄	紫	紫脲酸胺:NaCl=1:100(质量比),研细、混匀
酸性铬蓝K	蓝	红	1g指示剂与100g NaCl研细,混匀

附录5 常用酸碱的密度和浓度

试剂名称	密度/(g·cm⁻³)	质量分数/%	浓度/(mol·L⁻¹)
盐酸 HCl	1.18~1.19	36~38	11.6~12.4
硝酸 HNO₃	1.39~1.40	65.0~68.0	14.4~15.2
硫酸 H₂SO₄	1.83~1.84	95~98	17.8~18.4
磷酸 H₃PO₄	1.69	85	14.6
高氯酸 HClO₄	1.68	70.0~72.0	11.7~12.0
冰乙酸 CH₃COOH	1.05	99.8(优级纯) 99.0(分析纯)	17.4
乙酸 CH₃COOH	1.04	36.0~37.0	6.2~6.4
氢氟酸 HF	1.13	40	22.5
氢溴酸 HBr	1.49	47	8.6
氢碘酸 HI	1.70	57	7.5
氨水 NH₃·H₂O	0.88~0.90	25.0~28.0	13.3~14.8

附录6 常用缓冲溶液的配制

缓冲溶液组成	pK_a	缓冲溶液 pH	配制方法
H₃PO₄-柠檬酸盐		2.5	Na₂HPO₄·12H₂O固体113g溶于200mL水后,加柠檬酸387g,溶解,过滤后,稀释至1L
一氯乙酸-NaOH	2.86	2.8	将200g一氯乙酸溶于200mL水中,加NaOH 40g,溶解后稀释至1L
甲酸-NaOH	3.76	3.7	将95g甲酸和40g NaOH溶于500mL水中,稀释至1L
NH₄Ac-HAc	4.74	4.5	将77g NH₄Ac溶于200mL水中,加冰乙酸59mL,稀释至1L
NaAc-HAc	4.74	5.0	将120g无水NaAc溶于水,加冰乙酸60mL稀释至1L
(CH₂)₆N₄-HCl	5.15	5.4	将40g六亚甲基四胺溶于200mL水中,加浓HCl 10mL,稀释至1L
NH₄Ac-HAc		6.0	将60g NH₄Ac溶于水中,加冰乙酸20mL,稀释至1L
NH₄Cl-NH₃	9.26	8.0	将100g NH₄Cl溶于水中,加浓氨水7.0mL,稀释至1L
NH₄Cl-NH₃	9.26	9.0	将70g NH₄Cl溶于水中,加浓氨水48mL,稀释至1L
NH₄Cl-NH₃	9.26	10	将54g NH₄Cl溶于水中,加浓氨水350mL,稀释至1L
NaAc-Na₂HPO₄		8.0	50g无水NaAc和50g Na₂HPO₄·12H₂O溶解,稀释至1L
Tris[三羟甲基氨甲烷(HOCH₂)₃CNH₂]-HCl	8.21	8.2	取25g Tris试剂溶于水,加浓HCl 8mL,稀释至1000mL

附录7 常用基准物及其干燥条件

基准物质		干燥后组成	干燥条件/℃	标定对象
名称	分子式			
碳酸钠	Na₂CO₃·10H₂O	Na₂CO₃	270~300	酸
硼砂	Na₂B₄O₇·10H₂O	Na₂B₄O₇·10H₂O	放在装有NaCl-蔗糖饱和溶液的密闭容器中	酸

基准物质		干燥后组成	干燥条件/℃	标定对象
名称	分子式			
碳酸氢钾	$KHCO_3$	K_2CO_3	270～300	酸
草酸	$H_2C_2O_4 \cdot 2H_2O$	$H_2C_2O_4 \cdot 2H_2O$	室温空气干燥	碱或 $KMnO_4$
邻苯二甲酸氢钾	$KHC_8H_4O_4$	$KHC_8H_4O_4$	110～120	碱
重铬酸钾	$K_2Cr_2O_4$	$K_2Cr_2O_4$	140～150	还原剂
溴酸钾	$KBrO_3$	$KBrO_3$	130	还原剂
碘酸钾	KIO_3	KIO_3	130	还原剂
铜	Cu	Cu	室温干燥器中保存	还原剂
草酸钠	$Na_2C_2O_4$	$Na_2C_2O_4$	130	氧化剂
碳酸钠	Na_2CO_3	Na_2CO_3	110	EDTA
锌	Zn	Zn	室温干燥器中保存	EDTA
氧化锌	ZnO	ZnO	900～1000	EDTA
氯化钠	NaCl	NaCl	500～600	$AgNO_3$
氯化钾	KCl	KCl	500～600	$AgNO_3$
硝酸银	$AgNO_3$	$AgNO_3$	220～250	氯化物
氨基磺酸	$HOSO_2NH_2$	$HOSO_2NH_2$	在真空环境中,浓 H_2SO_4 干燥保存 48h	碱
硫酸亚铁铵	$(NH_4)_2Fe(SO_4)_2 \cdot 6H_2O$	$(NH_4)_2Fe(SO_4)_2 \cdot 6H_2O$	室温下空气干燥	氧化剂
碳酸钙	$CaCO_3$	$CaCO_3$	105～110℃干燥	EDTA

附录 8　常用洗涤剂

名称	配制方法	备注
合成洗涤剂(可用肥皂水)	将合成洗涤剂用热水搅拌配成浓溶液	用于一般的洗涤
皂角水	将皂荚捣碎,用水熬成溶液	同上
铬酸洗液	取 $K_2Cr_2O_4$(L. R.)20g 于 500mL 烧杯中,加水 40mL,加热溶解,冷后,缓缓加入 320mL 粗浓 H_2SO_4 即成(注意边加边搅拌),贮于磨口细瓶中	用于洗涤油污及有机物,使用时防止被水稀释。用后倒回原瓶,可反复使用,直至溶液变为绿色(已还原为绿色的铬酸溶液),可加入固体 $KMnO_4$ 使其再生)
$KMnO_4$ 碱性洗液	取 $KMnO_4$(L. R.)4g,溶于少量水中,缓缓加入 100mL 10% NaOH 溶液	用于洗涤油污及有机物,洗后玻璃壁上附着的 MnO_2 沉淀,可用粗亚铁盐或 Na_2SO_3 溶液洗去
碱性酒精溶液	30%～40% NaOH 酒精溶液	用于洗涤油污
酒精-浓硝酸洗液		用于洗涤沾有有机物或油污的结构较复杂的仪器。洗涤时加入少量酒精于脏仪器中,再加入少量的浓硝酸,即产生大量棕色 NO_2,将有机物氧化而破坏

附录 9　溶度积常数

化合物	K_{sp}	化合物	K_{sp}
氯化物		$BaCO_3$	5.1×10^{-9}
$PbCl_2$	1.6×10^{-5}	$CaCO_3$	2.8×10^{-9}
AgCl	1.8×10^{-10}	Ag_2CO_3	8.1×10^{-12}
Hg_2Cl_2	1.3×10^{-18}	$PbCO_3$	7.4×10^{-14}
CuCl	1.2×10^{-6}	磷酸盐	
溴化物		$MgNH_4PO_4$	2.5×10^{-13}
AgBr	5.0×10^{-13}	草酸盐	
CuBr	5.2×10^{-9}	$CaC_2O_4 \cdot H_2O$	4×10^{-9}
碘化物		BaC_2O_4	1.6×10^{-7}

化合物	K_{sp}	化合物	K_{sp}
PbI_2	7.1×10^{-9}	CuC_2O_4	2.3×10^{-8}
AgI	8.3×10^{-17}	PbC_2O_4	4.8×10^{-10}
Hg_2I_2	4.5×10^{-29}	$CdC_2O_4 \cdot 3H_2O$	9.1×10^{-8}
氰化物		NiC_2O_4	4×10^{-10}
$AgCN$	1.2×10^{-16}	ZnC_2O_4	2.7×10^{-8}
硫氰化物		SrC_2O_4	5.61×10^{-8}
$AgSCN$	1.0×10^{-12}	氢氧化物	
硫酸盐		$AgOH$	2.0×10^{-8}
Ag_2SO_4	1.4×10^{-5}	$Al(OH)_3$	1.3×10^{-33}
$CaSO_4$	9.1×10^{-6}	$Ca(OH)_2$	5.5×10^{-6}
$SrSO_4$	3.2×10^{-7}	$Cr(OH)_3$	6.3×10^{-31}
$PbSO_4$	1.6×10^{-8}	$Cu(OH)_2$	2.2×10^{-20}
$BaSO_4$	1.1×10^{-10}	$Fe(OH)_2$	8.0×10^{-16}
硫化物		$Fe(OH)_3$	4.0×10^{-38}
MnS	2×10^{-13}	$Mg(OH)_2$	1.8×10^{-11}
FeS	3.7×10^{-19}	$Mn(OH)_2$	1.9×10^{-13}
ZnS	1.62×10^{-24}	$Pb(OH)_2$	1.2×10^{-15}
PbS	8.0×10^{-28}	$Zn(OH)_2$	1.2×10^{-17}
CuS	6.3×10^{-36}	碘酸盐	
HgS	4.0×10^{-53}	$Ca(IO_3)_2 \cdot 6H_2O$	6.44×10^{-8}
Ag_2S	6.3×10^{-50}	$Cu(IO_3)_2$	1.4×10^{-7}
铬酸盐		$AgIO_3$	9.2×10^{-9}
$BaCrO_4$	1.2×10^{-10}	$Ba(IO_3)_2 \cdot 2H_2O$	6.5×10^{-10}
Ag_2CrO_4	1.1×10^{-12}	酒石酸盐	
$PbCrO_4$	2.8×10^{-13}	$CaC_4H_4O_6 \cdot 2H_2O$	7.7×10^{-7}
碳酸盐			
$MgCO_3$	2.8×10^{-13}		

附录 10　常见离子和化合物的颜色

一、常见离子的颜色

无色阳离子	Ag^+、Cd^{2+}、K^+、Ca^{2+}、As^{3+}（在溶液中主要以 AsO_3^{3-} 存在）、Pb^{2+}、Zn^{2+}、Na^+、Sr^{2+}、As^{5+}（在溶液中绝大多数以 AsO_4^{3-} 存在）、Hg_2^{2+}、Bi^{3+}、NH_4^+、Ba^{2+}、Sb^{3+} 或 Sb^{5+}（主要以 $SbCl_6^{3-}$ 或 $SbCl_6^-$ 存在）、Hg^{2+}、Mg^{2+}、Al^{3+}、Sn^{2+}、Sn^{4+}
有色阳离子	Mn^{2+} 浅玫瑰色，稀溶液无色；$Fe(H_2O)_6^{3+}$ 浅紫色，但平时所见 Fe^{3+} 盐溶液黄色或红棕色；Fe^{2+} 浅绿色，稀溶液无色；Cr^{3+} 绿色或紫色；Co^{2+} 玫瑰色；Ni^{2+} 绿色；Cu^{2+} 浅蓝色
无色阴离子	SO_4^{2-}、PO_4^{3-}、F^-、SCN^-、$C_2O_4^{2-}$、MoO_4^{2-}、SO_3^{2-}、BO^{2-}、Cl^-、NO_3^-、S^{2-}、WO_4^{2-}、$S_2O_3^{2-}$、$B_4O_7^{2-}$、Br^-、NO_2^-、ClO_3^-、VO_3^-、CO_3^{2-}、SiO_3^{2-}、I^-、Ac^-、BrO_3^-
有色阴离子	$Cr_2O_7^{2-}$ 橙色、CrO_4^{2-} 黄色、MnO_4^- 紫色、$Fe(CN)_6^{4-}$ 黄绿色、$Fe(CN)_6^{3-}$ 黄棕色

二、有特征颜色的常见无机化合物

黑色	CuO、NiO、FeO、Fe_3O_4、MnO_2、FeS、CuS、Ag_2S、NiS、CoS、PbS
蓝色	$CuSO_4 \cdot 5H_2O$、$Cu(NO_3)_2 \cdot 6H_2O$，许多水合铜盐，无水 $CoCl_2$
绿色	镍盐、亚铁盐、铬盐、某些铜盐如 $CuCl_2 \cdot 2H_2O$
黄色	CdS、PbO、碘化物（如 AgI）、铬酸盐（如 $BaCrO_4$、K_2CrO_4）
红色	Fe_2O_3、Cu_2O、HgO、HgS、Pb_3O_4
粉红色	$MnSO_4 \cdot 7H_2O$ 等锰盐、$CoCl_2 \cdot 6H_2O$
紫色	亚铬盐（如 $[Cr(Ac)_2]_2 \cdot 2H_2O$），高锰酸盐

注：某些人工制备的和天然产的物质常有不同的颜色，如沉淀生成的 HgS 是黑色的，天然产的是朱红色。

附录11 常见电对的标准电极电势（298.15K）

一、在酸性溶液中

电对	电极反应	$E^{\ominus}/V$
K^+/K	$K^+ + e^- \longrightarrow K$	-2.924
Na^+/Na	$Na^+ + e^- \longrightarrow Na$	-2.714
Mg^{2+}/Mg	$Mg^{2+} + 2e^- \longrightarrow Mg$	-2.375
Al^{3+}/Al	$Al^{3+} + 3e^- \longrightarrow Al$	-1.66
Mn^{2+}/Mn	$Mn^{2+} + 2e^- \longrightarrow Mn$	-1.182
Zn^{2+}/Zn	$Zn^{2+} + 2e^- \longrightarrow Zn$	-0.763
Cr^{3+}/Cr	$Cr^{3+} + 3e^- \longrightarrow Cr$	-0.74
$CO_2/H_2C_2O_4$	$2CO_2 + 2H^+ + 2e^- \longrightarrow H_2C_2O_4$	-0.49
Fe^{2+}/Fe	$Fe^{2+} + 2e^- \longrightarrow Fe$	-0.44
Co^{2+}/Co	$Co^{2+} + 2e^- \longrightarrow Co$	-0.277
Ni^{2+}/Ni	$Ni^{2+} + 2e^- \longrightarrow Ni$	-0.246
AgI/Ag	$AgI + e^- \longrightarrow Ag + I^-$	-0.152
Sn^{2+}/Sn	$Sn^{2+} + 2e^- \longrightarrow Sn$	-0.136
Pb^{2+}/Pb	$Pb^{2+} + 2e^- \longrightarrow Pb$	-0.126
H^+/H_2	$2H^+ + 2e^- \longrightarrow H_2$	0.000
$AgBr/Ag$	$AgBr + e^- \longrightarrow Ag + Br^-$	$+0.071$
S/H_2S	$S + 2H^+ + 2e^- \longrightarrow H_2S(aq)$	$+0.141$
Sn^{4+}/Sn^{2+}	$Sn^{4+} + 2e^- \longrightarrow Sn^{2+}$	$+0.154$
Cu^{2+}/Cu^+	$Cu^{2+} + e^- \longrightarrow Cu^+$	$+0.159$
SO_4^{2-}/SO_2	$SO_4^{2-} + 4H^+ + 2e^- \longrightarrow SO_2(aq) + 2H_2O$	$+0.17$
$AgCl/Ag$	$AgCl + e^- \longrightarrow Ag + Cl^-$	$+0.2223$
Hg_2Cl_2/Hg	$Hg_2Cl_2 + 2e^- \longrightarrow 2Hg + 2Cl^-$	$+0.2676$
Cu^{2+}/Cu	$Cu^{2+} + 2e^- \longrightarrow Cu$	$+0.337$
H_2SO_3/S	$H_2SO_3 + 4H^+ + 4e^- \longrightarrow S + 3H_2O$	$+0.45$
Cu^+/Cu	$Cu^+ + e^- \longrightarrow Cu$	$+0.52$
I_2/I^-	$I_2 + 2e^- \longrightarrow 2I^-$	$+0.535$
$H_3AsO_4/HAsO_2$	$H_3AsO_4 + 2H^+ + 2e^- \longrightarrow HAsO_2 + 2H_2O$	$+0.559$
O_2/H_2O_2	$O_2 + 2H^+ + 2e^- \longrightarrow H_2O_2$	$+0.682$
Fe^{3+}/Fe^{2+}	$Fe^{3+} + e^- \longrightarrow Fe^{2+}$	$+0.771$
Hg_2^{2+}/Hg	$Hg_2^{2+} + 2e^- \longrightarrow 2Hg$	$+0.793$
Ag^+/Ag	$Ag^+ + e^- \longrightarrow Ag$	$+0.7995$
Hg^{2+}/Hg	$Hg^{2+} + 2e^- \longrightarrow Hg$	$+0.854$
Cu^{2+}/Cu_2I_2	$2Cu^{2+} + 2I^- + 2e^- \longrightarrow Cu_2I_2$	$+0.86$
Hg^{2+}/Hg_2^{2+}	$2Hg^{2+} + 2e^- \longrightarrow Hg_2^{2+}$	$+0.920$
HNO_2/NO	$HNO_2 + H^+ + e^- \longrightarrow NO + H_2O$	$+0.99$
Br_2/Br^-	$Br_2(l) + 2e^- \longrightarrow 2Br^-$	$+1.065$
IO_3^-/I_2	$2IO_3^- + 12H^+ + 10e^- \longrightarrow I_2 + 6H_2O$	$+1.20$
O_2/H_2O	$O_2 + 4H^+ + 4e^- \longrightarrow 2H_2O$	$+1.229$
MnO_2/Mn^{2+}	$MnO_2 + 4H^+ + 2e^- \longrightarrow Mn^{2+} + 2H_2O$	$+1.23$
$Cr_2O_7^{2-}/Cr^{3+}$	$Cr_2O_7^{2-} + 14H^+ + 6e^- \longrightarrow 2Cr^{3+} + 7H_2O$	$+1.33$
Cl_2/Cl^-	$Cl_2 + 2e^- \longrightarrow 2Cl^-$	$+1.36$
BrO_3^-/Br^-	$BrO_3^- + 6H^+ + 6e^- \longrightarrow Br^- + 3H_2O$	$+1.44$
ClO_3^-/Cl^-	$ClO_3^- + 6H^+ + 6e^- \longrightarrow Cl^- + 3H_2O$	$+1.45$
PbO_2/Pb^{2+}	$PbO_2 + 4H^+ + 2e^- \longrightarrow Pb^{2+} + 2H_2O$	$+1.455$
ClO_3^-/Cl^-	$ClO_3^- + 6H^+ + 6e^- \longrightarrow Cl^- + 3H_2O$	$+1.47$
MnO_4^-/Mn^{2+}	$MnO_4^- + 8H^+ + 5e^- \longrightarrow Mn^{2+} + 4H_2O$	$+1.51$
Ce^{4+}/Ce^{3+}	$Ce^{4+} + e^- \longrightarrow Ce^{3+}$	$+1.61$

电对	电极反应	$E^{\ominus}/V$
H_2O_2/H_2O	$H_2O_2+2H^++2e^-\longrightarrow 2H_2O$	$+1.776$
$S_2O_8^{2-}/SO_4^{2-}$	$S_2O_8^{2-}+2e^-\longrightarrow 2SO_4^{2-}$	$+2.01$
O_3/O_2	$O_3+2H^++2e^-\longrightarrow O_2+H_2O$	$+2.07$
F_2/F^-	$F_2+2e^-\longrightarrow 2F^-$	$+2.87$

二、在碱性溶液中

电对	电极反应	$E^{\ominus}/V$
$Mg(OH)_2/Mg$	$Mg(OH)_2+2e^-\longrightarrow Mg+2OH^-$	-2.69
$H_2AlO_3^-/Al$	$H_2AlO_3^-+H_2O+3e^-\longrightarrow Al+4OH^-$	-2.35
$H_2BO_3^-/B$	$H_2BO_3^-+H_2O+3e^-\longrightarrow B+4OH^-$	-1.79
$Mn(OH)_2/Mn$	$Mn(OH)_2+2e^-\longrightarrow Mn+2OH^-$	-1.55
$[Zn(CN)_4]^{2-}/Zn$	$[Zn(CN)_4]^{2-}+2e^-\longrightarrow Zn+4CN^-$	-1.26
ZnO_2^{2-}/Zn	$ZnO_2^{2-}+2H_2O+2e^-\longrightarrow Zn+4OH^-$	-1.216
$SO_3^{2-}/S_2O_4^{2-}$	$2SO_3^{2-}+2H_2O+2e^-\longrightarrow S_2O_4^{2-}+4OH^-$	-1.12
$[Zn(NH_3)_4]^{2+}/Zn$	$[Zn(NH_3)_4]^{2+}+2e^-\longrightarrow Zn+4NH_3$	-1.04
$[Sn(OH)_5]^-/HSnO_2^-$	$[Sn(OH)_5]^-+2e^-\longrightarrow HSnO_2^-+2OH^-+H_2O$	-0.93
SO_4^{2-}/SO_3^{2-}	$SO_4^{2-}+H_2O+2e^-\longrightarrow SO_3^{2-}+2OH^-$	-0.93
$HSnO_2^-/Sn$	$HSnO_2^-+H_2O+2e^-\longrightarrow Sn+3OH^-$	-0.91
H_2O/H_2	$2H_2O+2e^-\longrightarrow H_2+2OH^-$	-0.8277
$Ni(OH)_2/Ni$	$Ni(OH)_2+2e^-\longrightarrow Ni+2OH^-$	-0.72
AsO_4^{3-}/AsO_2^-	$AsO_4^{3-}+2H_2O+2e^-\longrightarrow AsO_2^-+4OH^-$	-0.67
SO_3^{2-}/S	$SO_3^{2-}+3H_2O+4e^-\longrightarrow S+6OH^-$	-0.66
AsO_2^-/As	$AsO_2^-+2H_2O+3e^-\longrightarrow As+4OH^-$	-0.66
Ag_2S/Ag	$Ag_2S+2e^-\longrightarrow 2Ag+S^{2-}$	-0.66
$SO_3^{2-}/S_2O_3^{2-}$	$2SO_3^{2-}+3H_2O+4e^-\longrightarrow S_2O_3^{2-}+6OH^-$	-0.58
S/S^{2-}	$S+2e^-\longrightarrow S^{2-}$	-0.447
$[Ag(CN)_2]^-/Ag$	$[Ag(CN)_2]^-+e^-\longrightarrow Ag+2CN^-$	-0.31
$Cu(OH)_2/Cu$	$Cu(OH)_2+2e^-\longrightarrow Cu+2OH^-$	-0.224
CrO_4^{2-}/CrO_2^-	$CrO_4^{2-}+2H_2O+3e^-\longrightarrow CrO_2^-+4OH^-$	-0.12
$Cu(OH)_2/Cu_2O$	$2Cu(OH)_2+2e^-\longrightarrow Cu_2O+2OH^-+H_2O$	-0.09
O_2/HO_2^-	$O_2+H_2O+2e^-\longrightarrow HO_2^-+OH^-$	-0.076
$MnO_2/Mn(OH)_2$	$MnO_2+2H_2O+2e^-\longrightarrow Mn(OH)_2+2OH^-$	-0.05
NO_3^-/NO_2^-	$NO_3^-+H_2O+2e^-\longrightarrow NO_2^-+2OH^-$	$+0.01$
$S_4O_6^{2-}/S_2O_3^{2-}$	$S_4O_6^{2-}+2e^-\longrightarrow 2S_2O_3^{2-}$	$+0.09$
HgO/Hg	$HgO+H_2O+2e^-\longrightarrow Hg+2OH^-$	$+0.098$
$Mn(OH)_3/Mn(OH)_2$	$Mn(OH)_3+e^-\longrightarrow Mn(OH)_2+OH^-$	$+0.1$
$[Co(NH_3)_6]^{3+}/[Co(NH_3)_6]^{2+}$	$[Co(NH_3)_6]^{3+}+e^-\longrightarrow [Co(NH_3)_6]^{2+}$	$+0.1$
$Co(OH)_3/Co(OH)_2$	$Co(OH)_3+e^-\longrightarrow Co(OH)_2+OH^-$	$+0.17$
Ag_2O/Ag	$Ag_2O+H_2O+2e^-\longrightarrow 2Ag+2OH^-$	$+0.34$
$[Ag(NH_3)_2]^+/Ag$	$[Ag(NH_3)_2]^++e^-\longrightarrow Ag+2NH_3$	$+0.373$
O_2/OH^-	$O_2+2H_2O+4e^-\longrightarrow 4OH^-$	$+0.41$
MnO_4^-/MnO_4^{2-}	$MnO_4^-+e^-\longrightarrow MnO_4^{2-}$	$+0.564$
MnO_4^-/MnO_2	$MnO_4^-+2H_2O+3e^-\longrightarrow MnO_2+4OH^-$	$+0.588$
BrO_3^-/Br^-	$BrO_3^-+3H_2O+6e^-\longrightarrow Br^-+6OH^-$	$+0.61$
BrO^-/Br^-	$BrO^-+H_2O+2e^-\longrightarrow Br^-+2OH^-$	$+0.76$
H_2O_2/OH^-	$H_2O_2+2e^-\longrightarrow 2OH^-$	$+0.88$
ClO^-/Cl^-	$ClO^-+H_2O+2e^-\longrightarrow Cl^-+2OH^-$	$+0.89$
$HXeO_6^{3-}/HXeO_4^-$	$HXeO_6^{3-}+2H_2O+2e^-\longrightarrow HXeO_4^-+4OH^-$	$+0.9$
$HXeO_4^-/Xe$	$HXeO_4^-+3H_2O+6e^-\longrightarrow Xe+7OH^-$	$+0.9$
O_3/OH^-	$O_3+H_2O+2e^-\longrightarrow O_2+2OH^-$	$+1.24$

附录 12　常见配离子的稳定常数

配离子	K_f	$\lg K_f$	配离子	K_f	$\lg K_f$
$[AgCl_2]^-$	1.74×10^5	5.24	$[Fe(CN)_6]^{3-}$	1.0×10^{42}	42.00
$[Ag(SCN)_2]^-$	3.72×10^7	7.57	$[FeF_6]^{3-}$	1.0×10^{16}	16.00
$[Ag(CN)_2]^-$	1.26×10^{21}	21.10	$[Fe(C_2O_4)_3]^{4-}$	1.66×10^5	5.22
$[Ag(S_2O_3)_2]^{3-}$	2.88×10^{13}	13.46	$[Fe(C_2O_4)_3]^{3-}$	1.59×10^{20}	20.20
$[Ag(NH_3)_2]^+$	1.6×10^7	7.20	$[Fe(SCN)_6]^{3-}$	1.5×10^3	3.18
$[AgI_2]^-$	5.5×10^{11}	11.70	$[FeY]^{2-}$	2.09×10^{14}	14.32
$[AgY]^{3-}$	2.09×10^7	7.32	$[FeY]^-$	1.26×10^{25}	25.10
$[AlF_6]^{3-}$	6.9×10^{19}	19.84	$[HgCl_4]^{2-}$	1.2×10^{15}	15.08
$[Al(C_2O_4)_3]^{3-}$	2.0×10^{16}	16.30	$[Hg(CN)_4]^{2-}$	3.3×10^{41}	41.52
$[Au(CN)_2]^-$	2.0×10^{38}	38.30	$[HgI_4]^{2-}$	6.8×10^{29}	29.83
$[AlY]^-$	2.0×10^{16}	16.30	$[Hg(SCN)_4]^{2-}$	7.75×10^{21}	21.89
$[BaY]^{2-}$	7.24×10^7	7.86	$[HgY]^{2-}$	5.01×10^{21}	21.70
$[BiY]^-$	8.71×10^{27}	27.94	$[MgY]^{2-}$	5.0×10^8	8.70
$[CaY]^{2-}$	4.9×10^{10}	10.69	$[MnY]^{2-}$	7.41×10^{13}	13.87
$[CdCl_4]^{2-}$	3.47×10^2	2.54	$[Ni(CN)_4]^{2-}$	1.0×10^{22}	22.00
$[Cd(CN)_4]^{2-}$	1.1×10^{16}	16.04	$[Ni(NH_3)_6]^{2+}$	5.5×10^8	8.74
$[Cd(NH_3)_4]^{2+}$	1.3×10^7	7.11	$[Ni(en)_3]^{2+}$	1.15×10^{18}	18.06
$[Cd(NH_3)_6]^{2+}$	1.4×10^5	5.15	$[NiY]^{2-}$	4.17×10^{18}	18.62
$[CdI_4]^{2-}$	1.26×10^6	6.10	$[PbCl_3]^-$	25	1.40
$[CdY]^{2-}$	2.88×10^{16}	16.46	$[Pb(Ac)_3]^-$	2.46×10^3	3.39
$[CrY]^-$	2.5×10^{23}	23.40	$[PbY]^{2-}$	1.10×10^{18}	18.04
$[Co(SCN)_4]^{2-}$	1.0×10^3	3.00	$[PdY]^{2-}$	3.16×10^{18}	18.50
$[Co(NH_3)_6]^{2+}$	1.29×10^5	5.11	$[SrY]^{2-}$	5.37×10^8	8.73
$[Co(NH_3)_6]^{3+}$	1.58×10^{35}	35.20	$[SnCl_4]^{2-}$	30.2	1.48
$[CoY]^{2-}$	2.04×10^{16}	16.31	$[SnCl_6]^{2-}$	6.6	0.82
$[CoY]^-$	1.0×10^{36}	36.00	$[SnY]^{2-}$	1.29×10^{22}	22.11
$[CuI_2]^-$	5.7×10^8	8.76	$[Zn(CN)_4]^{2-}$	5.0×10^{16}	16.70
$[CuCl_4]^{2-}$	4.17×10^5	5.62	$[Zn(NH_3)_4]^{2+}$	2.88×10^9	9.46
$[Cu(CN)_4]^{2-}$	2.0×10^{27}	27.30	$[Zn(OH)_4]^{2-}$	1.4×10^{15}	15.15
$[Cu(NH_3)_4]^{2+}$	2.08×10^{13}	13.32	$[Zn(SCN)_4]^{2-}$	20	1.30
$[Cu(en)_2]^{2+}$	1.0×10^{20}	20.00	$[Zn(C_2O_4)_3]^{4-}$	1.4×10^8	8.15
$[CuY]^{2-}$	6.33×10^{18}	18.80	$[Zn(en)_2]^{2+}$	6.76×10^{10}	10.83
$[Fe(CN)_6]^{4-}$	1.0×10^{35}	35.00	$[ZnY]^{2-}$	3.16×10^{16}	16.50

附录 13　难溶电解质的溶度积

化合物	K_{sp}	化合物	K_{sp}
氯化物		$BaCO_3$	5.1×10^{-9}
$PbCl_2$	1.6×10^{-5}	$CaCO_3$	2.8×10^{-9}
$AgCl$	1.8×10^{-10}	Ag_2CO_3	8.1×10^{-12}
Hg_2Cl_2	1.3×10^{-18}	$PbCO_3$	7.4×10^{-14}
$CuCl$	1.2×10^{-6}	磷酸盐	
溴化物		$MgNH_4PO_4$	2.5×10^{-13}
$AgBr$	5.0×10^{-13}	草酸盐	
$CuBr$	5.2×10^{-9}	$CaC_2O_4\cdot H_2O$	4×10^{-9}
碘化物		BaC_2O_4	1.6×10^{-7}
PbI_2	7.1×10^{-9}	CuC_2O_4	2.3×10^{-8}

化合物	K_{sp}	化合物	K_{sp}
AgI	8.3×10^{-17}	PbC_2O_4	4.8×10^{-10}
Hg_2I_2	4.5×10^{-29}	$CdC_2O_4 \cdot 3H_2O$	9.1×10^{-8}
氰化物		NiC_2O_4	4×10^{-10}
AgCN	1.2×10^{-16}	ZnC_2O_4	2.7×10^{-8}
硫氰化物		SrC_2O_4	5.61×10^{-8}
AgSCN	1.0×10^{-12}	氢氧化物	
硫酸盐		AgOH	2.0×10^{-8}
Ag_2SO_4	1.4×10^{-5}	$Al(OH)_3$	1.3×10^{-33}
$CaSO_4$	9.1×10^{-6}	$Ca(OH)_2$	5.5×10^{-6}
$SrSO_4$	3.2×10^{-7}	$Cr(OH)_3$	6.3×10^{-31}
$PbSO_4$	1.6×10^{-8}	$Cu(OH)_2$	2.2×10^{-20}
$BaSO_4$	1.1×10^{-10}	$Fe(OH)_2$	8.0×10^{-16}
硫化物		$Fe(OH)_3$	4.0×10^{-38}
MnS	2×10^{-13}	$Mg(OH)_2$	1.8×10^{-11}
FeS	3.7×10^{-19}	$Mn(OH)_2$	1.9×10^{-13}
ZnS	1.62×10^{-24}	$Pb(OH)_2$	1.2×10^{-15}
PbS	8.0×10^{-28}	$Zn(OH)_2$	1.2×10^{-17}
CuS	6.3×10^{-36}	碘酸盐	
HgS	4.0×10^{-53}	$Ca(IO_3)_2 \cdot 6H_2O$	6.44×10^{-8}
Ag_2S	4.0×10^{-53}	$Cu(IO_3)_2$	1.4×10^{-7}
铬酸盐		$AgIO_3$	1.4×10^{-7}
$BaCrO_4$	1.2×10^{-10}	$Ba(IO_3)_2 \cdot 2H_2O$	6.5×10^{-10}
Ag_2CrO_4	1.1×10^{-12}	酒石酸盐	
$PbCrO_4$	2.8×10^{-13}	$CaC_4H_4O_6 \cdot 2H_2O$	7.7×10^{-7}
碳酸盐			
$MgCO_3$	3.5×10^{-8}		

参考文献

[1] 吴婉娥，张剑，李淑艳，等. 无机及分析化学实验 [M]. 西安：西北工业大学出版社，2015.

[2] 南京大学《无机及分析化学实验》编写组. 无机及分析化学实验 [M]. 5 版. 北京：高等教育出版社，2015.

[3] 展海军，李建伟. 无机及分析化学实验 [M]. 北京：化学工业出版社，2012.

[4] 魏琴，盛永丽. 无机及分析化学实验 [M]. 2 版. 北京：科学出版社，2018.

[5] 钟国清. 无机及分析化学实验 [M]. 2 版. 北京：科学出版社，2015.

[6] 李艳辉. 无机及分析化学实验 [M]. 3 版. 南京：南京大学出版社，2019.

[7] 俞斌，吴文源. 无机与分析化学实验 [M]. 2 版. 北京：化学工业出版社，2013.

[8] 何树华，张福兰，庞向东. 无机及分析化学实验 [M]. 成都：西南交通大学出版社，2017.

[9] 张利，王仁国. 无机及分析化学实验 [M]. 3 版. 北京：中国农业出版社，2017.

[10] 吴茂英，余倩. 微型无机及分析化学实验 [M]. 北京：化学工业出版社，2013.

[11] 申金山，邢广恩，段书德. 化学实验（上）[M]. 北京：化学工业出版社，2016.

[12] 黄少云. 无机及分析化学实验 [M]. 北京：化学工业出版社，2017.

[13] 高嵩，张学军，王传胜. 无机与分析化学实验 [M]. 北京：化学工业出版社，2011.

[14] 杨水金. 无机化学实验 [M]. 武汉：华中师范大学出版社，2016.

[15] 李清禄，江茂生. 简明化学实验教程 [M]. 2 版. 厦门：厦门大学出版社，2017.

[16] 杨秋华. 无机化学实验 [M]. 北京：高等教育出版社，2012.

[17] 吴茂英，余倩. 微型无机及分析化学实验 [M]. 北京：化学工业出版社，2013.

[18] 候振雨，范文秀，郝海玲. 无机及分析化学实验 [M]. 3 版. 北京：化学工业出版社，2014.

[19] 刘冰，徐强. 无机及分析化学实验 [M]. 北京：化学工业出版社，2015.

[20] 吴茂英，肖楚民. 微型无机化学实验 [M]. 北京：化学工业出版社，2012.

[21] 龚银香，童金强. 无机及分析化学实验 [M]. 北京：化学工业出版社，2011.

[22] 高雯霞，谢红伟. 无机及分析化学实验 [M]. 贵阳：贵州大学出版社，2014.

[23] 辛述元，王萍. 无机及分析化学实验 [M]. 3 版. 北京：化学工业出版社，2017.

[24] 陈若愚，朱建飞. 无机及分析化学实验 [M]. 2 版. 北京：化学工业出版社，2010.

[25] 刘永红. 无机及分析化学实验 [M]. 2 版. 北京：科学出版社，2016.

[26] 邢宏龙. 无机与分析化学实验 [M]. 北京：化学工业出版社，2019.

[27] 张桂香，崔春仙，窦英，等. 无机及分析化学实验 [M]. 天津：天津大学出版社，2019.

[28] 商少明. 无机及分析化学实验 [M]. 3 版. 北京：化学工业出版社，2019.